农村公路安全保障工程实施技术

吴京梅　陈　瑜　米晓艺
梁祖怀　吴玲涛　李金海　等著

人民交通出版社

内 容 提 要

本书以"山区公路网安全保障技术体系研究与示范工程"及西部交通建设科技项目"西部山区农村公路交通安全防控对策研究及安保示范"的研究成果为基础，深入分析了农村公路交通量、交通组成、车辆运行速度及西部山区农村公路线形技术特征，主要内容包括山区农村公路交通特征与安全现状、山区农村公路重点防控路段判别标准、山区农村公路安全防护设施安全性能评价标准、山区农村公路安全防护设施安全评估及设计改进、农村公路弱势参与者重点保护技术、山区农村公路安全保障综合处置技术、山区农村公路安保设施效果评价和农村公路安全保障技术应用示范。

本书可供山区公路管理、养护技术人员学习和参考。

图书在版编目(CIP)数据

农村公路安全保障工程实施技术/吴京梅等著. —北京：人民交通出版社，2012.7

ISBN 978-7-114-09952-6

Ⅰ. ①农… Ⅱ. ①吴… Ⅲ. ①农村道路—交通运输安全—安全管理—研究—中国 Ⅳ. ①U491.4

中国版本图书馆 CIP 数据核字(2012)第 166971 号

书　　名：农村公路安全保障工程实施技术
著 作 者：吴京梅　陈　瑜　米晓艺　梁祖怀　吴玲涛　李金海　等
责任编辑：吴有铭　潘艳霞
出版发行：人民交通出版社
地　　址：(100011)北京市朝阳区安定门外外馆斜街 3 号
网　　址：http://www.ccpress.com.cn
销售电话：(010)59757973
总 经 销：人民交通出版社发行部
经　　销：各地新华书店
印　　刷：化学工业出版社印刷厂
开　　本：787×1092　1/16
印　　张：14
字　　数：320 千
版　　次：2012 年 7 月　第 1 版
印　　次：2012 年 12 月　第 2 次印刷
书　　号：ISBN 978-7-114-09952-6
定　　价：70.00 元
(有印刷、装订质量问题的图书由本社负责调换)

丛书编委会名单

序　言

汽车作为人类工业文明的伟大发明之一，拓展了人类的生活空间，提高了人类的生活质量，解放和发展了生产力，促进了现代经济的发展和繁荣。但在人类发明和使用汽车已有百年历史的今天，以汽车为主要载体的现代道路交通却无法回避这样一个事实：道路交通事故已成为影响人类生命和健康的重要因素。据世界卫生组织预计，如果不立即采取有效行动，到 2030 年，交通事故将成为威胁人类的第五大“杀手”。采取积极有效措施，减少交通事故导致的死亡和受伤，已成为世界各国政府的共识。

文明因生命而传承，世界因生命而精彩。在以科学发展观为主题的我国社会主义现代化建设总体战略中，“以人为本”是核心，“安全发展”是重要理念。改革开放 30 多年来，我国经济实现了高速增长，社会面貌发生了翻天覆地的变化，城市化进程不断加快，机动化水平快速提高，这些都决定了我国的人、车、路、环境、管理等影响道路交通安全的因素比任何国家都要复杂。如何在加快建设适度超前的道路运输网络、支撑经济和社会持续稳步发展的同时，实现道路交通的安全发展，为广大人民群众提供安全、高效的交通环境和运输服务，是我们面临的一项严峻挑战。

为有效降低道路交通事故率，科技部、公安部、交通运输部三部门联合组织开展了国家级重大科技支撑项目——《国家道路交通安全科技行动计划》一期研究，重点实施了《重特大道路交通事故综合预防与处置集成技术开发与示范应用》项目研发工作。这一项目以前所未有的科研资源投入和大规模的示范应用，开创了我国道路交通安全科技研发与应用的新局面。该丛书是在归纳总结科技行动计划一期项目，由交通运输部负责的课题二《山区公路网安全保障技术体系研究与示范工程》研究工作基础上编写的，是项目的重要成果之一。丛书由课题承担单位交通运输部公路科学研究院组织编写，凝聚了交通运输行业 50 家项目参与单位、300 多名科研人员的智慧与心血。

理论研究的生命力在于指导工作实践。丛书从人的因素出发，围绕山区公路重特大交通事故的预防和人员生命保障，对公路设计、交通安全设施设置、公路安全运营管理、恶劣气象条件下的公路通行保障、施工区安全管理、公路网交通安全风险评估等技术进行了研究，全面介绍了我国山区公路交通安全技术的最新发展和安全保障综合解决方案。该书既是一套理论研究专著，又是一套先进实用的工具书，具有重要的指导意义和实用价值。希望这套丛书的出版发行，能够为公路交通行业广大建设者和管理人员提供有益的借鉴，促进我国山区公路交通安全保障技术水平迈上一个新台阶。

冯正霖

二〇一二年三月

从 书 前 言

自人类进入汽车社会以来，道路交通事故就如影随形，道路交通安全问题已经成为当今世界一个严重的社会问题。为了遏制道路交通事故的发生，降低道路交通事故的危害，人类做出了不懈的努力。进入21世纪，国际社会对道路交通安全问题愈发重视，在全球范围内掀起了提高道路交通安全性的新高潮。但是遏制道路交通事故发生、缓解道路交通安全压力仍是一项长期、漫长和艰巨的任务。

与世界各国相比，我国的道路交通安全问题显得尤为严重。统计数据显示，2001年至2003年我国连续3年交通事故死亡人数超过10万人，占全世界交通事故死亡人数的10%以上，高居世界第一，而同期的汽车保有量只占世界的2%。自2003年开始，我国政府首次全面部署道路交通安全工作，逐步形成了政府统一领导、有关部门各司其职、齐抓共管、综合治理、标本兼治的工作格局，采取了一系列系统性和针对性措施，在短时间内遏制了我国道路交通事故高发的态势，使我国道路交通安全形势得到迅速改善。截至2011年，道路交通事故六大指标已连续7年大幅下降，2011年我国道路交通事故死亡人数已降至6.2万余人，比最高峰2002年降低了43%。虽然道路交通安全形势逐步好转，但由于影响我国道路交通安全的诸因素还没有发生根本性的改变，交通事故仍然存在伤亡惨重，万车死亡率居高不下，重特大交通事故特别是群死群伤的特大恶性事故时有发生的特点，这与改善民生的要求，与发达国家的情况相比还存在较大差距。

国际经验表明，科技进步和新技术应用是解决道路交通安全问题的重要手段。为构建安全和谐的道路交通环境，充分发挥科技创新对交通安全保障的重要支撑作用，2008年2月18日，科技部、公安部和交通部正式在人民大会堂共同签署《国家道路交通安全科技行动计划》合作协议，旨在动员和集成相关科技、产业和政府资源，通过科技创新建立和完善我国道路交通安全保障技术、措施和标准体系，提升道路交通可持续发展能力，以全面提高我国道路交通安全保障水平。它标志着我国最大规模的一次道路交通安全科技合作行动正式全面启动。

《山区公路网安全保障技术体系研究与示范工程》课题是《国家道路交通安全科技行动计划》第一期项目《重特大道路交通事故综合预防与处置集成技术开发与示范应用》的重要组成部分。课题从我国交通安全问题最严重的山区公路网出发，但不局限于山区公路，围绕重特大交通事故的预防和人员生命保障，对公路设计、交通安全设施设置、公路安全运营管理、恶劣气象条件下的公路通行保障、施工区安全管理、公路网交通事故风险评估等技术进行了研究，目的是在充分分析我国山区公路网交通安全的现状和特点的基础上，通过自主创新和山区国省干线安全保障技术的集成应用，形成可用、实用的山区公路网交通安全保障成套技术及装备，组织大规模的示范工程，提高山区公路网对交通事故的主动和被动防护能力，并在此基础上形成一系列标准、规范和技术指南，以促进整个交通行业安全水平的提升。

《山区公路网安全保障技术体系研究与示范工程》课题在科技部、交通运输部和公安部三部委的高度重视下，调动了在各相关方向有专长的科研单位、高校、企业及交通运输行业主管单位等50家单位、300余位研究人员参加研究、示范工程建设及标准规范制修订工作，取得了丰富的研究成果，并通过“产、学、研、用”相结合的方式，保证研究成果达到了“实际、实用、实效”的要求。本丛书是对《山区公路网安全保障技术体系研究与示范工程》课题成果的总结，是《国家道路交通安全科技行动计划》项目的重要成果之一。本丛书从驾驶行为、道路安全设计、路侧安全及防护、速度管理、公路网交通事故风险评估与安全管理、恶劣气象条件下公路运行安全保障、施工作业区安全管理等方面，介绍了我国山区公路交通安全技术的最新发展和安全保障综合解决方案，为公路行业的运营管理及交通安全改善工作提供指导，有助于进一步提升山区公路交通安全保障能力，具有重要的指导意义和实用价值。

丛书有幸得到交通运输部冯正霖副部长的题序，感谢冯正霖副部长对丛书的指导和认可。正如他在序言中所说，“在以科学发展观为主题的我国社会主义现代化建设总体战略中，‘以人为本’是核心，‘安全发展’是重要理念。”“如何在加快建设适度超前的道路运输网络，支撑经济和社会持续稳步发展的同时，实现道路交通的安全发展，为广大人民群众提供安全、高效的交通环境和运输服务，是我们面临的一项严峻挑战。”“希望这套丛书的出版发行，能够为公路交通行业广大建设者和管理人员提供有益的借鉴，促进我国山区公路交通安全保障技术水平迈上一个新台阶。”

丛书在编写过程中，得到了交通运输部公路局李华、成平、李春风、李健，交通运输部科技司赵冲久，交通运输部公路科学研究院周伟、王笑京、高海龙、蔚晓丹等领导的鼎力支持，得到了交通运输部杨盛福、中交第一公路勘察设计研究院有限公司陈永耀、交通运输部公路科学研究院陈国靖等专家的热情指导，交通运输部公路科学研究院等50家课题参加单位领导、同仁给予了大力配合，在此表示衷心的感谢！丛书中参阅了大量的国内外文献，引述文献已尽量予以标注，但难免存在疏漏，在此对各文献作者一并致谢！

在今后一段时期内，我国仍将处于机动化水平快速提高的进程中，机动车数量和居民人均出行量将进一步快速增长，道路交通安全形势仍然不容乐观，改善道路交通安全的压力和难度将逐步增大，保障道路交通安全的任务仍十分艰巨。希望通过我们大家的共同努力，为我国交通安全事业的发展贡献微薄之力。

前　言

农村公路是与农村、农业和农民关系最为直接的公共基础设施之一，农村公路建设是推进社会主义新农村建设的重要内容。近年来，党中央、国务院、交通运输部把建设农村公路作为建设社会主义新农村的重大举措之一，掀起了历史上最大规模的农村公路建设热潮。至“十一五”期末，全国已建成通车的公路总里程达到410万km，其中农村公路通车里程达到345万km，占公路总里程的87.5%。

然而，在农村公路建设得到巨大发展的同时，其安全问题也逐步凸显。由于山区农村公路网技术等级、设计指标偏低，路况表现出路窄坡陡、临崖临水、弯多弯急、气候条件复杂多变等特点，而且普遍存在缺乏必要安全设施的问题，农村公路的交通事故尤其是恶性交通事故时有发生。2009年，发生在农村公路的事故约占公路事故总量的40%。

近3年，农村公路事故起数、死亡人数、受伤人数、直接财产损失等四项数据占全国相应数据的比例在逐年上升。随着农村公路建设的推进，农村公路的交通安全问题越来越引起社会的关注。

农村公路为通行人、兽力车、农用机械、农用车、摩托车、大小客运车和少量货运汽车，主要是为农村内部经济、文化、行政服务和农村与外界联系的公路。一般为乡、村通往临近乡村、集镇和衔接公路支、干线的短途运输线。因此，农村公路驾驶行为、交通特性、车辆性能不同于国省干线，从我国目前农村公路建设规模的资金投入方面考虑，将国省干线的建设经验直接用于农村公路不具备可行性。因此，农村公路安全保障工程的针对性和适用性需要进一步探索。

2008年2月18日，科学技术部、公安部、交通运输部在北京人民大会堂签署合作协议，联手启动《国家道路交通安全科技行动计划》。这是中国最大规模的一次道路交通安全科技合作行动，通过建立官方三部委的联合工作机制，成立领导小组和专家组，安排专项及配套资金，开展道路交通安全领域关键技术研发，并组织实施示范工程，构建适合中国国情的道路交通安全技术保障体系。“山区公路网安全保障技术体系研究与示范工程”(课题编号:2009BAG13A02)是此次道路交通安全科技合作行动的主要内容。本书以该课题及西部交通建设科技项目“西部山区农村公路交通安全防控对策研究及安保示范”(课题编号:2009 318 223 060)的研究成果为基础,对山区农村公路安全保障工程的实施进行总结和凝练而成。

本书深入分析农村公路交通量、交通组成、车辆运行速度以及西部山区农村公路线形技术特征,在掌握了我国山区农村公路交通运行特性、基础设施现状以及交通安全特征的基础上,以切实提高农村公路安全运行水平为目标,以“因地制宜,就地取材”为原则,针对不同路段危险隐患,综合改善措施的安全效果和经济性,提出西部山区农村公路交通安全综合防控对策,为有效推进我国山区农村公路安保工程实施提供技术支持。

本书的编写得到了交通运输部公路科学研究院唐琤琤研究员、李爱民研究员和周荣贵研究员的大力鼓励和热情指导。交通运输部公路科学研究院王芳助理研究员、人民交通出版社潘艳霞编辑认真阅读了本书,并提供了宝贵的修改建议。同时本书参考并引用了大量的国内外相关文献,在此向上述人员以及这些文献的作者一并表示诚挚的谢意!

本书共八章,第一章由李金海、吴京梅、梁祖怀、米晓艺、吴玲涛、李冰主笔。第二章由陈瑜、米晓艺、吴京梅、梁祖怀、李金海、吴玲涛主笔。第三章由米晓艺、陈瑜、吴京梅、梁祖怀主笔。第四章由吴京梅、米晓艺、吴玲涛、梁祖怀主笔。第五章由吴玲涛、刘唐志、赵光惠、陈瑜主笔。第六章由陈瑜、胡晗、李金海主笔。第七章由李金海、陈瑜、郭占洋主笔。第八章由吴京梅、陈瑜、米晓艺、刘唐志、赵光惠主笔。全书由吴京梅统稿。

由于作者水平有限,书中错误和观点不当之处恐难避免,敬请斧正。

作　者

2012年6月

目　　录

第一章 山区农村公路交通特征与安全现状

公路交通特性分析是公路交通安全研究、安全设施研发以及安全对策制订的基础和前提。本书在山区农村公路建设情况、交通运行情况、交通事故数据、安全设施设置现状调研的基础上，进行了山区农村公路交通特性分析。

第一节 农村公路定义及技术等级

一、农村公路定义

2005 年之前，各省对农村公路有不同的界定。2005 年，国务院颁布的政策文件《农村公路管理养护体制改革方案》(国办发【2005】49 号)明确提出："农村公路(包括县道、乡道和村道，下同)是全国公路网的有机组成部分，是农村重要的公益性基础设施。"界定了农村公路的范畴。自从 2005 年以后，各省对农村公路的定义统一为县、乡、村道。

农村公路包含县、乡、村道，这是从行政等级划分界定的；从功能上定义：农村公路为通行人、兽力车、农用机械、农用车和少量汽车，主要是为乡村内部经济、文化、行政服务和农村与外界联系的公路。一般为乡、村通往临近乡村、集镇和衔接公路支、干线的短途运输线。

二、农村公路技术等级

2010 年年底，我国公路总里程达到 410 万 km，其中，农村公路约占我国公路总量的 84%，里程总计算达到 345 万 km，我国农村公路里程表如表 1-1 所示。

我国农村公路里程表 表 1-1

年 份	国道 (km)	省道 (km)	县道 (km)	乡道 (km)	村道 (km)	专用公路 (km)	全国农村公路总里程 (km)
2007	137 067	255 210	514 432	998 422	1 621 516	57 068	3 583 715
2008	155 294	263 227	512 314	1 011 133	1 720 981	67 213	3 730 162
2009	158 520	266 049	519 492	1 019 550	1 830 037	67 174	3 860 822
2010	164 048	269 834	554 047	1 054 826	1 897 738	67 736	4 008 229
2011	169 389	304 049	533 576	1 065 996	1 964 411	68 965	4 106 386

2005 年，交通部组织了全国农村公路专项调查，并以此为基础，自 2006 年起，将村道纳入公路统计里程，国家正式公布的全国公路里程数由 2005 年的 193.05 万 km 增长为345.70 万 km，其各级公路里程的增加与变化如表 1-2 所示。

我国公路技术等级及里程表 表 1-2

年 份	高速公路（km）	一级公路（km）	二级公路（km）	三级公路（km）	四级公路（km）	等外级路（km）	全国等级公路里程（万 km）	全国公路里程（万 km）
2004	34 288	33 522	231 715	335 547	880 954	354 835	187.07	
2005	41 005	38 381	246 442	344 671	921 293	338 752	193.05	
2006	45 300	45 300	262 700	354 700	1 574 800	1 174 100	228.29	345.70
2007	53 913	50 093	276 413	363 922	1 791 042	1 048 332	253.54	358.37
2008	60 302	54 216	285 226	374 215	2 004 563	951 642	227.85	373.02
2009	65 055	59 462	300 686	379 023	2 252 038	804 558	305.63	386.08
2010	74 113	64 430	308 743	387 967	2 469 456	703 520	330.47	400.82
2011	84 946	68 119	320 536	393 613	2 586 377	652 796	345.36	410.64

由表 1-2 可知，2006 年，高速、一、二、三级公路的公路里程是按正常年增长而变化的，但四级公路增加约 65 万 km、等外级路增加约 83 万 km，这是由于将农村公路统计数字列入公路统计里程而引起的改变。通过近年来的农村公路建设，等外级公路比例有所下降，但是，在 2011 年年底，等外级公路仍然约 65 万 km，而且等外级公路多为山区农村公路。

第二节 山区农村公路交通运行特征分析

通过对云、贵、川、渝县乡村道 29 条四级以及等外级公路的调查，在农村公路交通运行特征、线形状况实地调研和农村公路交通事故收集的基础上，对农村公路的交通量情况、交通组成情况、运行速度特征等交通特性，现状农村公路线形技术条件，以及交通安全现状进行了分析，总结出山区农村公路具有交通量小、交通组成复杂、运行速度低、技术等级低等交通特性。

一、交通量及交通组成分析

1. 交通量分析

总体而言，农村公路交通量较小，由于道路功能的不同，不同农村公路交通量差异较大，高峰时段差异也较大，部分农村公路高峰时段不明显。课题组进行交通量调查时不固定调查时间，尽量选取交通量较大的时段，采用了 15min 或 30min 的间断式交通调查方式，并换算成小时交通量进行比较分析。各省市调查路段平均小时交通量如表 1-3 所示，调查数段平均小时交通量如表 1-4 所示。

各省市调查路段平均小时交通量 表 1-3

省 份	平均小时交通量（辆/h）	分车型平均小时交通量（辆/h）						
		小客	大客	小货	大货	摩托	三轮	其他
四川	52.86	31.43	2.57	3.71	4.57	8.00	2.29	0
重庆	104.8	23.6	6.8	1.2	14.4	58.8	0	0
贵州	52.9	25.5	3.8	5.6	3.5	14.5	0	0
云南	100.8	43.6	8	10	21.6	17.6	0	0

调查路段平均小时交通量　　　　表 1-4

路　　段	平均小时交通量(辆/h)	分车型平均小时交通量(辆/h)						
		小客	大客	小货	大货	摩托	三轮	其他
石赤路村镇路段	36	18	4	0	4	10	0	0
清河大桥 1	80	24	2	6	8	32	8	0
清河大桥 2	92	62	0	8	6	10	6	0
马家坡下坡	52	32	8	6	0	4	2	0
平松路	58	42	4	2	10	0	0	0
白马寨路段	42	34	0	4	4	0	0	0
萝卜寨路	8	8	0	0	0	0	0	0
安舌路	178	66	16	4	26	66	0	0
马崇路	168	24	10	0	2	132	0	0
白同路	134	22	6	2	34	70	0	0
岔藻路	44	6	2	0	10	26	0	0
印江	68	18	7	11	10	22	0	0
X352	96	52	8	8	4	24	0	0
X352	32	24	0	0	0	8	0	0
X356	16	8	0	4	0	4	0	0
禄马线 K7＋900	96	48	14	4	14	16	0	0
禄撒线 K47＋200	110	30	22	16	26	16	0	0
撒皎线 K81＋150	58	16	0	4	36	2	0	0
禄撒线起点	210	106	2	24	28	50	0	0
禄马线 K34＋700	30	18	8	8	4	4	0	0

由表 1-3 可知，四川省平均小时交通量明显小于重庆、贵州、云南 3 省，这主要是由于四川省调研路段包含几条交通量极小、地处偏僻的路段，而重庆、贵州和云南 3 省调研路段选取了交通量较大的具有干线性质的路段，但总的来说交通量不大，最大不超过 210 辆/h。

2. 交通组成分析

各省市调查农村公路交通组成如图 1-1 所示。

由图 1-1 可以看出，小客车和摩托车为农村公路的主要车型，此外，货车也占较大比例，主要是大货车，但不同路段其所占比例相差较大，主要与该路段沿线是否存在厂矿有关，这一点是农村公路交通组成的主要差异。

二、运行速度特征

各省市调查农村公路车速分布见表 1-5 和图 1-2。可以看出，4 省市调查农村公路上大部分车辆速度为 20～40km/h，云南省车速较慢，50％以上车辆的速度位于 20～30km/h 之间。

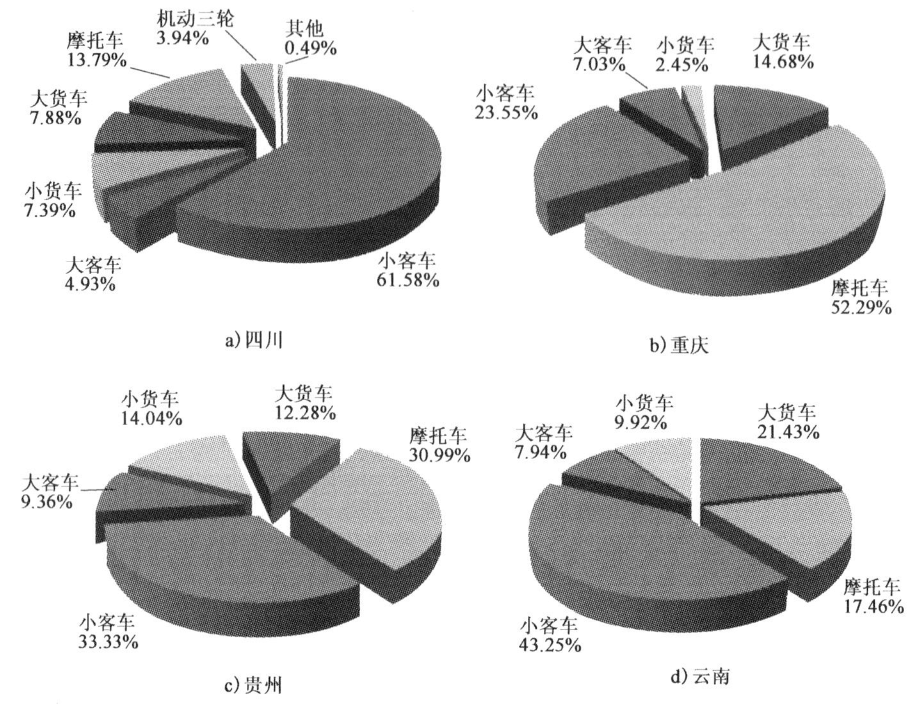

图 1-1　各省市农村公路调查路段交通组成

各省市调查农村公路车速分布表(%)　　表 1-5

省　份	[10,20)km/h	[20,30)km/h	[30,40)km/h	[40,50)km/h	[50,60)km/h	≥60km/h
四川	13.2	27.8	31.6	17.9	7.7	1.7
重庆	22.1	40.6	28.7	7.4	1.2	0.0
贵州	12.1	32.0	24.0	20.1	10.2	1.7
云南	15.5	51.3	28.0	5.0	0.3	0.0

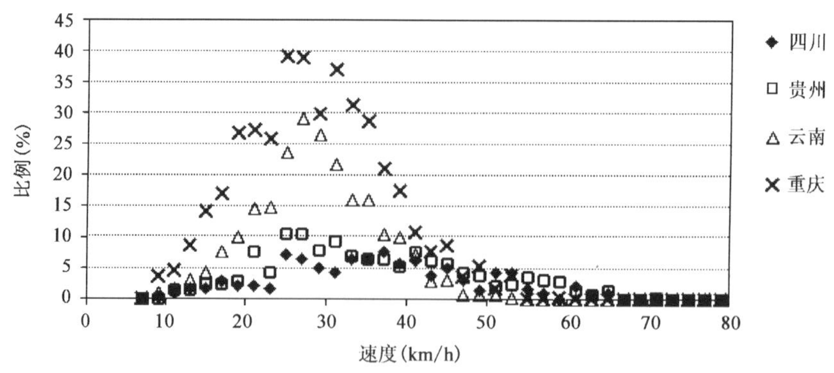

图 1-2　各省市调查农村公路机动车速度分布图

各省市调查农村公路运行速度统计如表 1-6 所示，可以看出，四川省农村公路各车型车辆运行速度 v_{85} 普遍高于其他省市，四川省农村公路运行速度为 50km/h，其他 3 省运行速度在 40km/h 左右。各省市车辆运行速度 v_{85} 都存在 $v_{85小客}>v_{85大客}>v_{85小货}>v_{85大货}$ 的趋势。总体来看，各省市 $v_{85小客}$ 在 45km/h 左右，$v_{85大客}$、$v_{85小货}$ 在 40km/h 左右。

各省市调查农村公路运行速度统计(km/h)　　表 1-6

省　份	全部车型	小客车	大客车	小货车	大货车	摩托车
四川	50	50	44	44	43	43
贵州	39	48	40	36	36	37
重庆	37	41	38	36	30	34
云南	37	38	38	34	31	29

由于公路曲线路段的技术指标和运行特征是制约公路技术等级和运行安全的主要因素之一，所以课题组对曲线路段的车辆运行速度进行了分析。表 1-7 给出了各省市曲线路段各车种的运行速度。

各省市曲线路段各车种运行速度(km/h)　　表 1-7

省　份	小客车	大客车	小货车	大货车	摩托车	机动三轮	农用车
四川	40	38	44	20	28	29	16
云南	39	38	31	31	30	—	—
贵州	54	42	36	35	37	—	—
重庆	42	38	35	31	35	—	24

由表 1-7 可以看出，云、贵、川、渝 4 省市农村公路曲线路段的运行速度相差不多，都存在 $v_{85小客}>v_{85大客}>v_{85小货}>v_{85摩托}>v_{85大货}$ 的趋势。总体来看，各省市 $v_{85小客}$ 在 45km/h 左右，$v_{85大客}$、$v_{85小货}$ 在 40km/h 左右。

直线路段与曲线路段之间的速度差是表征公路运行安全性的主要指标之一，由于受采集数据量的限制，课题组仅对四川和贵州两省进行了曲线路段和直线路段速度差的对比，如图 1-3及图 1-4 所示。可以看出，四川、贵州两省直线路段运行速度均高于曲线路段运行速度，除四川省大货车和摩托车直线曲线路段运行速度差较大(分别约为 24km/h 和 15km/h)之外，大部分车型两路段运行速度差值均较小，为 5～13km/h。

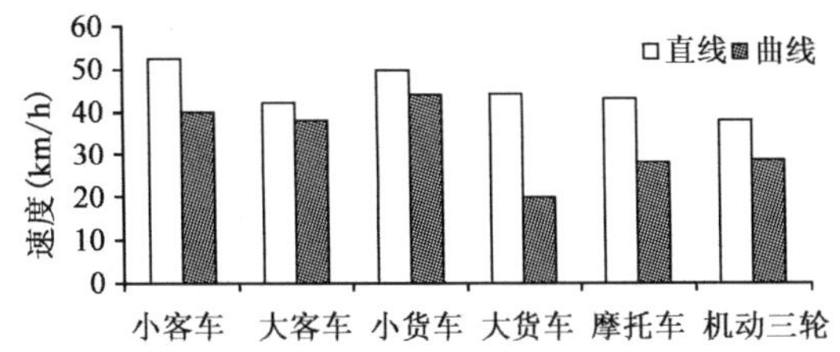

图 1-3　四川省直线路段和曲线路段运行速度对比

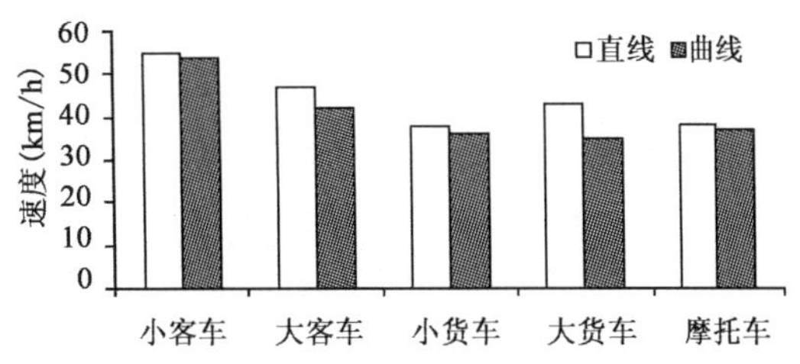

图 1-4　贵州省直线路段和曲线路段运行速度对比

调查数据表明，53.65%车辆行驶速度小于 30km/h，81.73%车辆行驶速度小于 40km/h，各省农村公路运行速度在 35～50km/h 之间，存在 $v_{85小客}>v_{85大客}>v_{85小货}>v_{85大货}$ 的趋势。直线路段运行速度均高于曲线路段运行速度，但大部分车型两路段运行速度差值在10km/h左右。

第三节　山区农村公路技术特征

一、平面线形指标

统计发现，农村公路圆曲线半径基本都小于 800m，且曲线半径主要集中在 0～250m 之间，曲线半径为 80m 左右的平曲线所占比例最大，如图 1-5 所示。

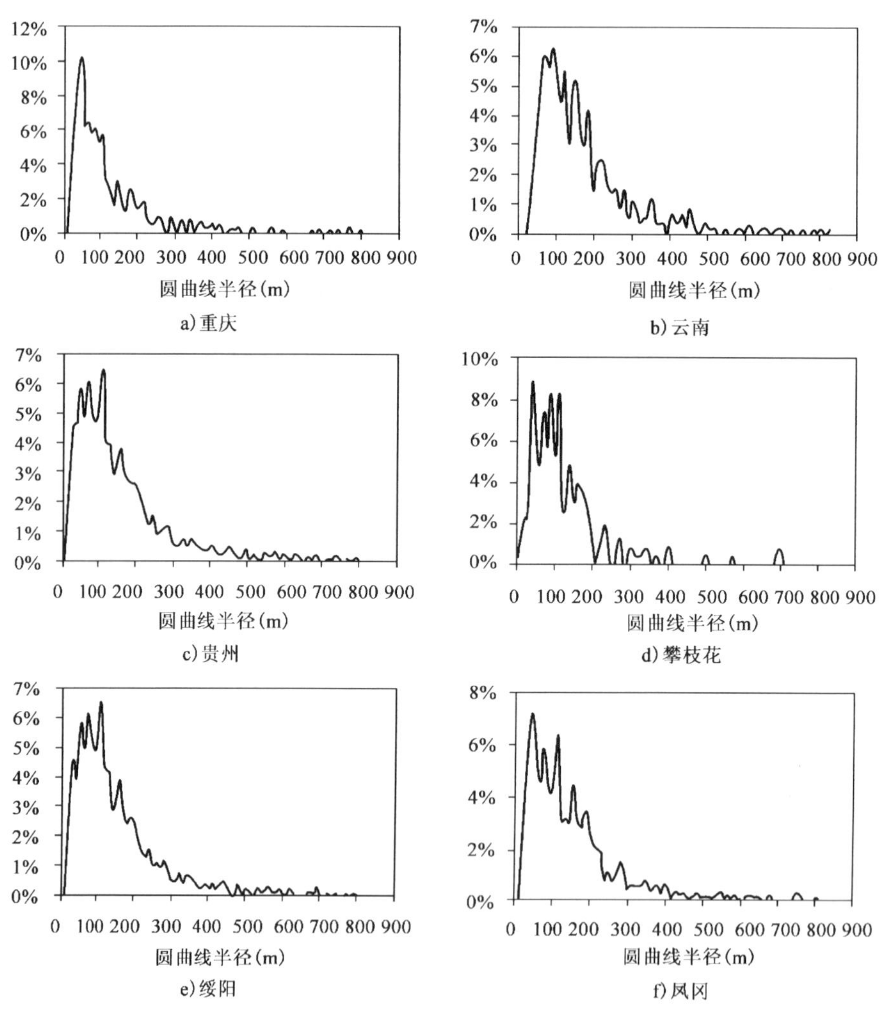

图 1-5　各省市圆曲线半径比例分布图

针对调研路段的四级公路线形数据，并与《公路路线设计规范》(JTG D20—2006)(以下简称《规范》)中要求的各设计速度曲线半径值对比，可以看出，各省市农村公路绝大部分曲线路段均可以达到设计速度 30km/h 的标准，过半路段可以达到 40km/h 的标准，部分曲线路段可以达到 60km/h，见表 1-8 和表 1-9。

四级公路圆曲线半径达到特定设计速度标准（极限值）的曲线路段比例　　表 1-8

设计速度(km/h)	《规范》极限值(m)	重庆(%)	贵州(%)			云南(%)	攀枝花(%)	全部(%)
				绥阳(%)	凤冈(%)			
20	15	99.3	98.9	98.6	99.7	100.0	99.2	98.8
30	30	89.8	93.1	92.6	94.4	99.4	95.2	92.7
40	60	64.6	78.5	78.8	78.0	87.7	76.5	77.2
60	125	31.4	45.7	44.6	48.8	54.6	41.0	42.3

四级公路圆曲线半径达到特定设计速度标准（一般值）的曲线路段比例　　表 1-9

设计速度(km/h)	《规范》极限值(m)	重庆(%)	贵州(%)			云南(%)	攀枝花(%)	全部(%)
				绥阳(%)	凤冈(%)			
20	30	89.8	93.1	92.6	94.4	99.4	95.2	92.7
30	65	62.3	75.1	75.5	74.5	85.6	73.7	73.6
40	100	41.5	58.2	57.6	59.9	65.4	52.2	55.6
60	200	16.5	23.8	22.6	27.1	29.8	19.9	19.0

二、纵断面线形指标

1. 凸形竖曲线

统计发现，重庆和贵州省农村公路凸形竖曲线半径为 1 000m 的路段较多，而云南和四川（攀枝花）竖曲线半径则主要集中在 2 000m 左右，如图 1-6 所示。

针对调研路段的四级公路线形数据，调查凸形竖曲线路段基本能满足《规范》设计速度 40km/h 的要求，部分凸形竖曲线路段能达到 60km/h 的要求，见表 1-10 和表 1-11。

四级公路达到特定设计速度极限值的凸形竖曲线路段比例　　表 1-10

设计速度(km/h)	《规范》极限值(m)	重庆(%)	贵州(%)			云南(%)	攀枝花(%)	全部(%)
				绥阳(%)	凤冈(%)			
20	100	100.0	100.0	100.0	100.0	100.0	100.0	100.0
30	250	99.7	100.0	99.9	100.0	100.0	100.0	100.0
40	450	94.3	96.1	94.7	99.7	100.0	99.6	96.1
60	1 400	26.7	33.8	27.5	49.4	72.6	63.1	33.8

四级公路达到特定设计速度一般值的凸形竖曲线路段比例　　表 1-11

设计速度(km/h)	《规范》极限值(m)	重庆(%)	贵州(%)			云南(%)	攀枝花(%)	全部(%)
				绥阳(%)	凤冈(%)			
20	200	100.0	100.0	100.0	100.0	100.0	100.0	100.0
30	400	96.5	97.8	97.0	99.9	100.0	99.6	97.8
40	700	74.2	79.1	73.8	92.5	98.4	97.5	79.1
60	2 000	11.4	13.1	10.3	20.1	31.9	28.7	13.1

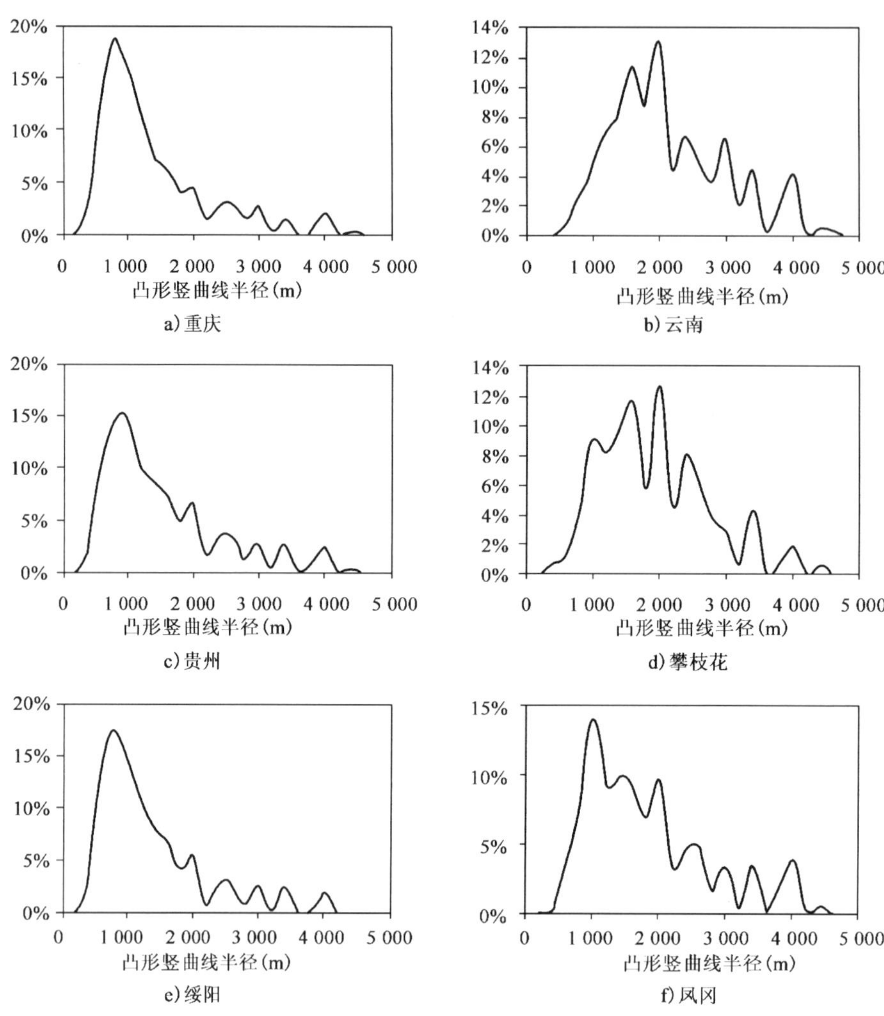

图 1-6　各地凸形竖曲线半径比例分布图

2. 凹形竖曲线半径

与凸形竖曲线分布比例类似,重庆和贵州省农村公路凹形竖曲线半径为 1 000m 的路段较多,且比较集中。半径超过 2 000m 的凹形竖曲线相对较少。攀枝花和云南凹形竖曲线半径值较分散,在 0～4 000m 以内均有不同比例分布,见图 1-7。

针对调研路段的四级公路线形数据,并与《规范》要求值相比,可知,各地大部分凹形竖曲线半径也能满足设计速度为 40km/h 的要求值,部分可以达到 60km/h 的标准,见表 1-12 和表 1-13。

3. 纵坡

从总体来说,调研农村公路上大部分路段坡度较小,陡坡路段所占比例较小,重庆、云南、攀枝花则以 5%左右的纵坡居多,见图 1-8。

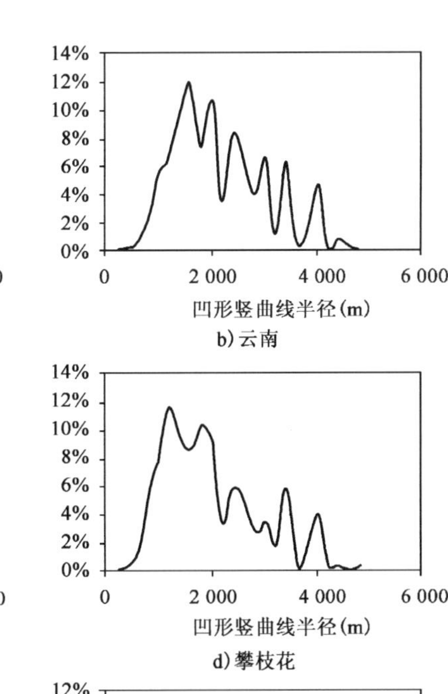

a)重庆

b)云南

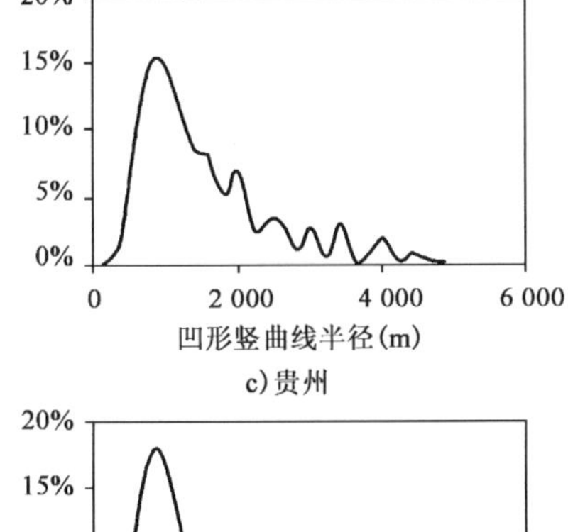

c)贵州

d)攀枝花

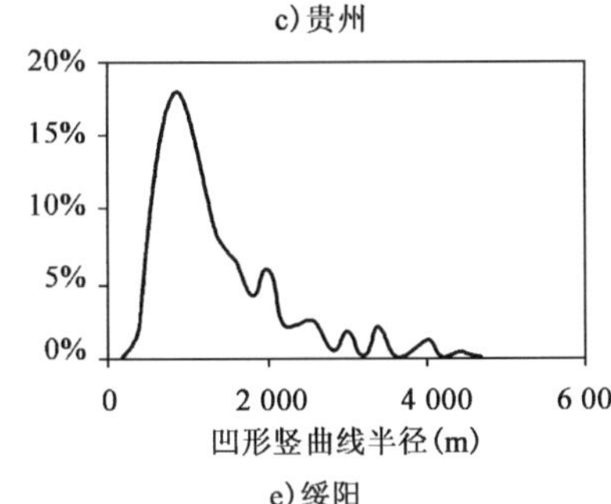

e)绥阳

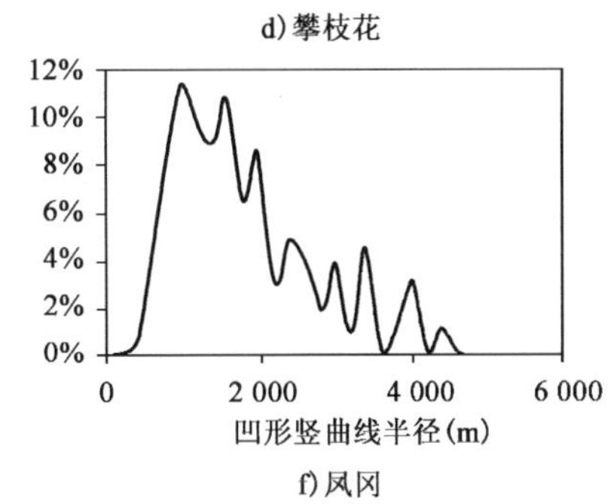

f)凤冈

图 1-7　各地凹形竖曲线半径比例分布

四级公路达到特定设计速度极限值的凹形竖曲线路段比例　　表 1-12

设计速度(km/h)	《规范》极限值(m)	重庆(%)	贵州(%)			云南(%)	攀枝花(%)	全部(%)
				绥阳(%)	凤冈(%)			
20	100	100.0	100.0	100.0	100.0	100.0	100.0	100.0
30	250	99.8	100.0	99.9	100.0	100.0	100.0	100.0
40	450	92.3	96.3	95.5	98.4	99.9	100.0	96.1
60	1 000	47.9	55.3	48.7	72.8	90.4	83.2	60.3

四级公路达到特定设计速度一般值的凹形竖曲线路段比例　　表 1-13

设计速度(km/h)	《规范》极限值(m)	重庆(%)	贵州(%)			云南(%)	攀枝花(%)	全部(%)
				绥阳(%)	凤冈(%)			
20	200	100.0	100.0	100.0	100.0	100.0	100.0	100.0
30	400	95.1	98.2	97.7	99.4	99.9	100.0	97.8
40	700	72.3	80.0	75.9	90.5	98.8	97.1	81.9
60	1 500	22.3	29.3	23.6	44.2	65.1	51.1	35.4

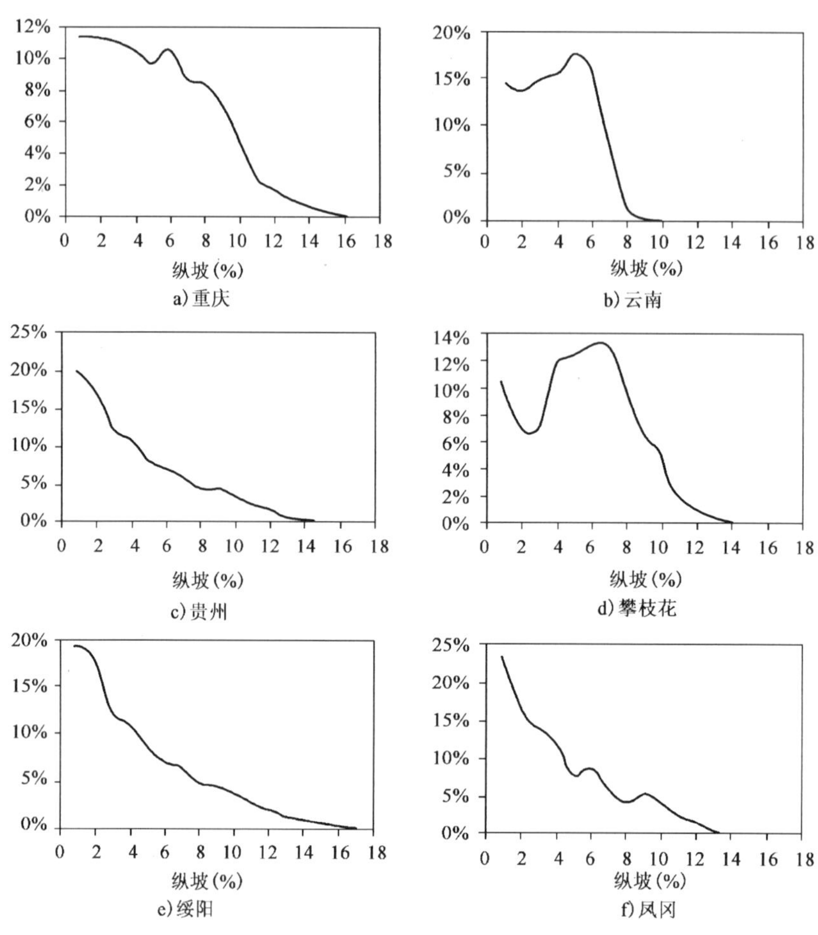

图 1-8　各地纵坡比例分布

针对调研路段的四级公路线形数据，并与《规范》要求值相比，可以看出，各地很大部分纵坡路段都能满足设计时速 60km/h 的要求。云南、贵州纵坡指标相对较高，重庆、攀枝花则相对较低，见表 1-14。

四级公路纵坡达到特定设计速度标准的路段比例　　表 1-14

设计速度(km/h)	《规范》最大纵坡(m)	重庆(%)	贵州(%)			云南(%)	攀枝花(%)	全部(%)
				绥阳(%)	凤冈(%)			
60	6	64.6	75.6	74.7	77.8	91.0	61.3	88.63
40	7	73.4	81.7	81.0	83.3	98.4	74.4	92.5
30	8	81.7	86.1	85.6	87.3	99.9	84.8	95.0
20	9	88.8	90.6	89.8	92.3	100.0	91.6	97.0

三、平纵组合分析

为分析公路线形平纵组合的情况，根据《道路交通事故现场信息代码　第 2 部分：道路线形代码》(GA 17.2—2003)以及农村公路实际情况，将农村公路平面线形情况分为急弯路段、一般弯路段、直线及大半径曲线路段，将农村公路的纵断面线形分为缓坡路段、一般坡路段、陡坡路段。划分方法见表 1-15。

农村公路路段划分标准　　表 1-15

路段类型		划分标准
平面	平直路段	半径大于 1 000m
	一般弯路段	半径在 60～1 000m 之间
	急弯路段	半径小于 60m
纵断面	缓坡路段	纵坡小于等于 3%的路段
	一般坡路段	纵坡小于 8%且大于 3%的路段
	陡坡路段	纵坡大于 8%的路段

按照上述划分标准，项目组分别统计并分析了各类型平纵线形组合情况的路段里程和路段数量的比例分布，无论从路程还是路段数量来看，平直、一般坡和一般弯路段均占为最多，分别占到调查路段总里程的 31%、24.1%和 14.8%，占到调查路段总数量的 28.3%、23.4%和 15.8%。与急弯、陡坡相关的不利行车安全路段占调查路段总量的 17.3%，见表 1-16。

各类不利于安全运行的路段组合比例统计　　表 1-16

不利安全路段组合	急弯	急弯陡坡	急弯一般坡	陡坡	一般弯陡坡	合计
所占比例	2%	1.7%	2.9%	6.8%	3.9%	17.3%

汇总调查农村公路单个指标不满足《规范》要求值的比例情况，见表 1-17。

调查农村公路设计指标不能满足《规范》要求值的线形比例　　表 1-17

线形指标		三级公路		四级公路
		按设计速度 40km/h 统计	按设计速度 30km/h 统计	
圆曲线半径	极限值	1.01%	0.00%	1.07%
	一般值	10.55%	1.51%	7.18%
凸形竖曲线半径	极限值	0.00%	0.00%	0.00%
	一般值	2.33%	0.00%	0.00%
凹形竖曲线半径	极限值	0.28%	0.00%	0.00%
	一般值	4.55%	0.00%	0.00%
最大纵坡(%)		1.86	0.86	9.10

从上述分析可以看出，在平纵组合条件下，急弯陡坡等不利行车安全的路段比例远高于单个线形指标不满足设计标准的路段比例。可见，虽然从单个指标来看，调查路段规范符合性较好，但公路平纵线形组合下，道路不利行车安全路段却具有较高的比例。

第四节　山区农村公路交通事故特征

课题组采集得到 2004～2010 年，贵州、云南、重庆等多个省市部分农村公路交通事故资料 12 227 起，包含一次死亡 1 人以上的重特大交通事故 156 起，同时提取 2007～2010 年《中华人民共和国道路交通事故统计年报》中农村公路上发生的一次死亡 10 人以上的特大交通事故 25 起作为补充，并在此基础上开展农村公路安全现状分析，为课题研究提供依据。

统计分析以《道路交通事故现场信息代码》(GA 17—2003)以及《中华人民共和国道路交通事故统计年报》中的划分标准为分类依据。

农村公路交通安全防控的重点，应侧重正面相撞、刮撞行人、坠车、侧面相撞等事故形态。低速货车、中型客车应为农村公路重点防控车型。

一、事故形态分析

1. 全部事故

经统计分析得出，正面相撞和侧面相撞事故是农村公路事故的主要形态，分别占事故总数的 28.6%和 25.5%，其次是刮撞行人和尾随相撞事故，分别占 12.4%和 9.5%，如图 1-9 所示。

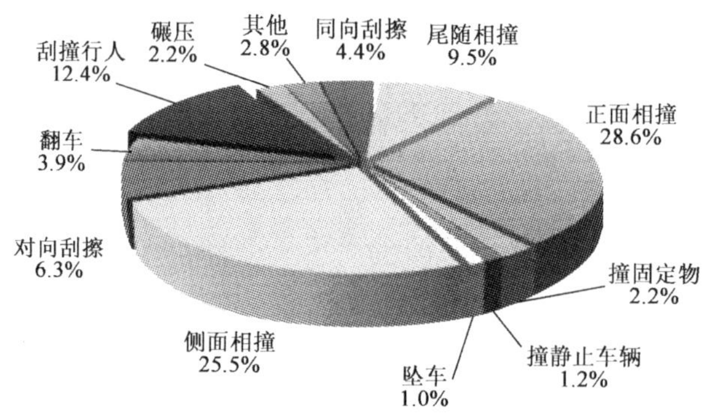

图 1-9　农村公路事故形态

2. 重特大事故

在重大事故中，刮撞行人事故最多，占重大事故总数的 27.1%，其次是正面相撞事故，占死亡事故的 23.9%，如图 1-10 所示。可以看出，刮撞行人、正面相撞为主要事故形态，这反映出农村公路交通环境复杂，行人交通安全意识薄弱等问题。

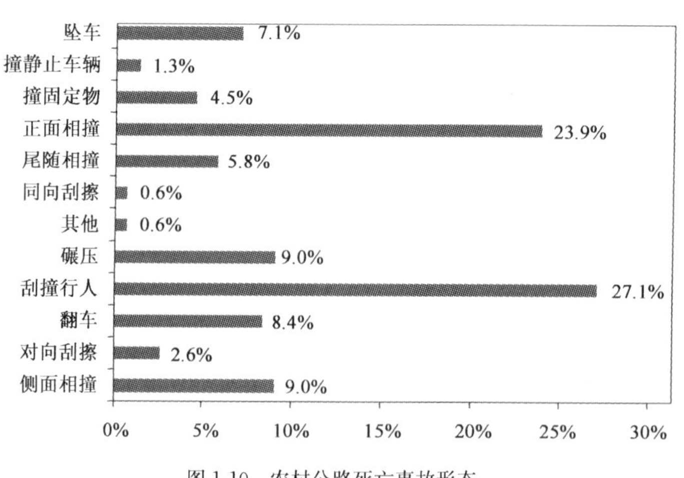

图 1-10　农村公路死亡事故形态

3. 一次死亡10人以上特大交通事故

对2007～2010年死亡10人以上特大交通事故分析发现，坠车是造成群死群伤的主要事故类型，其比例占到事故总量的76.0%，如图1-11所示。

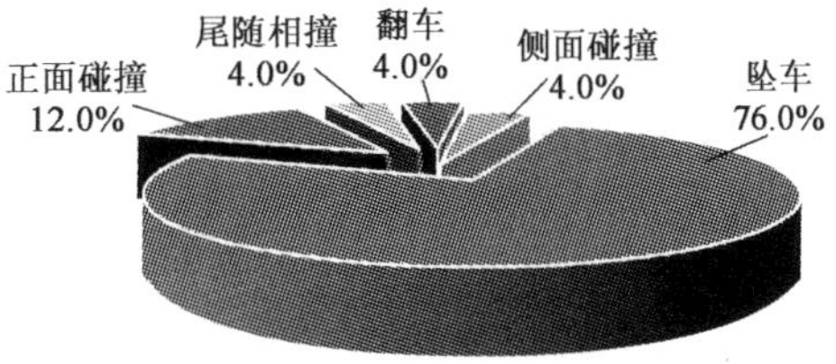

尾随相撞 4.0%
翻车 4.0%
侧面碰撞 4.0%
正面碰撞 12.0%
坠车 76.0%

图1-11　农村公路特大事故主要事故形态

二、死亡人员特征分析

死亡人员特征的分析对象为农村公路重特大交通事故。

从农村公路重特大交通事故死亡人员特征来看，死亡人员中机动车驾驶人最多，占死亡总人数的43.6%，其次是行人和乘车人，分别占死亡人数的29.7%和22.4%，如图1-12所示。

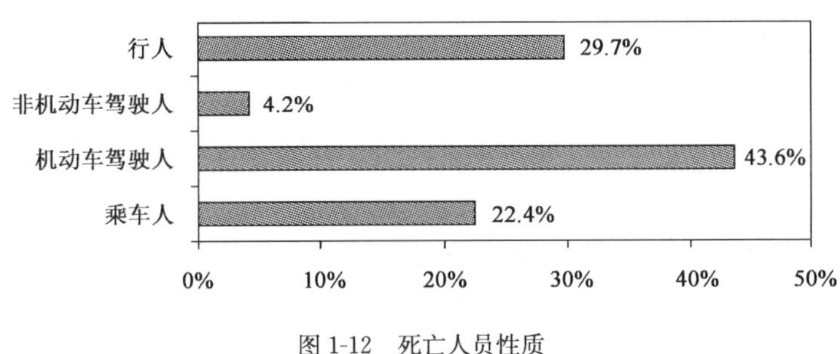

图1-12　死亡人员性质

从死亡人员年龄统计来看，除成年人交通事故死亡比例较高外，学龄前儿童、未成年青少年群体及高龄群体在农村公路的死亡人员也比较突出。在统计死亡事故中，共计死亡165人，其中刮撞行人的事故致死42人，而其中66.7%的死亡人员为未成年人及60岁以上的高龄人员，如图1-13和图1-14所示。

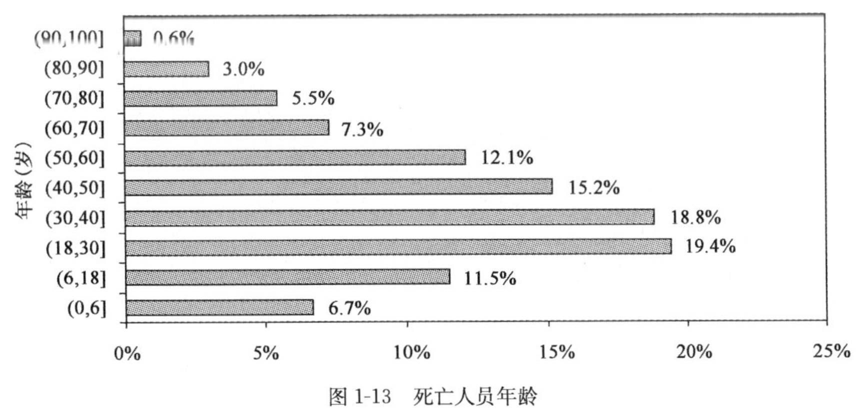

图1-13　死亡人员年龄

三、事故车型分析

1. 全部事故

以贵州绥阳县事故数据分析，如图1-15所示，二轮摩托车占到37.38%，其次是农用车辆，

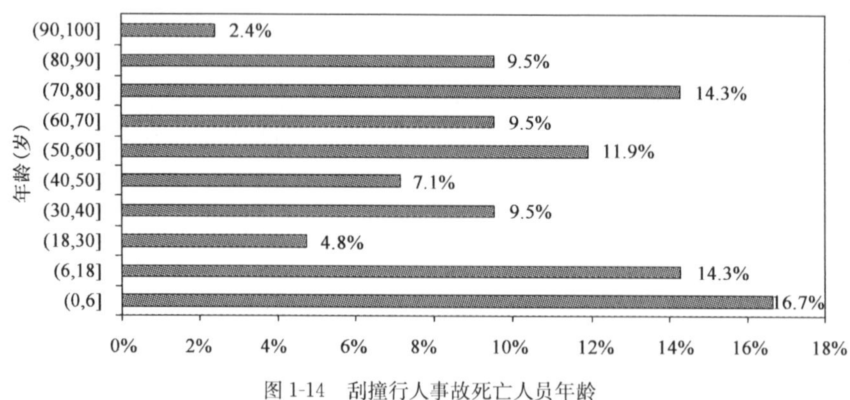

图 1-14　刮撞行人事故死亡人员年龄

占到 17.50%。摩托车事故已经成为山区农村公路事故的主要部分,对摩托车的使用的监管需要引起重视。

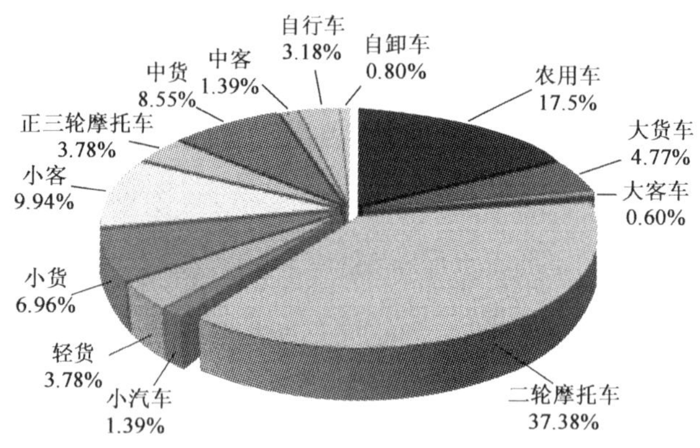

图 1-15　农村公路全部事故车型分布

注:将盘拖、变拖、拖拉机、低速货车四种车型并入农用车统计。

2. 农村公路重特大事故

在农村公路重大事故中,二轮摩托车事故仍然最多,约占肇事车辆总数的 36.4%,小型客车事故则分别达到 18.6%。如图 1-16 所示。

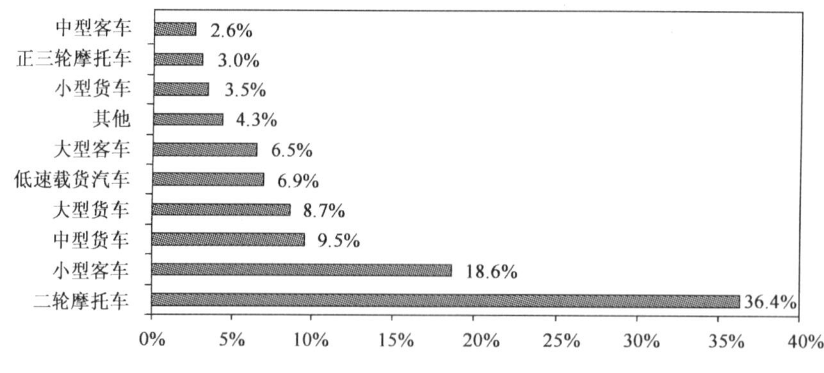

图 1-16　农村公路重特大事故车型分布

3. 一次死亡 10 人以上特大交通事故

在农村公路一次死亡 10 人以上特大交通事故中，中型客车事故约占全部特大事故的 17%，其次为低速货车❶事故，其比例达 14%。此外，大型客车、小型客车、轻型货车也是主要事故车型，分别占 14%、10%和 10%，如图 1-17 所示。

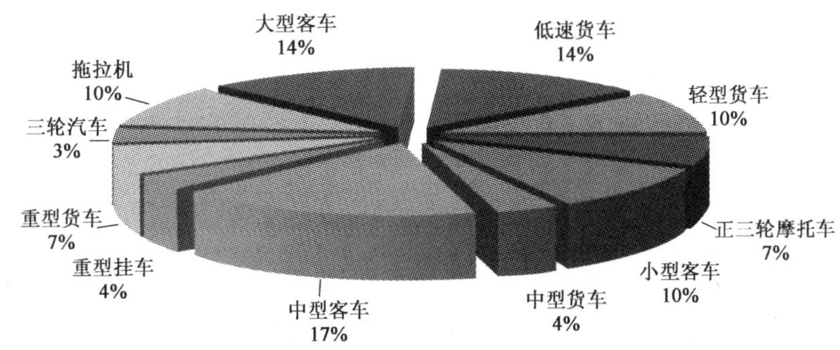

图 1-17　农村公路一次死亡 10 人以上特大交通事故车型分布

四、事故发生路段线形条件分析

1. 全部事故

由于事故资料质量问题，仅以重庆、安徽、云南 3 省市的农村公路所有事故数据进行路段线形分析，如图 1-18 所示。可以看出，74.8%的山区农村公路事故发生在平直路段，发生在一般弯和一般坡路段的事故分别占 10.50%和 5.21%。

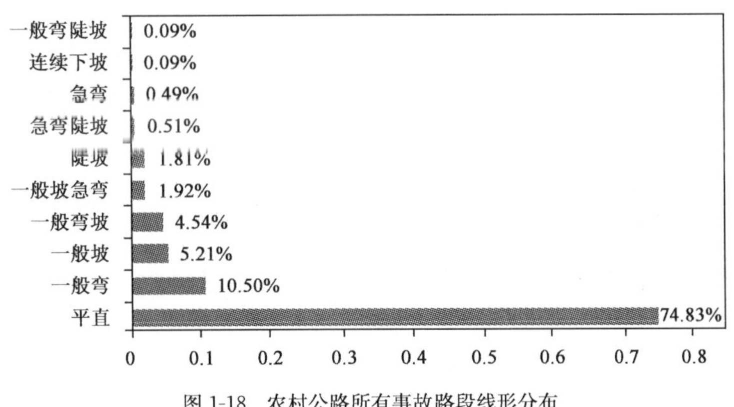

图 1-18　农村公路所有事故路段线形分布

2. 重特大事故

农村公路重大事故对应路段线形分布如图 1-19 所示，48.1%的事故发生在平直路段，一般弯和一般坡路段事故比例也分别达到 17.5%和 13.0%。与所有事故分布情况相比，平直路

❶根据《机动车类型术语和定义》(GA 802—2008)对机动车的分类，低速货车为以柴油机为动力，最大设计车速小于 70km/h，总质量小于等于 4 500kg，长度小于等于 6 000mm，宽度小于等于 2 000mm，高度小于等于 2 500mm，具有四个车轮的货车。

段重大事故发生率明显下降，而弯坡路段上的事故率明显上升。

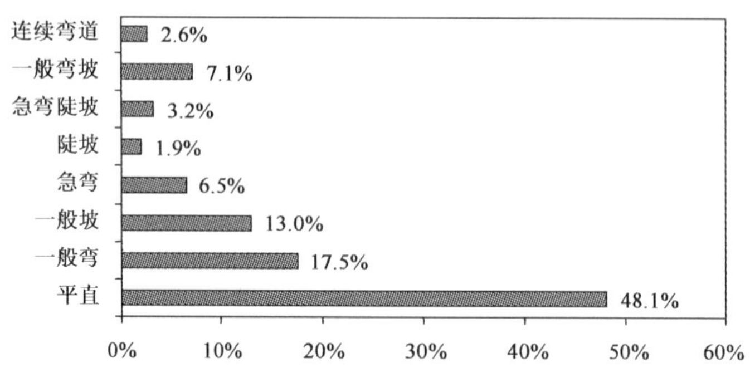

图 1-19 农村公路重大事故路段线形分布

3. 一次死亡 10 人以上特大事故

通过分析农村公路事故一次死亡 10 人以上特大事故发现，急弯陡坡为特大事故最易发路段，2007～2010 年间共发生 9 起，占 36%，其次是平直路段，共 8 起，占 32%，发生在一般弯和急弯的事故则各有 3 起，各占 12%，如图 1-20 所示。

对比农村公路所有事故、重大事故和特大事故的发生路段线形分布规律，可以发现：

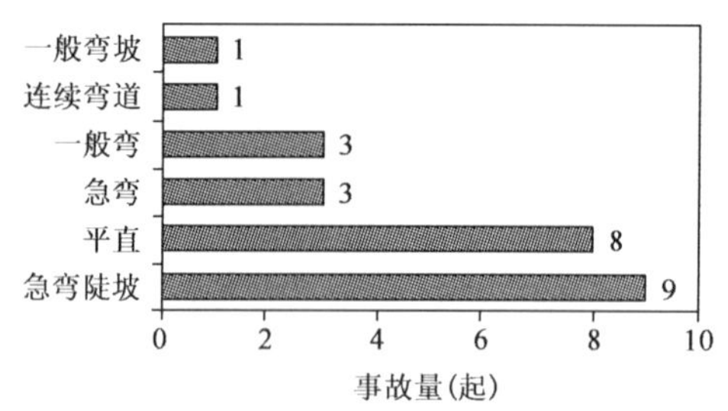

图 1-20 农村公路特大事故路段线形分布

(1)平直路段上事故发生率始终较高，而根据公路线形的统计，急弯陡坡路段的比例仅为 3%，平直路段线形比例为 30.9%，可见急弯陡坡路段是事故相对易发的路段。

(2)随着严重程度的增加，急弯陡坡等不利于安全运行的路段上的事故比例不断上升，可见急弯陡坡等不利于行车安全的路段上事故严重程度较重。

五、事故发生路段位置分析

事故发生路段位置分析以重特大事故为依据。为区别事故在路段上的发生位置，课题组将路段定性划分为普通路段、交叉口、穿村路段三种。通过对重大事故资料的分析表明，约 52.3%的农村公路重大事故发生在普通路段，交叉口和村庄路段交通事故则占到近一半。从死亡人数来看，普通路段死亡人数为最多，达到 90 人。穿村路段和交叉口事故死亡人数也分别达到 43 人和 36 人，如图 1-21 所示。

六、事故致因分析

1. 一次死亡 10 人以上特大事故

2007～2010 年，一次死亡 10 人以上农村公路事故中近 22.4%的事故与违法载客相关，20.4%的事故与超载相关。从事故资料的分析可以看出，在农村集市、聚会等群体性聚集出行中，由于交通安全意识淡薄，群众往往需要搭乘货车、低速载货汽车、三轮汽车等等农用运输车辆，由此往往导致农用车辆人货混装、超员超载等情况。此外，与车辆故障相关的事故也占到很大的比例，约有 8.2%的事故与车辆制动不良有关，约 10.2%的事故则与制动不良以外的车辆故障有关，如图 1-22 所示。

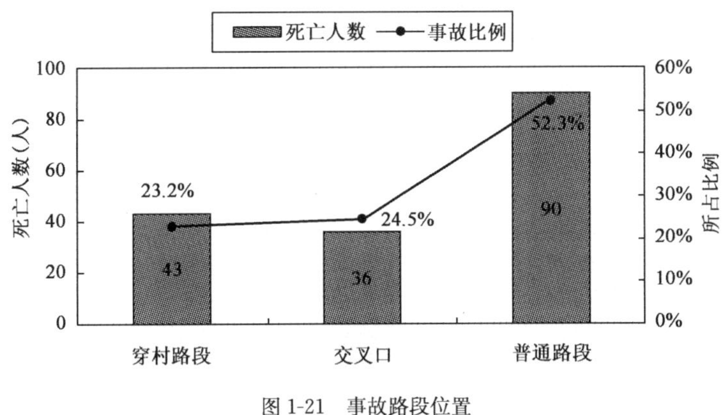

图 1-21　事故路段位置

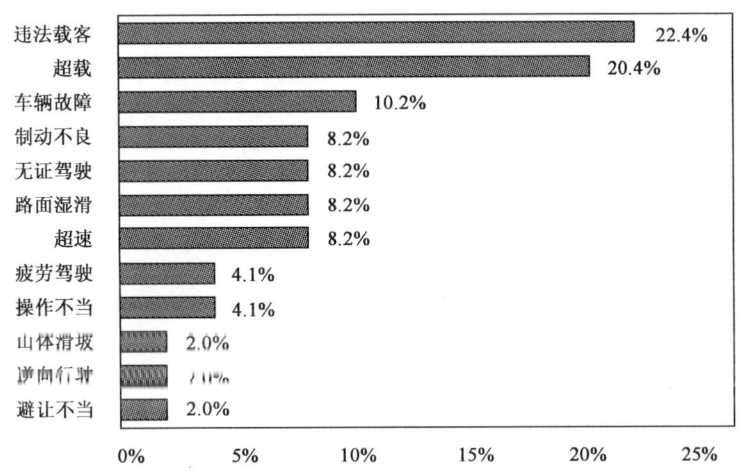

图 1-22　农村公路一次死亡 10 人以上特大事故事故原因

2. 重特大事故

根据获取事故资料的质量，课题组选择调查得到的 156 起农村公路重大事故进行详细的事故致因分析。

从人与事故致因的关系来看，违法占道行驶和未戴头盔造成的重特大事故最多，与其相关的事故均约占重特大事故总量的 21.8%。其次是由于行人违法和超速行驶造成的重大事故，分别约占事故总量的 12.8%和 16.0%。此外，酒后驾车，超限超载等也是造成重特大事故的主要致因，如图 1-23 所示。

从车与事故致因的关系来看，约有 18.9%的重特大事故与车辆制动不良相关，车辆转向失效、改装车辆、报废车辆上路也均造成约 1.0%的重特大事故，如图 1-24 所示。

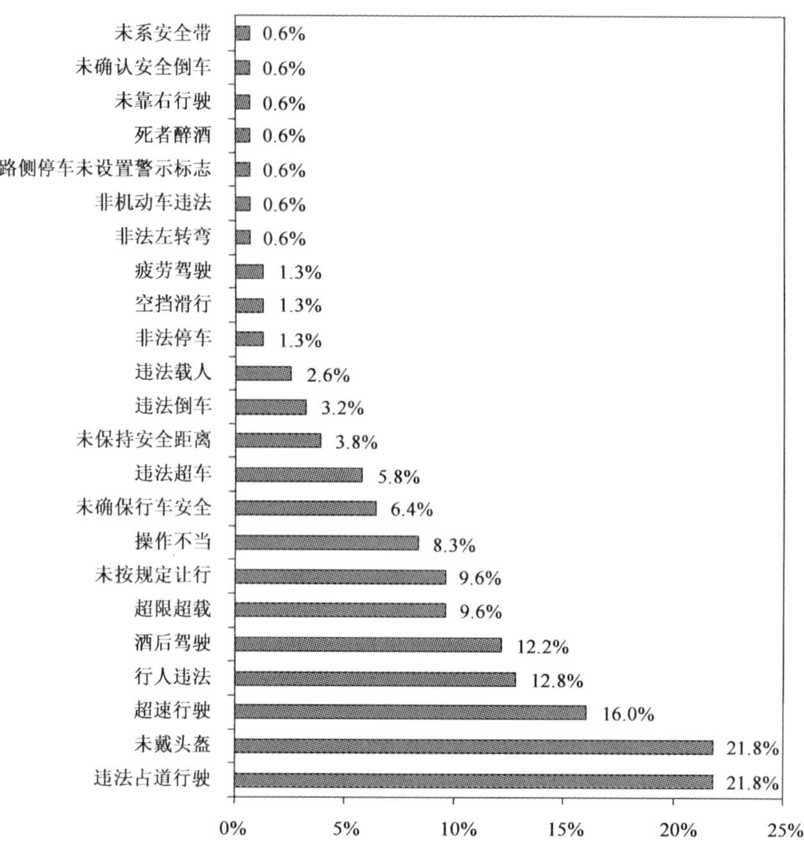

图 1-23　农村公路重大事故致因中人的原因

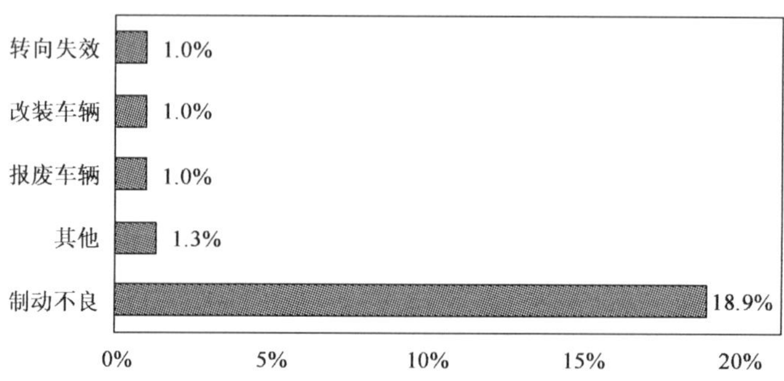

图 1-24　重大事故致因与车的关系

第二章　山区农村公路重点防控路段判别标准

第一节　山区农村公路重点防控路段的确定

重点防控路段是在考虑交通安全的条件下，从线形或者路段特征等方面，所确定的事故易发路段或易发严重事故的路段。本章以调研交通事故资料的分析数据为依据，从公路线形、路段位置、路段形式等角度分析交通事故发生的地点特征，确定西部山区农村公路重点防控路段。

一、事故与公路线形的关系

根据农村公路安全现状分析结论，由于平直路段所占比例较大，农村公路交通事故大部分分布在平直路段，但随着事故严重程度的增加，呈现出向急弯、急弯陡坡等路段聚集的特征。本节将进一步分析农村公路事故与公路线形之间的关系。

通过对农村公路样本调研路段资料的统计分析，在所调研的农村公路中，各线形组合路段占农村公路总长度比例如表 2-1 所示。在此基础上，分析各类线形组合路段事故率如图 2-1 所示，可见农村公路急弯、急弯陡坡路段事故率明显高于普通路段。

各类线形组合路段占农村公路总长度比例统计　　表 2-1

不利安全路段组合	急　弯	急弯陡坡	一般坡	陡　坡	一般弯	一般弯坡	平　直
所占比例(%)	1.60	1.40	24.10	6.80	14.30	13.7	31.00

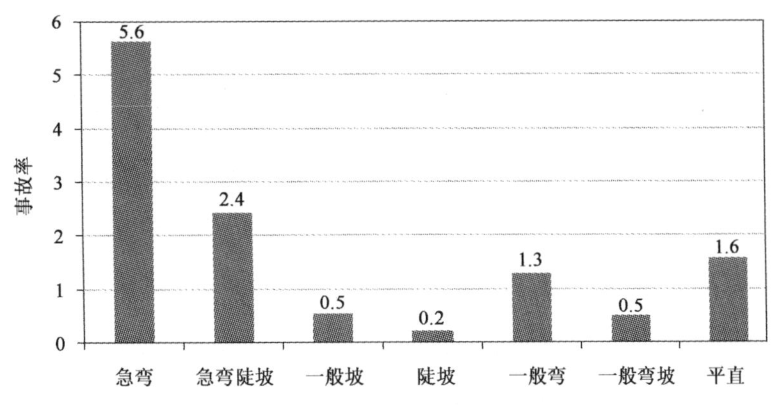

图 2-1　山区农村公路各类线形路段死亡事故率

注：事故率＝路段事故百分比/路段里程百分比。

从农村公路现阶段重点防控重大交通事故、优先改善安全隐患严重路段的原则出发，急弯陡坡、急弯路段应该作为重点防控路段。

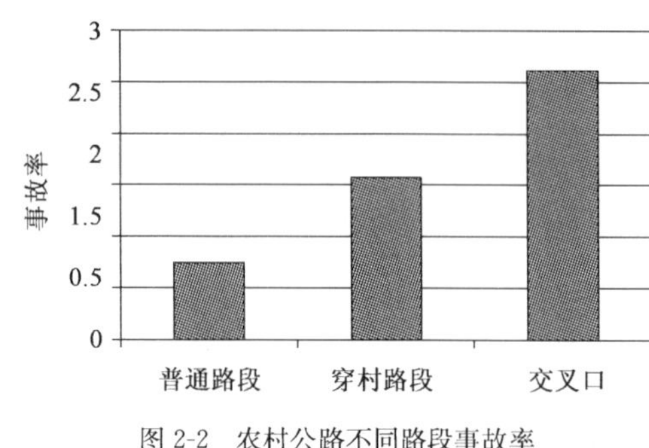

图 2-2 农村公路不同路段事故率

注：事故率＝事故次数百分比/路段长度百分比。

二、路段位置与事故的关系

根据“第一章 第四节 五、事故发生路段位置分析”，农村公路事故在不同路段上分布如图 2-1所示。通过对农村公路样本调研路段资料的统计分析，在所调研的农村公路中，穿村路段长度约占农村公路总长度的 14.6%，交叉口约占农村公路总长度的 7.6%。分析不同路段事故率如图 2-2 所示，可见农村公路交叉口、穿村路段事故率明显高于普通路段。

与路段位置关系最为密切的事故属性为事故形态。为此，项目组利用上述数据，对事故形态和事故现场位置做了交叉分析，见表 2-2。

事故现场位置与事故形态的关系 表 2-2

事故位置＼事故形态		侧面相撞	对向刮擦	翻车	刮撞行人	碾压	其他	同向刮擦	尾随相撞	正面相撞	撞固定物	撞静止车辆	坠车
穿村路段	事故量	1	0	4	15	7	1	0	2	6	0	0	0
	比例(%)	2.8	0.0	11.1	41.7	19.4	2.8	0.0	5.6	16.7	0.0	0.0	0.0
交叉口	事故量	11	0	0	12	1	0	0	3	7	3	0	0
	比例(%)	29.7	0.0	0.0	32.4	2.7	0.0	0.0	8.1	18.9	8.1	0.0	0.0
普通路段	事故量	2	4	9	15	6	0	1	3	24	4	2	11
	比例(%)	2.5	4.9	11.1	18.5	7.4	0.0	1.2	3.7	29.6	4.9	2.5	13.6

从表 2-2 的分析可以看出，穿村路段和交叉口主要为刮撞行人事故，普通路段则主要为正面相撞事故，兼有一定比例的刮撞行人事故；穿村路段碾压事故也有较高的比例；交叉口路段侧面相撞事故比例突出。

鉴于表 2-2 总结出的农村公路穿村路段和交叉口路段的事故形态较为集中，主要为：刮撞行人、侧面相撞、碾压此类事故。农村公路由于本身道路条件受限，在道路使用者安全意识没有全面提升的前提下，此类事故的多发对道路行人造成的危害较大，经统计现状刮撞行人事故的致死率达 73.13%、侧面相撞事故致死率达 60.87%、碾压事故致死率达 70%。因而对此类路段改善起来的安全效果较为突出。

因此，可据此将穿村路段以及交叉口路段作为农村公路重点防控路段。

三、重点防控路段

在现阶段，山区农村公路防控范围广、防控需求迫切、防控需求量大，而防护投入有限的实际情况下，西部山区农村公路的防控重点应确定在致死率高、起均致死人数高的存在发生重特大交通事故隐患的路段。西部山区农村公路重点防控路段确定如表 2-3 所示。

西部山区农村公路安全隐患突出路段　　表 2-3

按路段线形	按路段位置
急弯陡坡路段、急弯路段	穿村路段、交叉口路段

通过对以上事故与线形和路段关系分析，路段划分是按照交警系统标准进行分析的，以上分析部分未涉及连续下坡特征路段。由于交警部门在勘察现场是大部分情况都局限于局部线形，但根据课题组的现场调研及实际经验，易发事故的急弯陡坡路段大多数位于连续下坡路段的下半部分，实际实施改造工程时也应该着眼于连续下坡路段的整体才能发挥出较好的效果。因此，将表 2-3 中的急弯陡坡路段归于连续下坡路段。

另外，在农村公路上，群死群伤事故中坠车事故占到一次死亡 10 人以上特大交通事故的 76%，而坠车事故多发生在路侧险要而没有设置必要防护的路段。因此，从重点防控群死群伤特大恶性交通事故的角度出发，应将路侧险要路段纳入西部山区农村公路重点防控路段。

综上，将急弯路段、连续下坡路段、路侧危险路段、穿村路段、交叉口路段作为重点防控路段。

第二节　山区农村公路实施安全改善的判别标准

一、实施安全改善关键因素分析

1. 交通事故因素分析

交通事故是反映交通安全性的重要指标之一。某一路段如果反复发生交通事故，则可以说明该路段环境或基础设施条件存在诱发交通事故的因素。因此，事故多发路段是需要进行安全改善的路段。

根据交警部门判定事故多发路段的标准，西部山区农村公路如果达到以下标准则需要进行交通安全改善：

2km 范围内 3 年发生过 1 起死亡 3 人以上的事故或 500m 范围内 3 年发生过 3 起以上死亡事故的路段。

2. 公路因素分析

在《公路工程技术标准》(JTG B01—2003)与《公路路线设计规范》(JTG D20—2006)中，关于公路的圆曲线半径、纵坡等关键技术指标的最小值存在两套标准，即一般最小标准与极限最小标准。这两套标准都是由汽车动力学的车辆稳定性计算得到：极限最小标准为安全标准，即如果突破该极限最小标准，车辆行驶则失去稳定性，发生运行危险；一般最小标准为舒适标准，它是在极限最小标准之上提高指标，在保证车辆运行稳定性的同时还能满足车辆乘员的乘坐舒适性要求。

通过农村公路线形技术条件分析，得到现状四级农村公路线性指标满足规范要求的比例，如表 2-4 所示。

现状四级农村公路线性指标满足规范要求的比例　　表 2-4

速　度 (km/h)	圆曲线半径(%)		凸形竖曲线半径(%)		凹形竖曲线半径(%)		纵　坡 (%)
	一般值	极限值	一般值	极限值	一般值	极限值	
20	92.7	98.8	100.0	100.0	100.0	100.0	97.0
30	73.6	92.7	97.8	100.0	97.8	100.0	95.0
40	55.6	77.2	79.1	96.1	81.9	96.1	92.5

由表 1-5 中数据可知，约 81.73%车辆行驶速度小于 40km/h。结合表 2-4，即只从公路线形技术条件的角度出发，大约 70%路段可以满足 81.73%车辆在 40km/h 条件下安全行驶。

提升不满足规范要求的农村公路路段线形条件是改善农村公路运行安全的有效手段，但考虑到农村公路可用于安全改善的资金情况，通过改善公路技术条件来提高农村公路交通安全性的方式在现阶段还不具实际意义，目前只能针对安全隐患严重的路段，利用交通安全设施及局部简单的线形改善来提高农村公路的安全性，待经费充足后才能逐步推广。因此，现状农村公路安全改善工作应重点针对不能满足大部分车辆基本安全运行要求的那一少部分路段，以及在大部分路段上安全运行受限制的那一小部分车辆。

由上述分析可知，相关规范中极限指标刚好将不能满足大部分车辆基本安全运行要求的大约 30%路段，以及在大部分路段上安全运行受限制 18.27%的车辆划分出来。因此，当确定现状西部山区农村公路线形指标不满足相关规范极限值要求时，应进行安全改善。

二、实施安全改善判别原则

(1)满足事故指标的路段，通过事故多发原因的分析，属于急弯、连续下坡、路侧危险、村镇、支路口等重点处置路段，确定公路本身存在影响行车安全的因素，应作为农村公路安全保障工程实施路段，进行安全改善。

(2)满足事故指标的路段，通过事故多发原因的分析，不是公路本身存在影响行车安全的因素，而是人/车因素，如机非混行、行人横穿等，应作为安全保障工程实施路段，以减少其他因素对行车安全的影响。

(3)属于急弯、连续下坡、路侧危险、村镇、支路口等重点处置路段，不满足事故指标，尚未发生重特大交通事故，但存在发生重特大交通事故的隐患，应根据公路指标挑选农村公路安全保障工程实施路段，进行安全改善。

三、实施安全改善判别标准

1. 事故指标

2km 范围内 3 年发生过 1 起死亡 3 人以上的事故或 500m 范围内 3 年发生过 3 起以上死亡事故的路段。

2. 公路指标

1)急弯路段

平曲线半径 R 小于下列数值的路段。

单个急弯：

运行速度 40km/h,$R<60$m;

运行速度 30km/h,$R<30$m;

运行速度 20km/h,$R<15$m。

连续急弯:连续有三个或三个以上小于下列半径 R 的平曲线,且各圆曲线之间的距离 L 小于下列长度的路段。

运行速度 40km/h,$R<60$m,$L<80$m;

运行速度 30km/h,$R<30$m,$L<60$m;

运行速度 20km/h,$R<15$m,$L<40$m。

2)连续下坡路段

公路连续长大下坡路段的界定如表 2-5 所示。

公路连续长大下坡路段的界定　　表 2-5

平均纵坡值(%)	2	2.5	3	3.5	4
连续坡长(km)	20	12	7.5	5.5	4.5
平均纵坡值(%)	4.5	5.0	5.5	6	—
连续坡长(km)	4.0	3.5	3.0	2.5	—

3)视距不良路段

会车视距 L 小于下列长度的路段:

运行速度 40km/h,$L<80$m;

运行速度 30km/h,$L<60$m;

运行速度 20km/h,$L<40$m。

4)路侧险要路段

路侧险要路段是指陡崖、沟深、填方边坡高度或路肩挡墙高度 $h\geqslant4$m 的路段,或指路肩边缘不足 3m 有湖泊、沟渠、高速公路、铁路等路侧险要的路段。如农村公路运行速度高于设计速度的情况,需根据运行速度的情况调整指标值。

3. 其他因素

行人、自行车或环境等对行车造成安全隐患的路段。如:平面交叉口、过村路段、过城乡接合部路段、公路条件变化路段(如路基宽度变窄)等。

第三章 山区农村公路安全防护设施安全性能评价标准

根据《公路交通安全设施设计规范》(JTG/T D81—2006)条文说明3.0.1以及《高速公路护栏安全性能评价标准》(JTG/T F83-01—2004)可知，护栏碰撞车速、质量以及角度等碰撞条件均是根据高速公路调查数据所得，而众所周知的是高速公路的线形指标明显高于山区农村公路的线形指标。山区农村公路护栏试验中选取的碰撞条件应根据山区农村公路的特点重新定值。

本章是在西部山区农村公路的公路线形、交通组成、运行速度等数据分析的基础上，针对农村公路自身的交通运行特点，建立专门针对西部山区农村公路的安全防护设施碰撞条件和评价标准，为安全防护设施试验和评价提供依据。

第一节 安全防护设施碰撞条件

一、碰撞车辆

根据农村公路交通流特性分析结论，小客车和摩托车为西部山区农村公路上的主要车型，平均占40.43%和28.63%；货车也占较大比例，平均占22.51%，但不同路段其所占比例相差较大，主要是大货车，调查路段大货车比例从1.2%到62.7%不等，与该路段沿线是否存在厂矿有关。

另外，对2007～2010年《中华人民共和国道路交通事故统计年报》中农村公路上一次死亡10人以上的特大交通事故中的肇事车型进行分析，中型客车比例为最高，达到17%，如图3-1所示。

图3-1 农村公路上肇事的中巴车

根据《机动车类型术语和定义》(GA 802—2008),中型客车为车长小于 6 000mm 且乘坐人数为 10～19 人的载客汽车。我国中巴车的车型较多,总质量差别较大,但在 4.5～5t 之间居多。我国《乡村公路营运客车结构和性能通用要求》(JT/T 616—2004)对我国农村客运车辆中小于 6m 的中巴车最大允许总质量为 4.9t,见表 3-1。

乡村客运车基本性能参数、结构及配置见表　　表 3-1

<table>
<tr><td colspan="2">项　　目</td><td colspan="3">基本性能参数、结构及配置要求</td></tr>
<tr><td colspan="2">车长 L(m)</td><td>4.8≤L<6</td><td>6≤L<7</td><td>7≤L<7.5</td></tr>
<tr><td colspan="2">车身模式</td><td colspan="3">一厢式车身</td></tr>
<tr><td colspan="2">最大允许总质量(kg)</td><td>≤4 900</td><td>≤7 000</td><td>≤8 000</td></tr>
<tr><td rowspan="2">前轴载荷占总质量的最小百分比(%)</td><td>空载</td><td colspan="3" rowspan="2">25</td></tr>
<tr><td>满载</td></tr>
<tr><td colspan="2">车顶静承载能力</td><td colspan="3">车顶静承载能力≥客车最大设计总质量</td></tr>
<tr><td colspan="2">比功率(kW/t)</td><td>≥11</td><td>≥10.5</td><td>≥10</td></tr>
<tr><td colspan="2">最高车速(km/h)</td><td colspan="3">≤80①</td></tr>
<tr><td colspan="2">最大爬坡度(%)</td><td colspan="3">≥25</td></tr>
<tr><td colspan="2">接近角/离去角</td><td>≥17/12</td><td>≥15/12</td><td>≥13/10</td></tr>
<tr><td colspan="2">座位数(个)</td><td>≥10</td><td>≥13</td><td>≥15</td></tr>
<tr><td rowspan="6">乘客门</td><td>位置</td><td>可车后②</td><td colspan="2">—</td></tr>
<tr><td>数量(个)</td><td colspan="3">≥1</td></tr>
<tr><td>车外开门装置离地高度(mm)</td><td colspan="3">≤1 800</td></tr>
<tr><td>宽度(mm)</td><td>≥700</td><td>≥750</td><td>≥750</td></tr>
<tr><td>车门开启</td><td colspan="3">在客车静止时,应能从车内外开启乘客门</td></tr>
<tr><td>乘客门观察</td><td colspan="3">驾驶员在座位上应直接观察到乘客门内外情况</td></tr>
<tr><td rowspan="2">安全出口</td><td>数量(个)</td><td>≥2</td><td>≥2</td><td>≥2</td></tr>
<tr><td>面积(mm^2)</td><td colspan="3">按(GB 7258—2004)确定</td></tr>
<tr><td rowspan="2">安全顶窗</td><td>数量(个)</td><td>—</td><td>—</td><td>—</td></tr>
<tr><td>面积(mm^2)</td><td>—</td><td>—</td><td>按(GB 7258—2004)确定</td></tr>
<tr><td rowspan="2">座椅</td><td>排列方向</td><td colspan="3">按(GB 7258—2004)确定</td></tr>
<tr><td>地脚固定结构</td><td colspan="3">非滑道式③</td></tr>
<tr><td rowspan="2">行李架</td><td>车内行李架</td><td colspan="3">可设置</td></tr>
<tr><td>车外顶行李架</td><td colspan="3">可设置</td></tr>
<tr><td rowspan="3">车内随行物品存放区</td><td>车内位置</td><td colspan="3">车内后部</td></tr>
<tr><td>随行物品存放区面积 S(m^2)</td><td colspan="3">$A/4 \leqslant S \leqslant A/3$④</td></tr>
<tr><td>允许载重(kg/m^2)</td><td colspan="3">≤100</td></tr>
<tr><td colspan="2">车后自行车挂(托)架</td><td colspan="3">可设置</td></tr>
</table>

注:①车后设置自行车挂(拖)架的最高车速应低于 70km/h。

②车后设置乘客门时,不得设置车后自行车挂(拖)架。

③按《营运车辆综合性能要求和检验方法》(GB 18565—2001)确定。

④A 为乘客区面积(m^2),A=乘客区长×车内宽。

考虑到我国广大农村地区的农民出行常带较重行李，部分地区甚至超员超载的现象比较严重(图 3-2)，因此从宽容性设计的角度出发，兼顾考虑一些较中巴车略重的一些大客车，中巴车的试验碰撞质量取 6t。

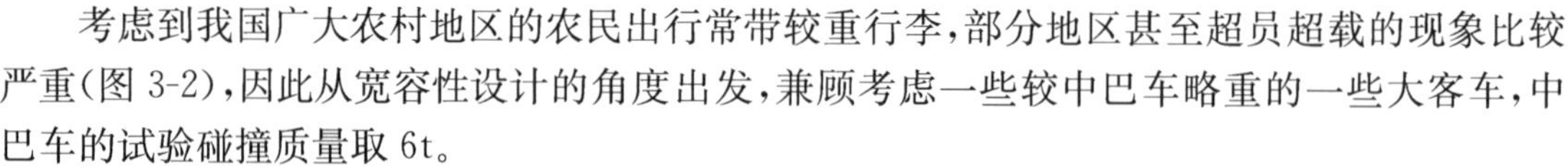

交通事故基本事实：

2008年5月11日14时28分，××驾驶核载贵××××××号中型普通客车(该车系××县××汽车运输有限公司所有)(其中驾驶人1人，婴儿2人，儿童2人)从××县城驶往××县××镇××村，途经正在全线施工的××湾至××公路K4+700处，在超载前方向同向行驶并且已靠边停车让行的拖拉机时(两车未接触)，由于驾驶员××在超车路段前后两端的路基已经垮塌的状况下未充分考虑到安全仍然，靠边超车，因路基垮塌，该车坠翻到垂直高9.3m的砍下便道上，造成×××当场死亡，

经医院抢救无效死亡，车上24人受伤、贵××××××号中型普通客车严重受损的交通事故。

图 3-2　农村公路中型普通客车超载实例

二、碰撞速度

根据农村公路交通流特性分析，各省市农村公路不同车型运行速度如表 3-2 所示。

不同车型的运行速度(km/h)　　表 3-2

省　份	小 客 车	大 客 车	小 货 车	大 货 车	摩 托 车
四川	50	44	44	43	43
云南	38	38	34	31	29
贵州	48	40	36	36	37
重庆	41	38	36	30	34
平均	44.25	40	37.5	35	35.75

日本《护栏设置标准和解说》(1998 年和 2004 年版)对碰撞速度取值的解释中说明：车辆的碰撞速度主要取决于运行速度，另外，碰撞时驾驶员采取的制动措施、制动距离和路面状况的不同，也会影响车辆的碰撞速度，并按运行速度的 0.8 倍取值为碰撞速度。

参考此原则，并从宽容性设计的角度出发，我国山区农村公路安全防护设施开发过程中碰撞速度直接采用运行速度，采用大(中)客车平均运行速度 40km/h 作为我国山区农村公路的碰撞速度。

三、碰撞角度

国内外确定护栏碰撞角度的常用方法为基于事故案例的统计分析方法，《公路交通安全设施设计规范》(JTG D81—2006)就是根据 598 起高速公路交通事故案例给出了“我国护栏的碰撞角度规定为 20°”的结论。农村公路交通事故案例采集难度较大，样本量也较小，因此，下面采用事故案例分析并参照公路几何线形分析的方法对碰撞角度进行分析。

1. 基于农村公路典型事故案例的碰撞角度分析

从调查获得的 156 起农村公路重大交通事故档案记录中，选取有事故现场详细记录的车辆直接驶出路外、碰撞护栏、碰撞路侧防撞墩、碰撞路侧房屋等，与路侧防护有关的交通事故案例进行碰撞角度的分析。

选取得到符合上述条件的事故案例5起，依据事故现场照片、事故现场图，根据车辆行驶方向、最终停止位置，进行车辆驶出位置和驶出方向进行推理判定，实现现场还原，并对车辆碰撞角度进行计算和量取，结果如表3-3所示。

农村公路典型事故案例碰撞角度分析　　表3-3

序　号	事故形态	路段类型及事故点	车　型	计算驶出角度
1	冲出路外	弯道外侧	中巴车	>30°
2	撞路侧房屋	直线路段	大货车	>25°
3	冲出路外	连续下坡路段反向弯道中间	小客车	>40°
4	冲出路外	弯道外侧	小客车	>40°
5	撞山体	弯道外侧	小客车	>30°

对比表3-3和表3-4，农村公路车辆碰撞角度或驶出角度明显大于高速公路调查数据，这是由农村公路宽度较小、弯道半径较小造成的。

《公路交通安全设施设计规范》(JTG D81—2006)中碰撞角度案例分析值统计表　　表3-4

样本量	最大值	最小值	平均值	不大于15°的比例	不大于20°的比例
598	33.8°	4.2°	15.3°	56%	74%

2. 基于农村公路线形的碰撞角度分析

由于农村公路护栏碰撞交通事故资料有限，课题组采用从几何学上分析农村公路车辆碰撞路侧或驶出角度。

由于弯道路段车辆行驶状态复杂、冲出路外事故较多且事故后果严重，因此选取“弯道内侧行驶车辆碰撞外侧护栏”这种最不利安全的情况的碰撞角度作为代表进行分析。

山区双车道公路弯道内侧失控车辆在不改变行车方向时撞击外侧护栏时碰撞角度求解示意图如图3-3所示。

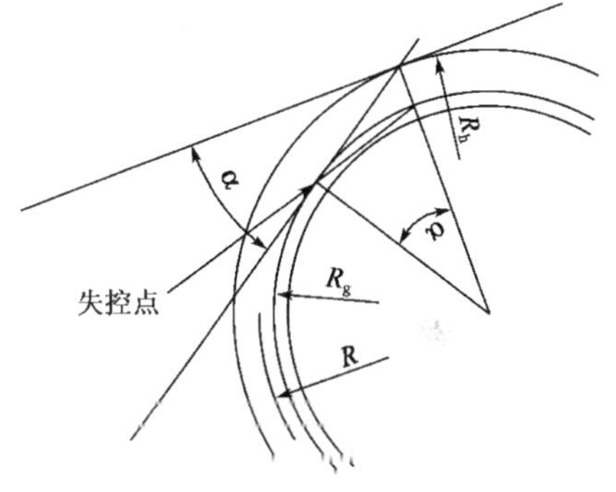

图3-3　弯道上护栏碰撞角度分析示意图

假设车道宽3.5m，即路面宽7m，护栏距硬路肩外侧0.25m，车辆行驶在内侧车道的中心线位置处，不同半径值对应的碰撞角度计算值如表3-5所示。

护栏碰撞角度计算表　　表3-5

R(m)	α(°)	R(m)	α(°)
20	39.79	65	23.07
25	36.03	70	22.27
30	33.17	75	21.54
35	30.90	80	20.88
40	29.04	85	20.28
45	27.48	90	19.72
50	26.15	95	19.21
55	24.99	100	18.74
60	23.97		

课题组对西部山区农村公路线形的调查数据统计结果如表3-6所示，其中15%位半径表示调查路上有85%的曲线半径大于该值。取所有调查路段15%位半径的平均值49.415m，对应弯道内侧行驶车辆碰撞外侧护栏的碰撞角度约为26°。

农村公路线形采集基本概况　　表3-6

地　点	公路编号	线形测试里程(km)	15%位半径(m)
贵州绥阳	C001	9.30	32
贵州绥阳	X308	11.70	72
贵州绥阳	X322	31.80	45
贵州绥阳	X323	39.10	55
贵州绥阳	X324	27.10	77
贵州绥阳	Y003	25.35	58
贵州绥阳	Y004	18.70	41
贵州绥阳	Y019	12.40	45
贵州凤冈	X352	36.51	110
贵州凤冈	X356	46.03	36
云南	X003	31.99	76
云南	X035	53.14	60
重庆	X856	8.67	37.5
重庆	Y007	6.69	22.4
重庆	Y136	8.10	32.9
重庆	Y137	9.57	41.3
重庆	Y139	18.12	37.9
重庆	Y280	7.95	32.8
攀枝花	X001	32.69	41.5
门头沟	X016	26.62	35
平均	—	—	49.415

根据农村公路典型事故案例的碰撞角度分析结论，结合基于农村公路线形分布的碰撞角度分析结果，并参考国外护栏的碰撞角度值，建议我国农村公路护栏实车碰撞试验中碰撞角度选取25°。

四、农村公路护栏碰撞条件

综上分析，6t中型客运车辆以40km/h的运行速度、25°碰撞角度与护栏碰撞，其碰撞能量为66kJ，与国内最低的护栏碰撞等级碰撞能量仅差4kJ，没有必要再单建立新的护栏防撞等级。因此考虑西部山区农村公路的交通特征及客运车辆运输需求的角度，确定西部农村公路护栏的碰撞能量为70kJ，山区农村公路客运车辆的碰撞条件见表3-7。

山区农村公路护栏碰撞条件及防撞性能　表 3-7

等　级	碰撞条件			碰撞能量(kJ)	碰撞加速度 a (m/s^2)	防护能力描述
	碰撞车速(km/h)	车辆质量(t)	碰撞角度(°)			
B(中巴)	42	6	25	≥70	≤200	6t 的 19 座中巴以 42km/h 速度行驶，以 25°的角度与防护设施碰撞，防护设施能够拦截且车内乘员不会受到严重伤害

注：a 指碰撞过程中，车辆重心处所受冲击加速度 10ms 间隔平均值的最大值，为车体纵向、横向和铅直加速度的合成值。

第二节　安全防护性能评价标准

山区农村公路安全防护性能评价标准的制订原则是以我国山区农村公路运行实际情况的调研资料为基础，体现以人为本的原则，既能保证大部分车辆的行车安全，同时也要考虑我国的技术、经济实力；既考虑目前山区农村公路的现状，同时也考虑今后的发展趋势。

参考《高速公路护栏安全性能评价标准》(JTG/T F83-01—2004)等国内标准规范以及欧盟 BS EN 1317(2010 年新版)、美国 MASH 2009(Manual for Assessing Safety Hardware 2009)等国外标准，结合山区农村公路应用环境的特殊性，确定山区农村公路安全防护性能评价标准如下：

(1)碰撞车辆不得穿透、骑跨、翻越护栏，刚性护栏最大动态变形量应小于或等于 10cm；半刚性三波梁护栏最大动态变形量小于或等于 75cm；半刚性双波梁护栏最大动态变形量小于或等于 100cm；柔性护栏可根据其安装位置参照半刚性护栏最大动态变形量的指标。

(2)车辆与护栏发生碰撞时，应能保证车内乘员的生命安全。

①碰撞过程中，车辆重心处所受冲击加速度 10ms 间隔平均值的最大值(车体纵向、横向和铅直加速度的合成值)应小于 20g。

②碰撞过程中，从被试护栏上脱离的组件或其他各种碎片都不得侵入车体乘员仓内部。

③碰撞过程中，车辆的形变应保证乘员不受到严重伤害。

④碰撞后，试验车辆应保持正常的直立状态，不发生侧翻现象。

(3)护栏应有良好的导向功能，驶出角度应小于碰撞角度的 60%。

关于上述评价标准，做如下解释：

(1)从农村公路重特大事故的深入分析研究中可以知道，坠车是导致群死群伤恶性事故发生的主要事故形态。因此，将“碰撞车辆不得穿透、骑跨、翻越护栏”作为强制性评价标准，即农村公路护栏必须确保车辆不会因冲破、推倒护栏等形式越过护栏而发生驶出路外坠车的恶性事故。

护栏变形和最大动位移值的规定，参照了国内外的相关标准和试验数据，护栏最大动态变形量在规定的指标之内可以保证安全。

(2)在车辆与护栏碰撞过程中，有可能造成的驾乘人员伤害的包括：

①驾乘人员因剧烈碰撞引起的器官损伤。

②护栏碰撞引起的飞溅物(护栏、车辆以及碰撞环境中其他各种实体的组件、碎片等)侵入

车体对驾乘人员的伤害。

③车辆内部驾乘人员生存空间的严重变形挤压导致的乘员伤害。

④碰撞过程中因车辆侧翻，车内乘员相互之间的猛烈挤压或车内各类构件、物品碰撞乘员导致乘员伤害。

为保证车辆与护栏碰撞时车内乘员的生命安全，从以上四个角度出发，制订相应的乘员保护评价标准。

(3)护栏良好的导向性能是为了车辆在碰撞护栏后能够停车于合理的范围内，不得影响其他过往车辆的正常通行，避免二次事故的发生。

需要说明的是，上述评价标准仅从防护设施的安全性能进行评价，不包括对防护设施的经济性、景观性、耐久性以及易养护性等内容的评价。

第四章　山区农村公路安全防护设施安全评估及设计改进

第一节　农村公路典型护栏防撞性能评估分析

综合考虑维护、运输、施工、调动当地村民积极性等因素，农村公路山区更倾向砌石、钢筋混凝土类的防护设施，土堆式的防护因受环境影响，其力学特性变化较大，一般作为临时的防护。本章对现有的钢筋混凝土、砌体、片石混凝土类的护栏进行理论计算分析，并对其防撞性能进行分析。

一、农村公路因地制宜的防护措施应用现状

由于农村公路建养资金限制，多数险要路段未设置防护设施，设置防护的设施多数是就地取材、因地制宜地采用了一些未经过验证的安全防护设施，主要包括砌石墩、连续砌石护栏、薄壁钢筋混凝土护栏等设施。

1. 浆砌石墩

浆砌石墩(长 2m、厚 0.5m、高 0.5m)是农村公路常见的路侧安全设施(图 4-1)。由于砌石设施的施工方便，材料容易获得，更容易被农村公路建设管理者及当地村民接受。《公路安全保障工程实施技术指南》将其列为警示设施，公路管理者及村民认为其有一定拦挡失控车辆的能力。在公路交通事故调查中，有示警墩拦住失控小型车辆的案例，也有车辆冲断浆砌石墩驶出路侧的事故。

图 4-1　浆砌石墩

2. 浆砌石护栏

采用砌石砌成连续的墙式护栏也是农村公路常见的路侧防护措施(图 4-2)。根据现场调

图 4-2　浆砌片石护栏

研存在车辆冲出护栏墙的案例，从破坏断面可以看到，砌石间的砂浆不均匀且含有泥土等杂质将影响施工质量。从砌石护栏类设施程序而言，这是施工质量较难控制的一种设施。

一些险要的路段设置了浆砌片石护栏(图4-3)，但是从一些路段损坏的护栏截面分析，护栏内部的砂浆强度等级小于 M5，掉角出现的砂浆是松散的，都没有一点块状的砂浆，说明缺乏合理养护。

一些路段的浆砌片石混凝土护栏外面涂刷油漆。从外观看浆砌片石混凝土的砌石头和混凝土差别不大，但是其防撞性能远不及混凝土护栏，而且其施工工程质量控制对其防撞性能起着关键作用。

图 4-3　险要路段的浆砌片石护栏

3. 薄壁钢筋混凝土护栏

山区农村公路的路窄，因此，云南省农村公路为了减少护栏占用路间的宽度，设置了窄薄壁钢筋混凝土护栏(图 4-4)，护栏埋深 25cm，露出路面的高度为 81cm。从现有的农村公路调研来看，有碰撞出现裂缝露出钢筋的事故案例，未发现车辆冲出护栏的事件。

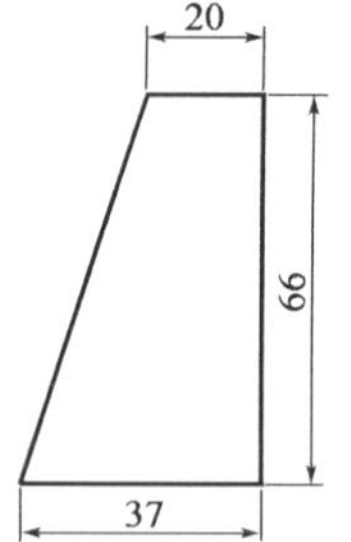

图 4-4　薄壁钢筋混凝土护栏(尺寸单位：cm)

4. 干砌类路侧防护

在某些农村公路，考虑与农村公路的氛围相符及经济性要求，采用干砌连续墙（图 4-5），由于交通量很少，未见有碰撞痕迹。

图 4-5 干砌类路侧防护

二、农村公路典型护栏安全状况及改进

目前，在公路上常用的浆砌石墩、浆砌片石护栏、薄壁钢筋混凝土护栏、干砌路侧防护几种因地制宜的路侧防护设施。干砌路侧防护是将片石松散堆放一起，片石之间没有连接，不能起到抗剪、抗弯的作用，浆砌石墩（长 2m、厚 0.5m、高 0.5m）高度不足，缺乏连续设置，显然不能起到护栏的作用。因此，下面对浆砌片石、片石混凝土护栏、薄壁钢筋混凝土护栏的防撞性能进行计算分析，根据考虑动力因素的简化计算分析，现有农村公路常用的砌石墩、砌石墙、没有生根的薄壁钢筋混凝土护栏不具备农村公路 B 级的防撞能力，具体防撞能力及改进建议见表 4-1。

农村公路典型护栏安全性能分析及改建建议表　　表 4-1

护栏类型	特征分析	初步结论与建议
干砌	结构松散，不能达到结构强度	无法满足农村公路护栏设置需求
浆砌（长 2m、厚 0.5m、高 0.5m，埋深 0.25m）	防撞能力只能达到 7.89kJ（相当于 1.5t 的小型车，以 27.75km/h、25°碰撞角碰撞护栏的能量；或者相当于 1.5t 的小型车，以 45.32km/h、15°碰撞角碰撞护栏的能量）	无法满足农村公路护栏设置需求
片石混凝土护栏	C25、底厚 0.3m 材料，即可达到 70kJ 碰撞能量	可以应用于农村公路护栏，但建议改为单坡面形式，提高防护效果
薄壁钢筋混凝土	上部材料可满足碰撞能量要求，护栏基础结构影响其防撞性能	可以应用于农村公路护栏，建议利用桩基式基础

第二节 农村公路护栏防撞性能试验分析

根据计算得出的结论，对坚石路肩钢筋混凝土护栏和片石混凝土护栏进行计算及实车碰撞试验，确定其结构的安全合理性。

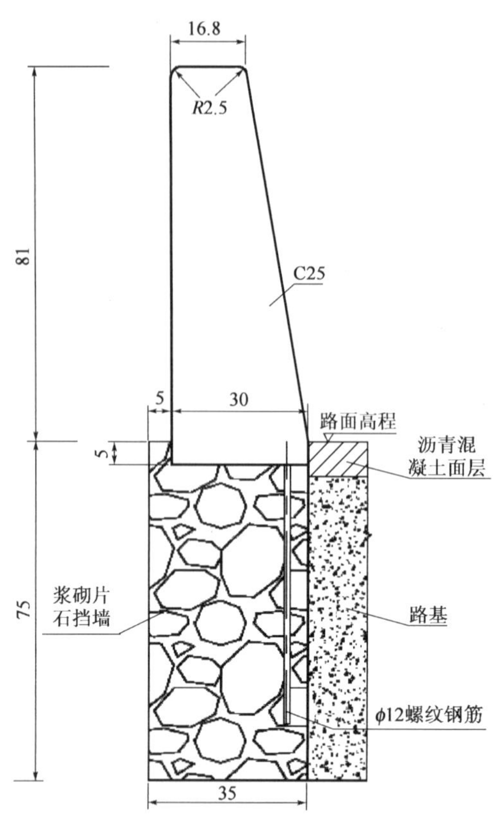

图 4-6　坚石路肩薄壁混凝土护栏示意图(尺寸单位:cm)

一、坚石路肩薄壁混凝土护栏试验分析(植入钢筋)

1. 结构方案

坚石路肩薄壁混凝土护栏结构,采用钢筋混凝土墙体,迎撞面坡面形式为单坡面,护栏顶宽16.8cm,护栏底宽30cm,高81cm。护栏基础采用植入带弯钩的钢筋并灌注水泥砂浆的基础,钢筋基础深度56cm,间距60cm。每5m设置一条假缝,每15m设置一条伸缩缝,缝宽2cm,用泡沫塑料填充,并用4根带套管的ϕ25热镀锌钢筋相连(横向居中,第一根距顶部10cm,每间隔20cm布置1根),两端埋入护栏20cm。混凝土采用C25。另外,地基承载力不小于150kPa,土路肩压实度在94%以上,坚石路肩薄壁混凝土护栏示意图如图4-6所示,钢筋布置图见图4-7和图4-8。

坚石路肩薄壁混凝土护栏材料数量及概算见表4-2,其护栏概算为按照2012年1月公路工程材料指导价格计算所得。从中可以看出,15m坚石路肩薄壁混凝土护栏的概算价格为2 025.546元,平均约135.04元/m(不含人工费)。

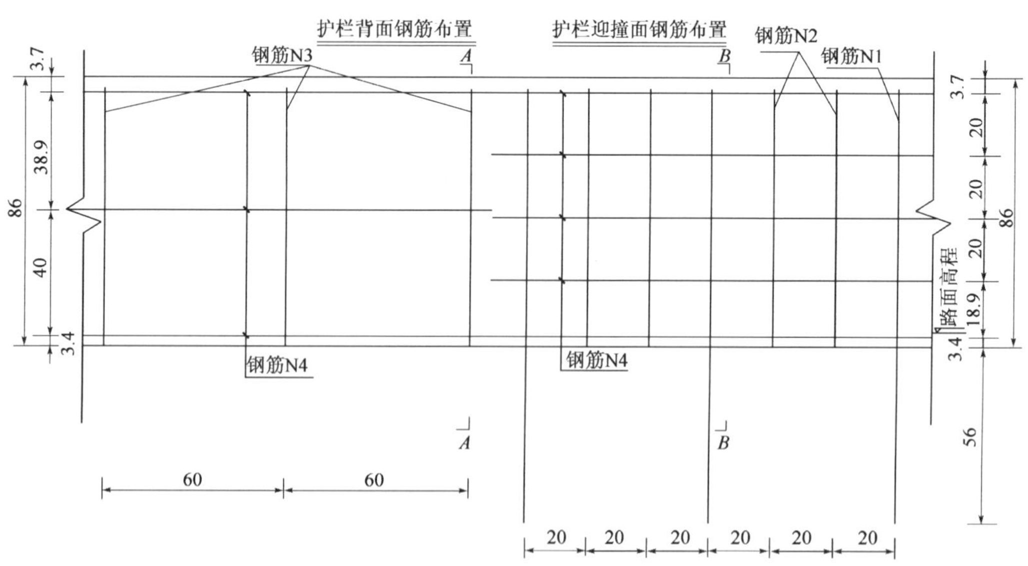

图 4-7　坚石路肩薄壁混凝土护栏钢筋配置立面图(尺寸单位:cm)

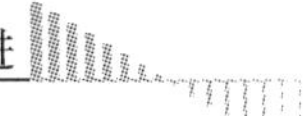

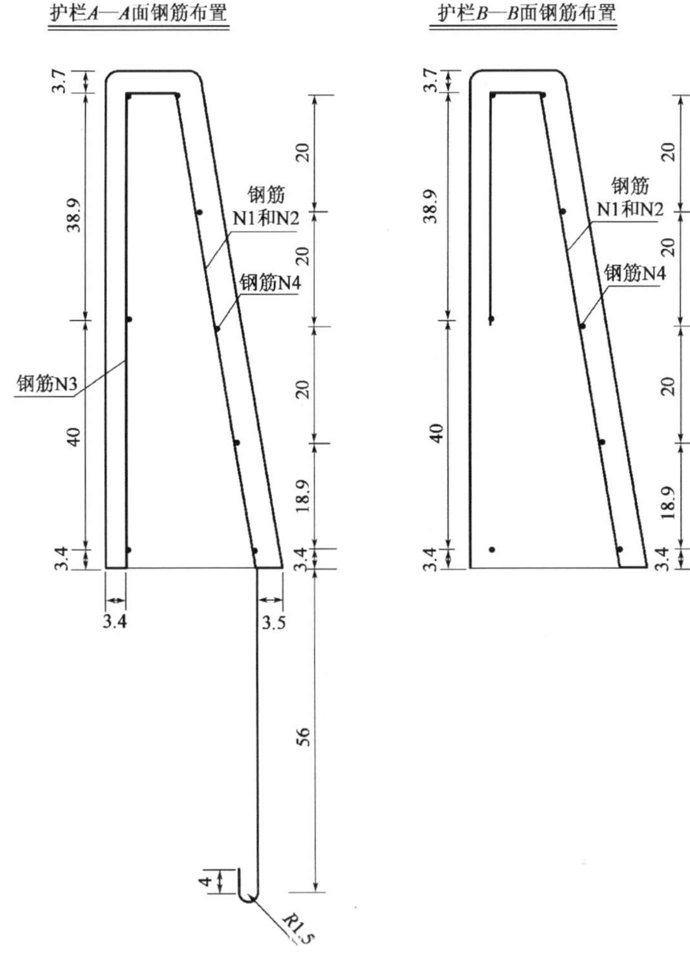

图 4-8　坚石路肩薄壁混凝土护栏钢筋配置侧视图(尺寸单位:cm)

坚石路肩薄壁混凝土护栏材料数量及概算(每 15m)　　　　表 4-2

材 料 项 目	规格(mm)	单根重(kg)	数量(根)	总重(kg)	价格(元)
钢筋 N1	ϕ12×1 970	1.19	50	43.75	196.875
钢筋 N2	ϕ12×1 340	1.75	25	59.5	267.75
钢筋 N3	ϕ8×1 130	0.446	25	11.15	50.175
钢筋 N4	ϕ8×15 500	6.123	8	49.98	224.91
伸缩缝钢筋	ϕ25×420	1.617	4	6.468	29.106
伸缩缝套管	ϕ32×2×200	0.296	4	1.184	6.53
混凝土	C25	3.07m³			1 228
砂浆	M20	0.3m³			22.2
合计					2 025.546

2. 坚石路肩薄壁混凝土模拟仿真

1)客车模型

客车模型参考车型为京通牌 BJK6600 型 19 座中巴客车,模型构建采用拆车法,首先对车辆外轮廓、底部结构、主要构件进行测量,然后绘制 CAD 图形,在 CAD 图形基础上建立车辆有限元模型,同时确定车体各个部位的材料属性,如图 4-9 和图 4-10 所示。

图 4-9　客车 CAE 模型构建过程

按实际车辆尺寸调整建立，主要有限元参数及结构参数见表 4-3 及表 4-4。

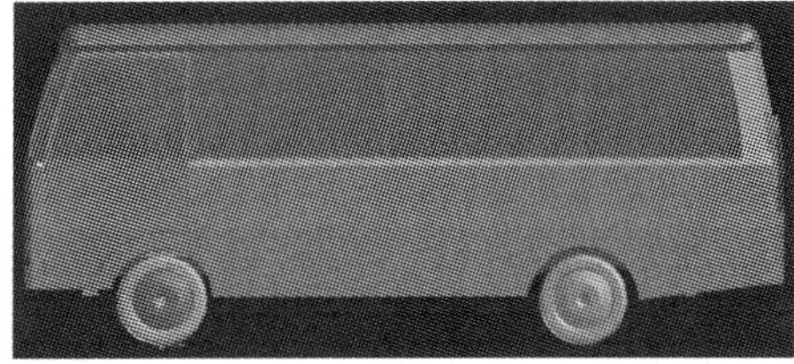

图 4-10　客车与客车 CAE 模型

中巴客车模型有限元参数　　表 4-3

项　　目	数量(个/种)	项　　目	数量(个/种)
节点	86 622	材料	12(种)
单元	139 948	其他	24

客车模型结构参数　　表 4-4

车　　型	质量(t)	重心高度(m)	尺寸参数(m)(长×宽×高)
中巴客车	5.88	0.94	9.95×1.97×2.50

通过与实车碰撞试验校核验证，客车车辆模型精度较高，误差满足要求，如表 4-5 所示。

计算机仿真结果校核　　表 4-5

项　　目	计算机仿真分析	实车碰撞试验
车辆运行轨迹对比		
车辆变形对比		
护栏变形对比		

2)护栏模型

按设计图纸建立护栏模型,迎撞面坡面形式为单坡面,护栏顶宽 16.8cm,护栏底宽 30cm,高 81cm;建立的组合式护栏模型长度为 15m,护栏两端采用全约束处理,路面采用刚体墙模拟。

竖石路肩薄壁混凝土护栏模型如图 4-11 所示。

图 4-11　竖石路肩薄壁混凝土护栏模型

3)碰撞试验条件和评价标准

依据《高速公路护栏安全性能评价标准》(JTG/T F83-01—2004)的要求以及分报告三《西部山区农村公路安全防护设施碰撞条件及评价标准》中的评价指标,确定护栏防护能力能够防护中巴客车。根据试验条件规定:5.88t 的中巴客车初速度为 41.17km/h,碰撞角度为 25°(图 4-12),评价标准见表 4-6。使用基于有限元算法的三维碰撞冲击仿真模拟系统 PAM-Crash 软件,进行模拟计算。

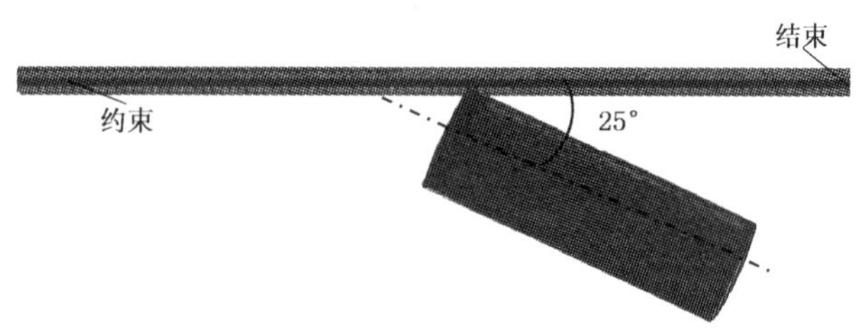

图 4-12　模型边界条件示意图

评 价 标 准 表 4-6

检 测 参 数	评 价 指 标
防撞性能	护栏应能够有效地阻挡车辆,禁止车辆任何形式的穿越、翻越、骑跨、下穿护栏
	在碰撞过程中,护栏组件、碰撞碎片或其他碰撞物不能侵入驾驶室内,不能阻挡驾驶员视线
驶出角度	护栏应有良好的导向功能,驶出角度应小于碰撞角度的 60%
车辆行驶状态	碰撞后,车辆保持正常行驶姿态,没有发生横转、调头、翻车现象
最大动态变形	护栏的最大动态变形量不大于 500mm

4)计算机仿真分析结果

(1)护栏整体防护效果。

车辆碰撞护栏后能安全驶出,恢复到正常行驶姿态。图 4-13 为车辆碰撞护栏过程。

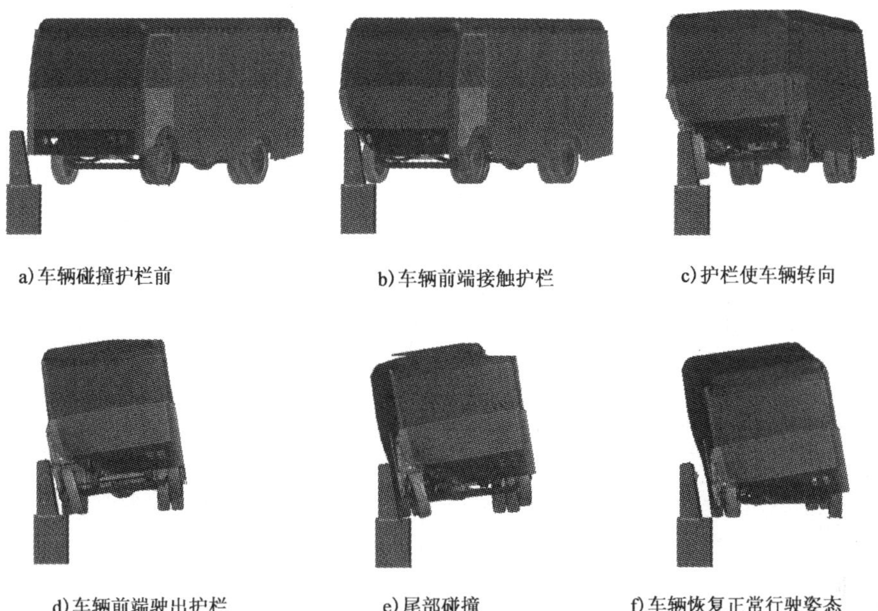

a)车辆碰撞护栏前　b)车辆前端接触护栏　c)护栏使车辆转向

d)车辆前端驶出护栏　e)尾部碰撞　f)车辆恢复正常行驶姿态

图 4-13　车辆碰撞护栏过程

(2)护栏结构初步评价。

从图 4-14 可以看出，护栏动态变形量不明显。由于车辆碰撞和刮擦，护栏前端混凝土有轻微的散落，但没有出现倾覆或大变形，满足评价标准要求。在护栏在碰撞过程中，受到的应力沿着接触点向护栏两侧扩展，底部受到的应力较大。最大受力点位于护栏与车辆接触位置底部位置，如图 4-15 所示。

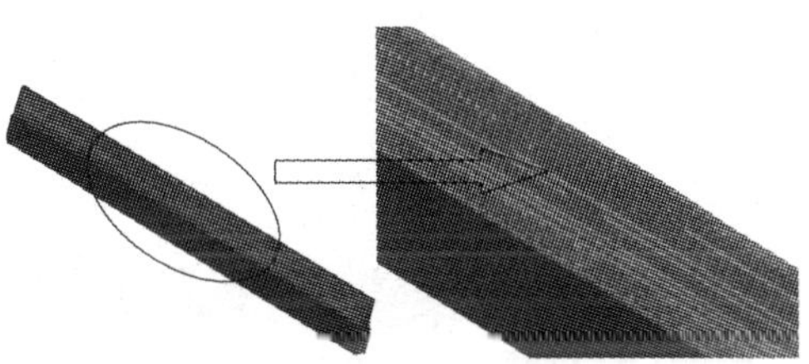

图 4-14　上部护栏破损图

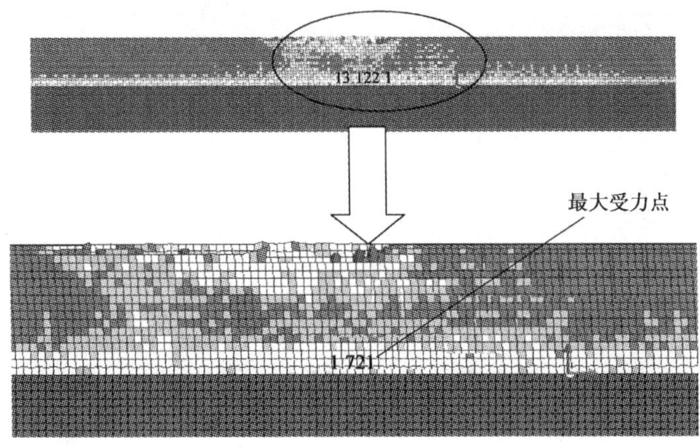

图 4-15　护栏应力图(MPa)

护栏基础在碰撞过程中受到的应力如图 4-16 所示，接触点附近的钢筋较其他钢筋受到的应力大，沿着接触点向护栏两侧扩展，在各个钢筋中心位置均受到较为集中的应力。护栏基础最大应力为 13.2MPa，为拉应力。

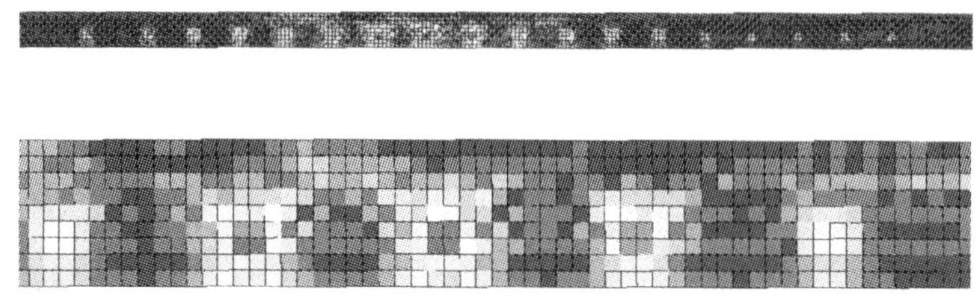

图 4-16　护栏基础应力图

提取护栏钢筋纵向受力，如图 4-17 所示，钢筋最大拉应力为 18.6MPa，最大压应力为 16.7MPa。两个最大受力点都位于碰撞点处护栏前下部，如 4-17 的标示位置。

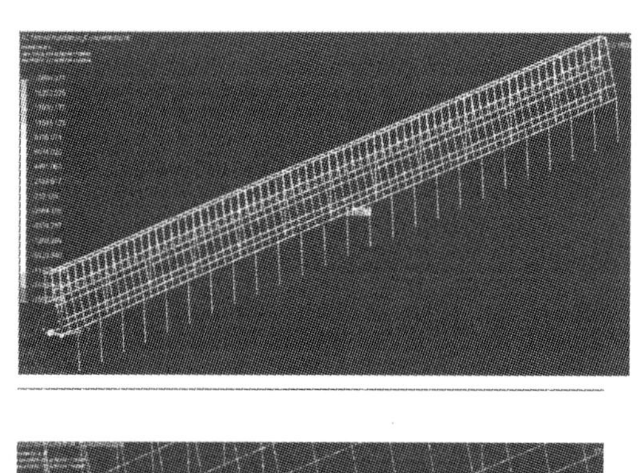

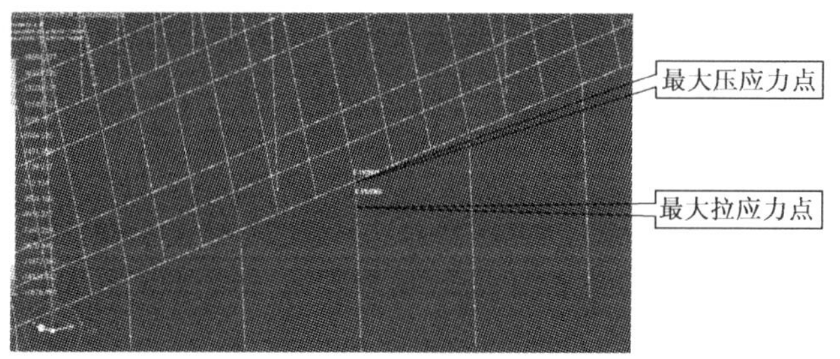

图 4-17　护栏钢筋受力

根据护栏碰撞过程，车辆碰撞护栏时，在大约 0.09s 时，车辆与护栏开始碰撞，持续大约 0.24s，碰撞力的分布约为 3.4m，如图 4-18 所示。

车辆行驶轨迹如图 4-19 所示，根据模拟结果，表明护栏导向性能良好，中巴车驶出角度约为 5.5°。

护栏最大位移点位移时程曲线如图 4-20 所示，最大位移点位于碰撞点处护栏顶部，如图 4-21所示。碰撞过程中车辆在 x、y、z 三个方向的加速度如图 4-22 所示，从图中可以看出，车辆在 x、y、z 三个方向的最大加速度分别约为 9g、16g 和 5g，在三个方向的合成加速度约为 19g，均满足规范的要求。

图 4-18　护栏碰撞力分布

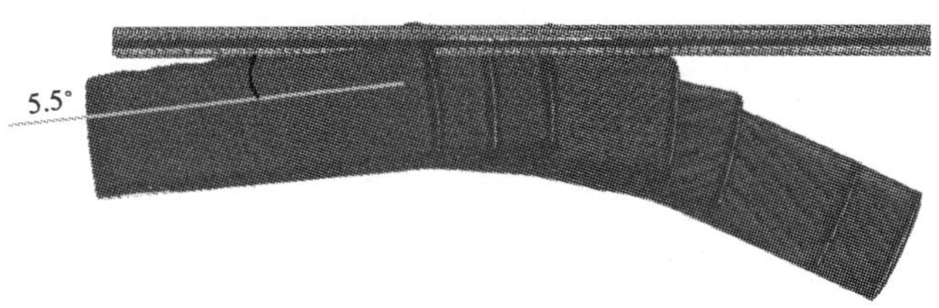

图 4-19　车辆行驶轨迹

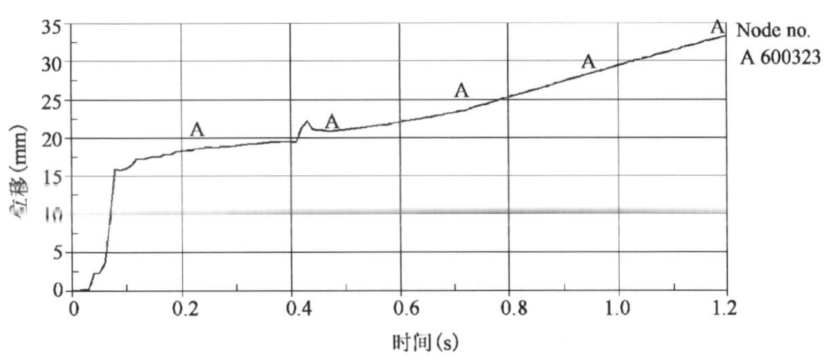

图 4-20　护栏最大位移点位移时程曲线

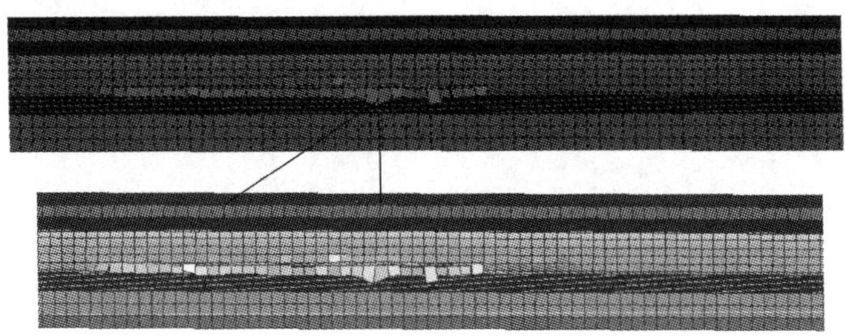

图 4-21　护栏最大位移点位置示意

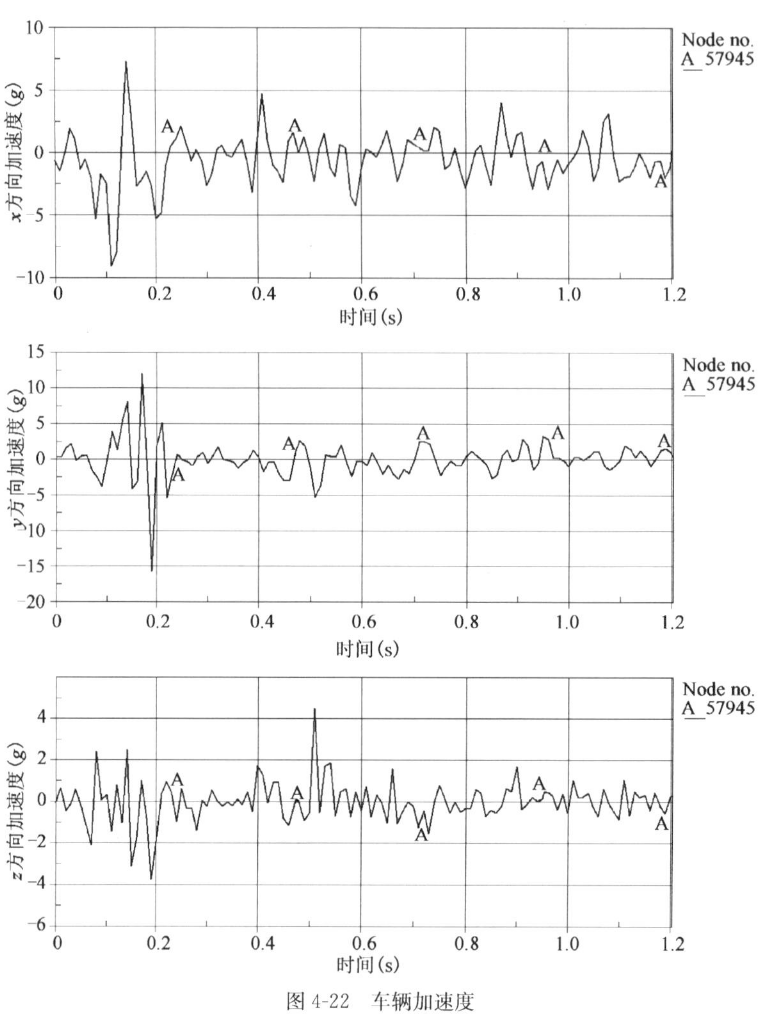

图 4-22 车辆加速度

3. 实车碰撞

1)试验条件

坚石路肩薄壁混凝土护栏试验长度为 30m,试验用护栏如图 4-23 所示。

图 4-23 实车试验用坚石路肩薄壁混凝土护栏

实车碰撞试验条件见表 4-7。

实车碰撞试验条件　　　　表 4-7

车　型	总 质 量	碰 撞 速 度	碰 撞 角 度	碰 撞 能 量
中巴车	5 925kg	49.2km/h	25.4°	101.8kJ

试验车辆如图 4-24 所示，车辆的具体参数见表 4-8。

图 4-24　第三次碰撞用中巴车

坚石路肩薄壁混凝土护栏实车碰撞用中巴车车辆参数　　　　表 4-8

车 辆 编 号	JTII-1104	型　号	长安牌轻型客车
出厂年份	2003 年 2 月	车辆识别号	—
发动机号	—	车架形式	边梁式
载客数量	19 人	胎压	0.6MPa
自重	3 672kg	总重	5 925kg
重心位置	x(纵向)：2 261.6mm	y(横向)：0.3mm	z(竖向)：729.1mm

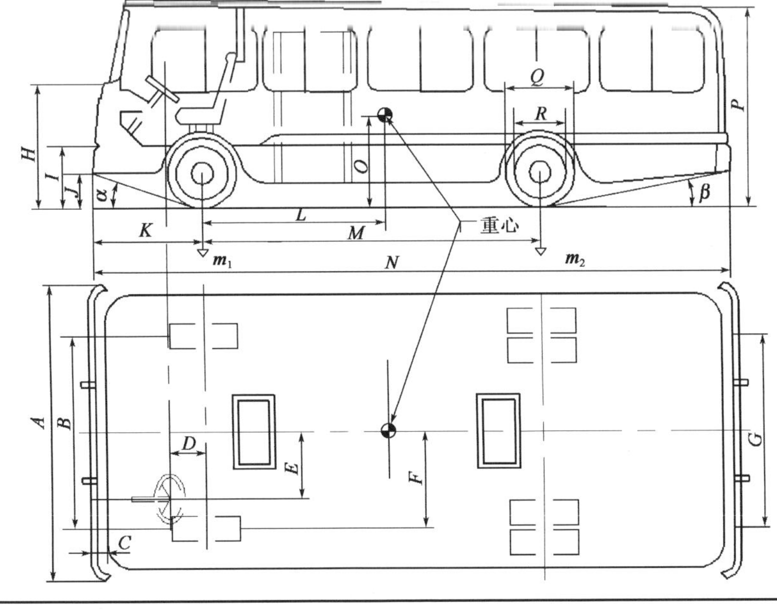

续上表

JTII-1104 长安牌轻型客车几何尺寸：

A=2 200mm；B=1 770mm；C=170mm；D=265mm；E=365mm；F=885mm；G=1 620mm；H=1 215mm；I=630mm；J=390mm；K=1 085mm；L=2 261mm；M=3 300mm；N=5 805mm；O=729mm；P=2 600mm；Q=745mm；R=440mm；$\alpha=23°$；$\beta=15°$

质量：

m_1=2 444kg；m_2=3 481kg；车辆自重=3 672kg；车辆载重=2 253kg；车辆总重=5 925kg

试验场地如图 4-25 所示，车辆加速方案采用支架重锤落地牵引的方式。

图 4-25　坚石路肩薄壁混凝土护栏试验车辆、场地

为了检测护栏内部钢筋以及混凝土自身的变形情况，在护栏的施工阶段安装了应变片，应变片位于护栏的基础部分，见图 4-26。

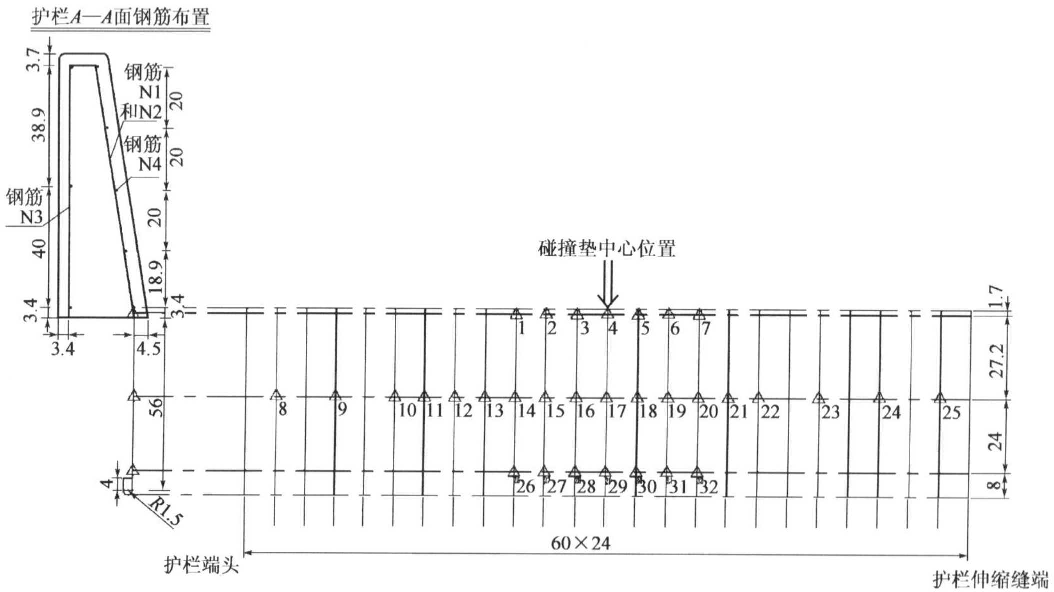

图 4-26　坚石路肩薄壁混凝土护栏下部结构应变片位置图(尺寸单位：cm)

粘贴过程中，应变片均采用 5×3 电阻应变片，标准电阻值均为 120Ω。应变片仅在主要的应力方向粘贴，应变仪的连接如图 4-27 所示。

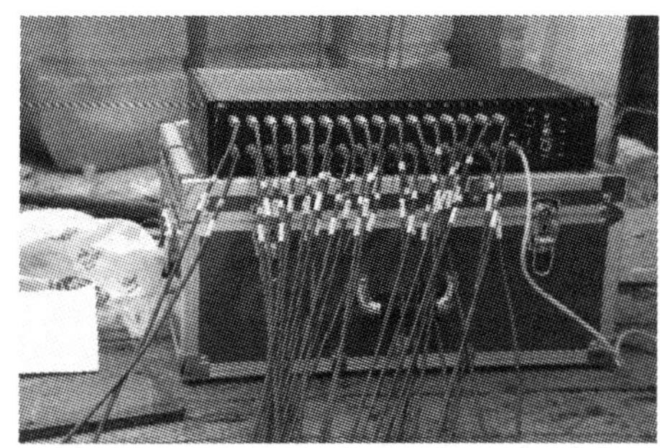

图 4-27　应变仪的连接

2)数据分析

对坚石路肩薄壁混凝土护栏实车碰撞试验的数据分析，主要从护栏导向性能、车辆驶出轨迹、中巴车加速度、护栏最大位移、护栏结构强度、护栏破坏情况等角度进行分析。

(1)防撞性能。

坚石路肩薄壁混凝土护栏能够有效地阻挡车辆，车辆未出现任何形式的穿越、翻越、骑跨护栏现象，护栏能承受的最大碰撞能量大于 101.8kJ。

(2)车体加速度。

根据现场加速度计的安装方向可知，车辆行驶方向为 x 正方向，车体横向外侧为 y 正方向，车体竖直向上为 x 正方向，三个方向的加速度变化情况如图 4-28～图 4-30 所示。从图中可以看出，车体加速度 10ms 间隔内 x、y、z 三个方向的最大加速度值分别为 7.9g、10.5g 和 4.4g，其合成值为 13.86g，满足规范要求的不大于 20g。

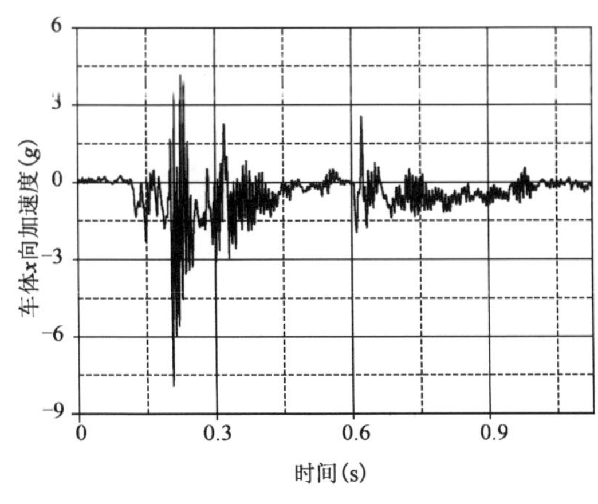

图 4-28　车体加速度 x 方向曲线图

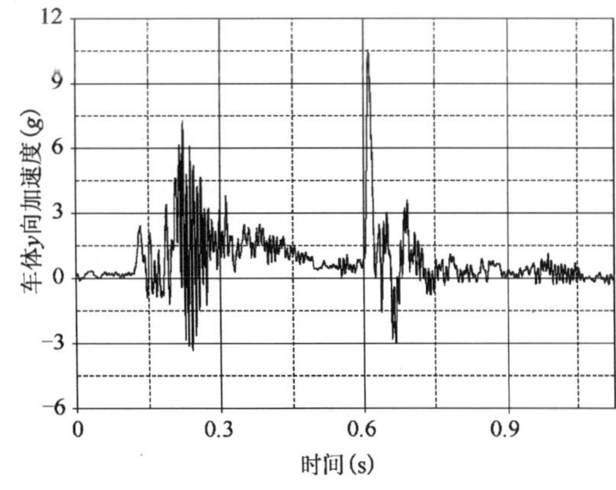

图 4-29　车体加速度 y 方向曲线图

在碰撞过程中，车辆与护栏的接触长度为 3m，见图 4-31。因此，碰撞过程中碰撞力的作用范围为 3m。

对于中巴车，最大碰撞力有可能在失控车辆改变方向后，车辆的尾部与护栏相撞时产生，但由于车辆已改变了行驶方向，车辆越出路外的危险性降低了，因此，护栏的最大碰撞力取初始的最大碰撞力。在碰撞过程中，y方向初始的最大加速度为 7.5g，初始的最大碰撞力为：

$$F = ma_y \sin\theta = 5\,925 \times 7.5 \times 9.8 \times \sin 25.4° = 142.956(\text{kN})$$

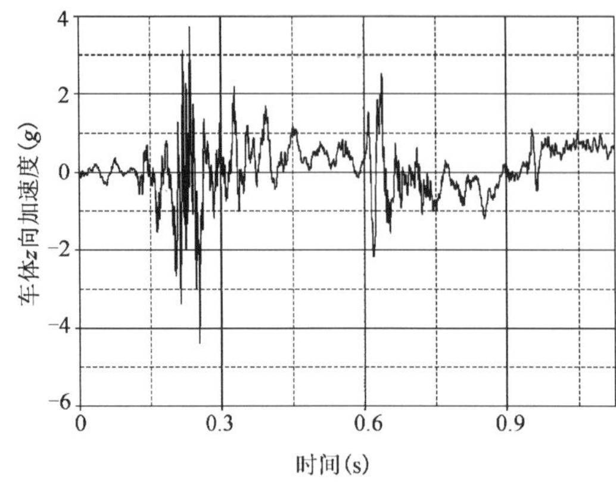

图 4-30　车体加速度 z 方向曲线图

图 4-31　车辆与护栏接触范围

因此，护栏最大碰撞力的实测值为 142.956kN。需要说明的是，护栏实际碰撞速度 49.2km/h高于理论计算速度 41.17km/h，因此护栏最大碰撞力的实测值 142.956kN 略高于计算值 111.647 9kN。

(3)导向性能。

坚石路肩薄壁混凝土护栏实车试验的车辆行驶轨迹图如图 4-32 所示。

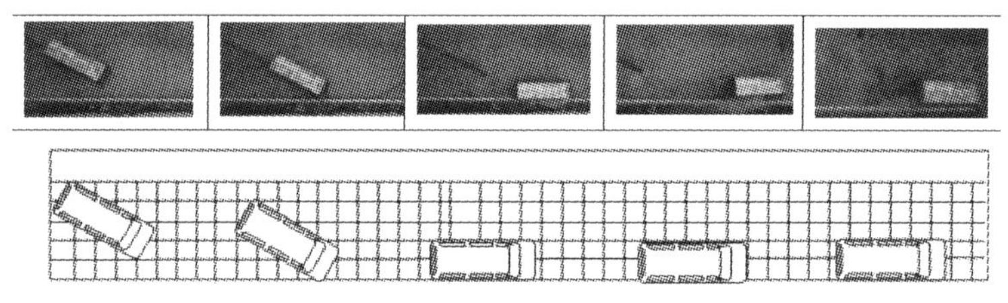

图 4-32　车辆行驶轨迹图

试验中车辆被顺利导出，见图 4-33。

(4)车辆行驶状态。

碰撞后试验车辆保持了正常的行驶状态，未发生横转、掉头、翻车等现象，如图 4-34 所示。

图 4-33　碰撞后试验车辆位置

图 4-34　碰撞后的试验车辆

(5)护栏最大动态变形。

碰撞后护栏表面出现裂缝、裂纹,护栏与路基接触部位出现 1～3cm 不等的裂缝。护栏有明显变形,在护栏伸缩缝处可明显看出护栏的移位 1.5cm。中巴车碰撞护栏后混凝土破坏情况如图 4-35 和图 4-36 所示。

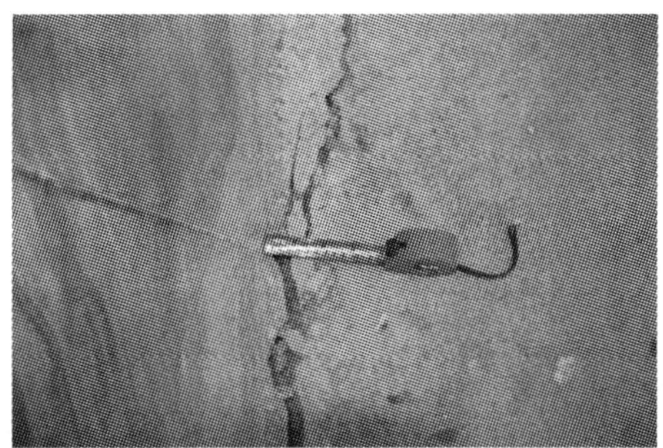

图 4-35　碰撞后护栏状况

图 4-36　护栏在伸缩缝处移位

应变片各通道动态应变最大值(με)如表 4-9 所示。

各检测通道动态应变值(με)　　表 4-9

通道编号	各通道应变峰值	通道编号	各通道应变峰值	通道编号	各通道应变峰值
1	异常	12	622	23	异常
2	401	13	184	24	554
3	268	14	1 682	25	248
4	损坏	15	840	26	75
5	494	16	439	27	468
6	194	17	424	28	146
7	损坏	18	过载	29	273
8	335	19	252	30	306
9	473	20	—	31	91
10	450	21	523	32	206
11	569	22	异常		

根据《公路钢筋混凝土及预应力混凝土桥涵设计规范》(JTG D62—2004),钢筋的弹性模量为 2×10^5 MPa,根据应力应变计算公式 $\sigma=E\varepsilon$,得到各检测通道最大应力值,如表 4-10 所示。

各检测通道动态应力值(MPa)　　表 4-10

通道编号	各通道应力峰值	通道编号	各通道应力峰值	通道编号	各通道应力峰值
1	异常	12	124.4	23	异常
2	80.2	13	36.8	24	110.8
3	53.6	14	336.4	25	49.6
4	损坏	15	168	26	15
5	98.8	16	87.8	27	93.6
6	38.8	17	84.8	28	29.2
7	损坏	18	过载	29	54.6
8	67	19	50.4	30	61.2
9	94.6	20	131	31	18.2
10	90	21	104.6	32	41.2
11	113.8	22	异常		

从表 4-10 可以看出,通道 18 处的应变测试已经过载(量程为 6 000$\mu\varepsilon$),该测试点处位于碰撞点中心位置,护栏与路基结合处的裂缝也最大。通道 22 处在碰撞过程中出现裂缝,如图 4-37所示。

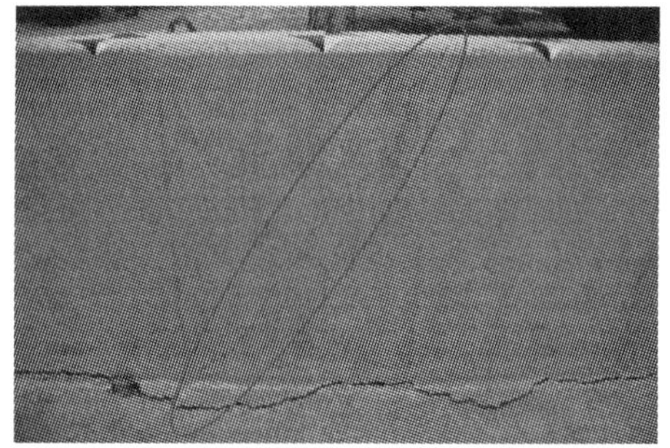

图 4-37　应变检测通道 22 号点位处护栏表面出现裂缝

18 号通道和 22 号通道的检测点位置示意图见图 4-38。

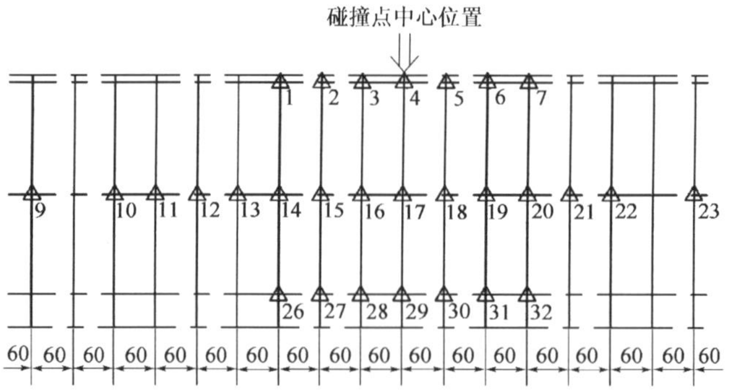

图 4-38　第三次试验中 18 号和 22 号通道的位置示意图(尺寸单位:cm)

底部钢筋中部位置的应力数据表明：在碰撞过程中，护栏碰撞点 3.6m 范围内的钢筋受力较大，碰撞点 1.8m 外护栏的钢筋受力随离开碰撞点距离的增大而逐渐减小，见图 4-39。

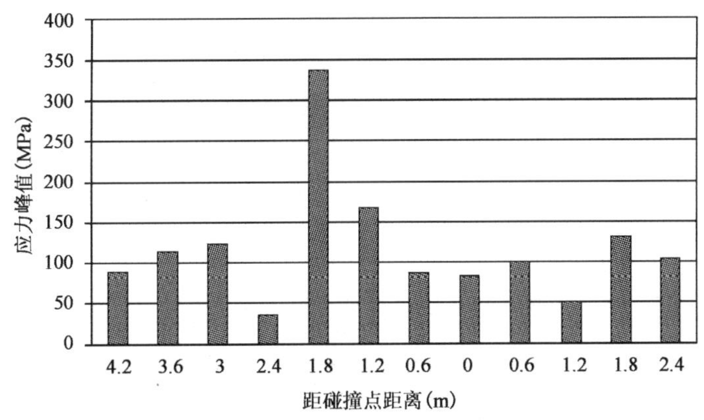

图 4-39　底部钢筋中部位置的应力分布图

3)试验结果

由实车碰撞试验可知：坚石路肩薄壁混凝土护栏能够有效地阻挡车辆，车辆未出现任何形式的穿越、翻越、骑跨护栏；在碰撞过程中，车辆重心处所受冲击加速度 10ms 间隔平均值的最大值(车体纵向、横向和铅直加速度的合成值)为 13.86g，小于 20g；护栏导向功能良好；护栏动态变形 1.5cm。中巴车碰撞试验验证了护栏各项指标满足评价要求，如表 4-11 所示。

实车碰撞试验结果表明，坚石路肩薄壁混凝土护栏防护等级能够达到 B 级防护要求，防撞能力大于 101.8kJ，车辆加速度小于 20g。车辆运行轨迹、护栏破坏形态等各项安全性能指标均满足相关要求。通过应变数据可以知道，101.8kJ 已经达到该护栏的极限值，更大能量的试验导致护栏倒伏的可能性较大。

坚石路肩薄壁混凝土护栏实车碰撞评价表　　表 4-11

检 测 参 数	评 价 指 标	检 测 结 果	
		检测值	单项结论
防撞性能	护栏应能够有效地阻挡车辆，禁止车辆任何形式的穿越、翻越、骑跨、下穿护栏	符合要求	合格
	碰撞过程中从被试护栏上脱离的组件或其他各种碎片都不得侵入车体乘员仓内部；车辆的形变应保证乘员不受到严重伤害	符合要求	合格
车体加速度	碰撞过程中，车辆重心处所受冲击加速度 10ms 间隔平均值的最大值(车体纵向、横向和铅直加速度的合成值)应小于 20g	13.86g	合格
驶出角度	护栏应有良好的导向功能，驶出角度应小于碰撞角度的 60%	0°	合格
车辆行驶状态	碰撞后车辆保持正常行驶姿态，没有发生横转、调头、翻车现象	符合要求	合格
最大动态变形	护栏最大动态变形量≤1 000mm	15mm	合格

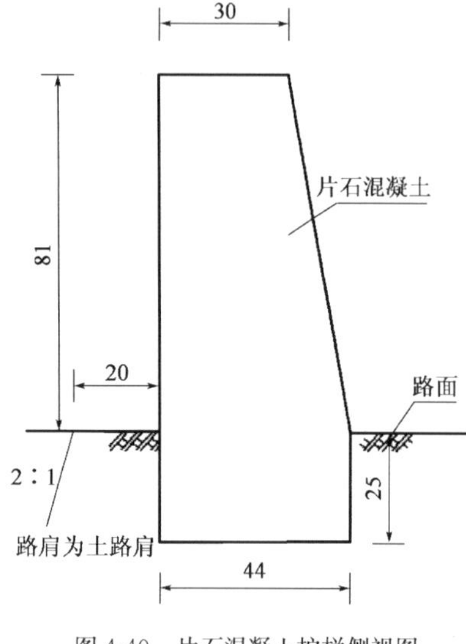

图 4-40 片石混凝土护栏侧视图（尺寸单位：cm）

二、片石混凝土护栏试验分析（重力式基础）

1. 结构方案

片石混凝土护栏结构采用素混凝土墙体，迎撞面坡面形式为单坡面，护栏顶宽 30cm，护栏底宽 44cm，高 81cm。每 3m 设置一条假缝，每 15m 设置一条伸缩缝，缝宽 2cm，用泡沫塑料填充，并用 2 根带套管的 ϕ25 热镀锌钢筋相连（横向居中，第一根距顶部 10cm，每间隔 40cm 布置 1 根），两端埋入护栏 20cm，混凝土采用 C30。另外，地基承载力不小于 150kPa，土路肩压实度在 94%以上，片石壁混凝土护栏侧视图如图 4-40 所示。

片石混凝土护栏材料数量及概算见表 4-12，其护栏概算为按照 2012 年 1 月公路工程材料指导价格计算所得。从中可以看出，15m 片石混凝土护栏的概算价格为 2 145.718元，平均 143.05 元/m（不含人工费）。

坚石路肩薄壁混凝土护栏材料数量及概算（每 15m） 表 4-12

材料项目	规格(mm)	单根重(kg)	数量(根)	总重(kg)	价格(元)
伸缩缝钢筋	ϕ25×420	1.617	2	3.234	14.553
伸缩缝套管	ϕ32×2×200	0.296	2	0.592	3.265
混凝土	C30	4.92m^3			2 017.2
片石	强度≥30MPa	1.23m^3			110.7
合计					2 145.718

2. 模拟仿真

1）客车模型

根据护栏开发目的与实验条件，客车模型采用与片石混凝土护栏模拟中一样的模型，并按实际碰撞车辆尺寸适当调整，主要有限元参数及结构参数见表 4-13 和表 4-14。

中巴客车模型有限元参数 表 4-13

项目	数量(个/种)	项目	数量(个/种)
节点	86 622	材料	12
单元	139 948	其他	24

客车模型结构参数 表 4-14

车型	质量(t)	重心高度(m)	尺寸参数(m)(长×宽×高)
中巴客车	5.88	0.94	9.95×1.97×2.50

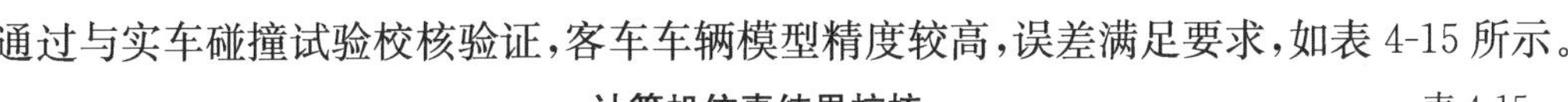

通过与实车碰撞试验校核验证，客车车辆模型精度较高，误差满足要求，如表4-15所示。

计算机仿真结果校核　　表4-15

项　目	计算机仿真分析	实车碰撞试验
车辆运行轨迹对比		
车辆变形对比		
护栏变形对比		

2)护栏模型

按设计图纸建立护栏模型，迎撞面坡面形式为单坡面，护栏顶宽16.8cm，护栏底宽30cm，高81cm，路面开槽5cm；建立的片石混凝土护栏模型长度为15m，护栏两端采用全约束处理，路面采用刚体墙模拟。

片石混凝土护栏模型如图4-41所示。

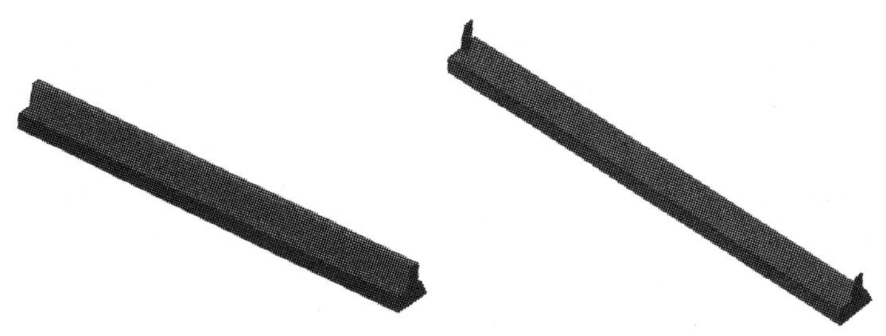

图4-41　片石混凝土护栏模型

3)碰撞试验条件和评价标准

根据《高速公路护栏安全性能评价标准》(JTG/T F83-01—2004)的要求以及分报告三《西

部山区农村公路安全防护设施碰撞条件及评价标准》中的评价指标，确定护栏的防撞能力是否能够防护中巴客车，根据试验条件：5.88t 的中巴客车初速度为 41.17km/h，碰撞角度为 25°（图 4-42），评价标准见表 4-16。使用基于有限元算法的三维碰撞冲击仿真模拟系统 PAM-Crash 软件，进行模拟计算。

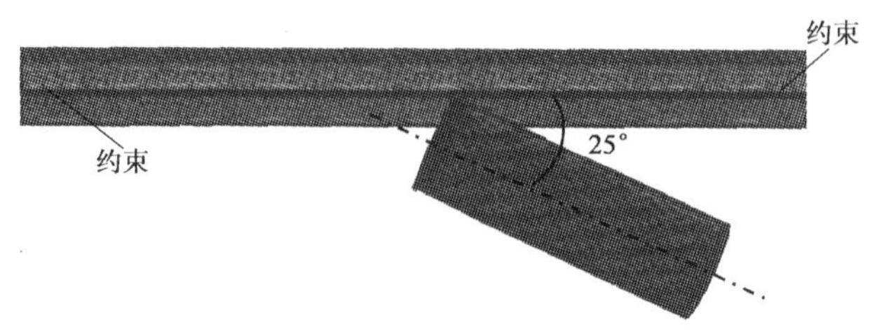

图 4-42　模型边界条件示意图

评 价 标 准　　表 4-16

检 测 参 数	评 价 指 标
防撞性能	护栏应能够有效地阻挡车辆，禁止车辆任何形式的穿越、翻越、骑跨、下穿护栏
	在碰撞过程中护栏组件、碰撞碎片或其他碰撞物不能侵入驾驶室内及阻挡驾驶员视线
驶出角度	护栏应有良好的导向功能，驶出角度应小于碰撞角度的 60%
车辆行驶状态	碰撞后车辆保持正常行驶姿态，没有发生横转、调头、翻车现象
最大动态变形	护栏的最大动态变形量不大于 500mm

4）计算机仿真分析结果

（1）护栏整体防护效果。

车辆碰撞护栏后能安全驶出，恢复到正常行驶姿态。图 4-43 为车辆碰撞护栏过程。

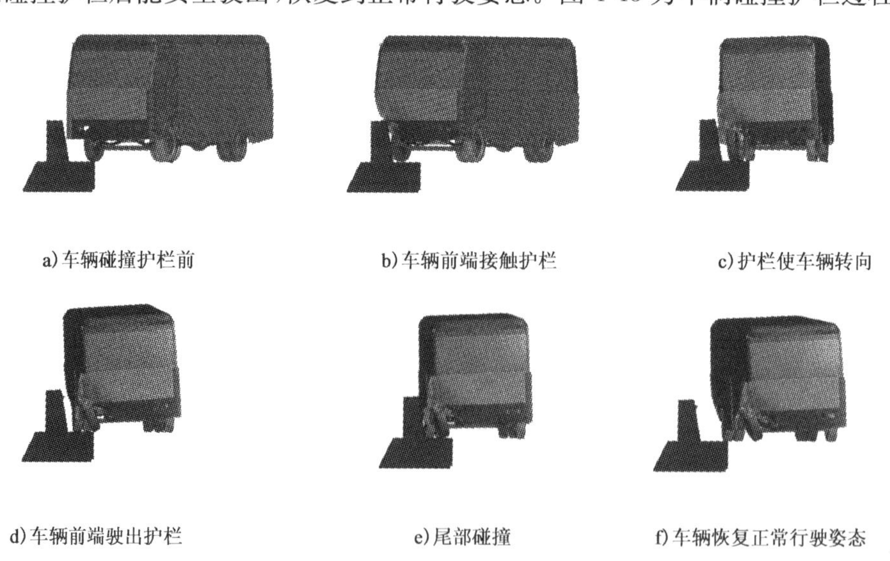

a）车辆碰撞护栏前　b）车辆前端接触护栏　c）护栏使车辆转向

d）车辆前端驶出护栏　e）尾部碰撞　f）车辆恢复正常行驶姿态

图 4-43　车辆碰撞护栏过程

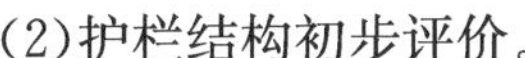

(2)护栏结构初步评价。

从图 4-44 可以看出，护栏动态变形量不明显。由于车辆碰撞和刮擦，护栏前端混凝土有轻微的散落，但没有出现倾覆和大变形，满足评价标准要求。

从图可以看出，护栏在碰撞过程中受到的应力沿着接触点向护栏两侧扩展，底部受到的应力较大，为拉应力。碰撞过程中最大受力点位于护栏与车辆接触底部位置，如图 4-45 所示。

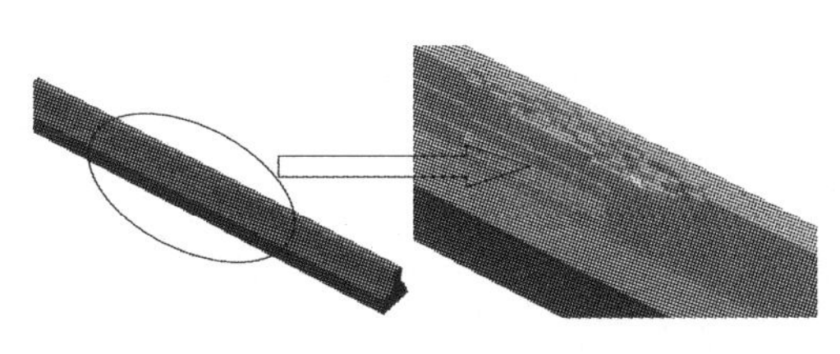

图 4-44　上部护栏破损图

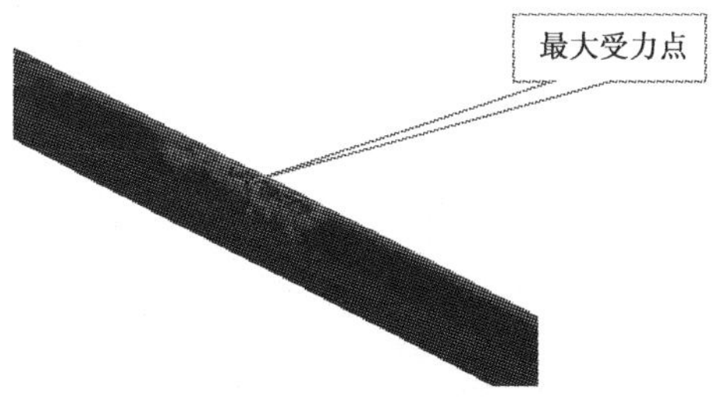

图 4-45　护栏应力图

护栏基础在碰撞过程中受到的应力如图 4-46 所示，接触点位置受到的应力最大，沿着接触点向护栏两侧扩展。护栏基础最大应力约为 0.2MPa，为拉应力。

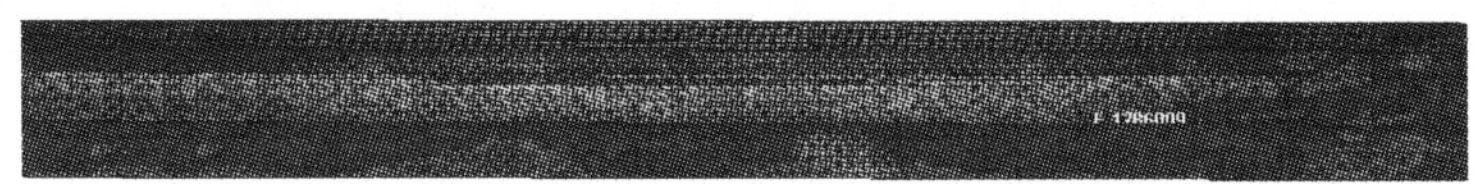

图 4-46　护栏基础应力图

根据车辆碰撞过程，车辆碰撞护栏时，在大约 0.1s 时，车辆与护栏开始碰撞，持续大约 0.25s，碰撞力的分布约为 3.1m，如图 4-47 所示。

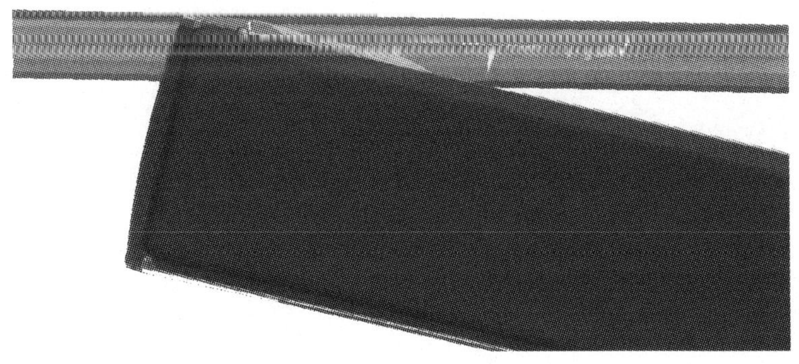

图 4-47　护栏接触长度

车辆行驶轨迹如图 4-48 所示，根据模拟结果，护栏导向性能良好，中巴车驶出角度约为6.5°。

护栏最大位移点位移时程曲线如图 4-49 所示。碰撞过程中车辆在 x、y、z 三个方向的加速度如图 4-50 所示，从图中可以看出，车辆在 x、y、z 三个方向的最大加速度分别约为 $9g$、$9g$ 和 $9.5g$，在三个方向的合成加速度约为 $15.9g$，均满足规范的要求。

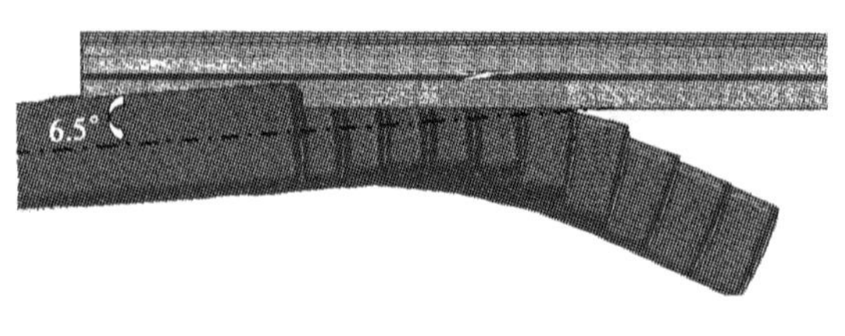

图 4-48　车辆行驶轨迹

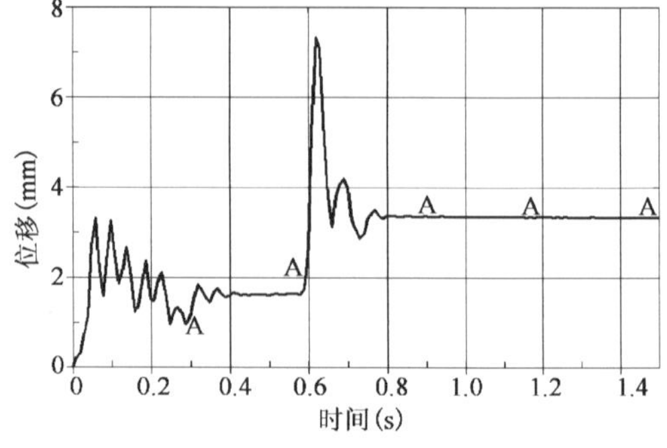

图 4-49　护栏最大位移点位移时程曲线

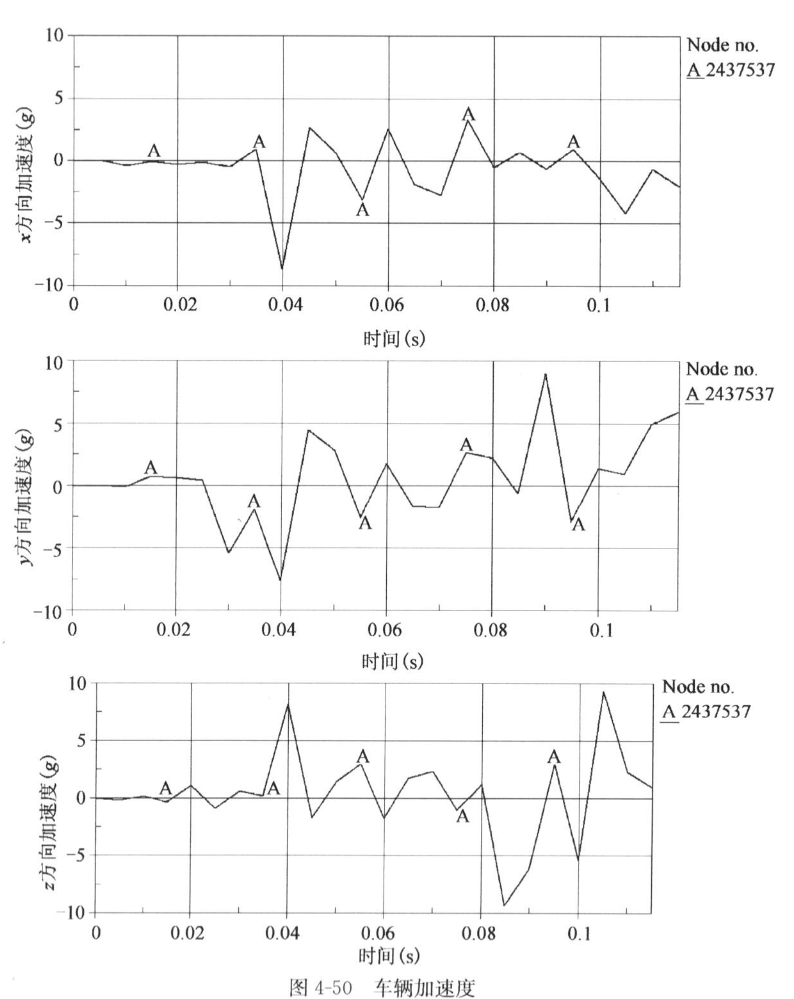

图 4-50　车辆加速度

三、土路肩薄壁混凝土护栏(钢管基础)

1. 结构方案

土路肩薄壁混凝土护栏结构采用钢筋混凝土墙体，迎撞面坡面形式为单坡面，护栏顶宽

16.8cm，护栏底宽 30cm，高 81cm，路面开槽 5cm，护栏基础采用钢管打桩基础，钢管长 110cm（路面以上 15cm，路面以下 95cm），间隔 1m。每 5m 设置一条假缝，每 15m 设置一条伸缩缝，缝宽 2cm，用泡沫塑料填充，并用 4 根带套管的 $\phi 25$ 热镀锌钢筋相连（横向居中，第一根距顶部 10cm，每间隔 20cm 布置 1 根），两端埋入护栏 20cm，混凝土采用 C25。另外，地基承载力不小于 150kPa，土路肩压实度在 94%以上，土路肩薄壁混凝土护栏立面示意图如图 4-51 所示。

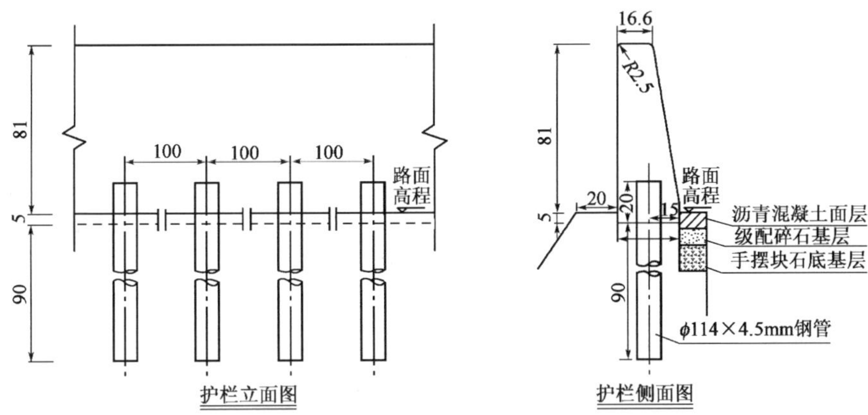

图 4-51　土路肩薄壁混凝土护栏立面示意图（尺寸单位：cm）

护栏上部结构迎撞面间隔 20cm 布设一道 $\phi 14$ 支撑钢筋 N1，非迎撞面间隔 60cm 布设一道 $\phi 8$ 支撑钢筋 N2，纵向钢筋 N3 为 $\phi 8$ 的盘条，钢筋连接时采用铅丝绑扎，钢筋的混凝土保护层厚度为 3cm，护栏的钢筋配置图如图 4-52 和图 4-53 所示。

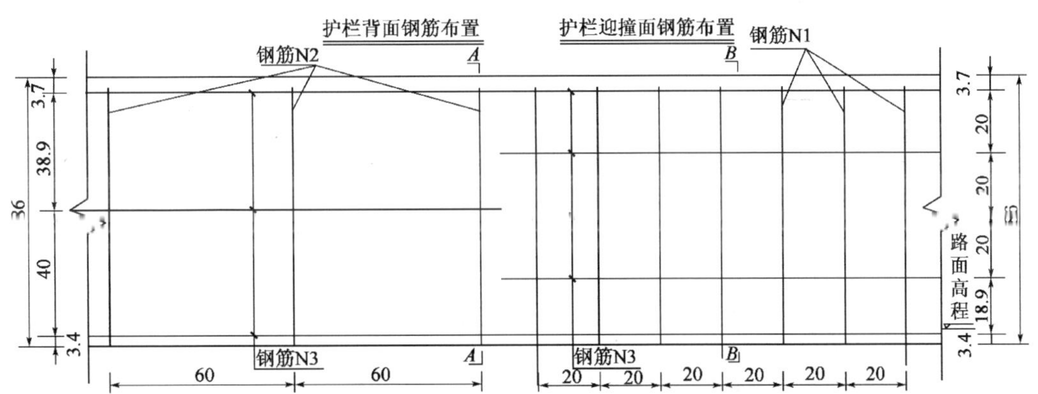

图 4-52　土路肩薄壁混凝土护栏钢筋配置立面图（尺寸单位：cm）

2. 模拟仿真

1）客车模型

根据护栏开发目的，客车模型采用与坚石路肩混凝土护栏模拟中一样的模型，并按实际车辆尺寸适当调整，主要有限元参数及结构参数见表 4-17 及表 4-18。

中巴客车模型有限元参数　　表 4-17

项　　目	数量（个/种）	项　　目	数量（个/种）
节点	86 622	材料	12
单元	139 948	其他	24

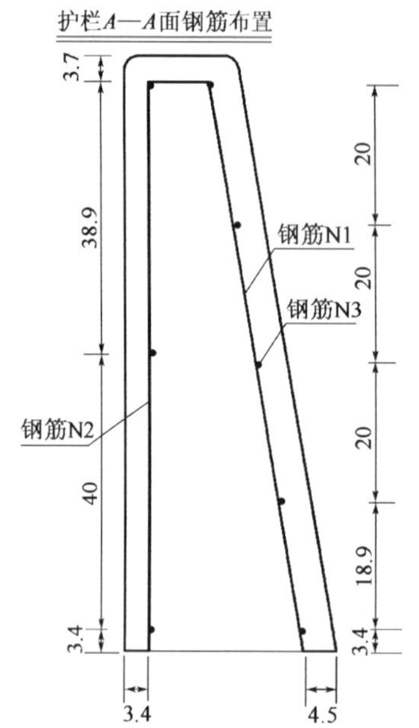

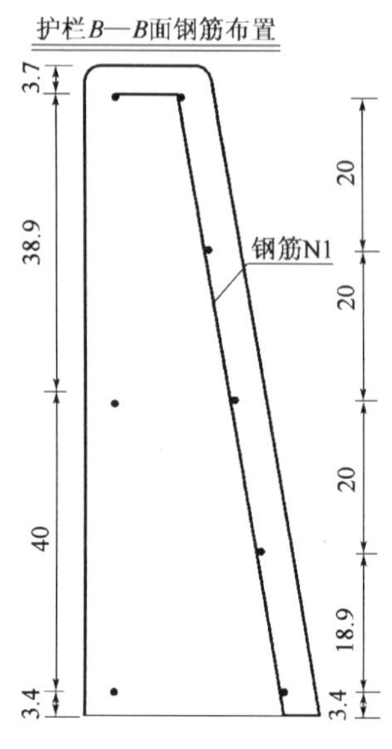

图 4-53　土路肩薄壁混凝土护栏钢筋配置侧视图(尺寸单位:cm)

客车模型结构参数　　表 4-18

车　　型	质量(t)	重心高度(m)	尺寸参数(m)(长×宽×高)
中巴客车	5.88	0.94	9.95×1.97×2.50

2)护栏模型

按设计图纸建立护栏模型,迎撞面坡面形式为单坡面,护栏顶宽 16.8cm,护栏底宽 30cm,高 81cm,路面开槽 5cm;建立的土路肩薄壁混凝土护栏模型长度为 15m,护栏两端采用全约束处理,路面采用刚体墙模拟。

土路肩薄壁混凝土护栏模型如图 4-54 所示。

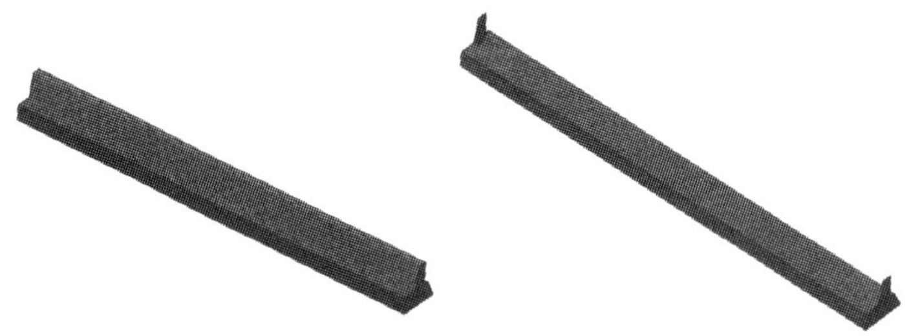

图 4-54　土路肩薄壁混凝土护栏模型

3)碰撞试验条件和评价标准

根据《高速公路护栏安全性能评价标准》(JTG/T F83-01—2004)的要求以及分报告三《西部山区农村公路安全防护设施碰撞条件及评价标准》中的评价指标,确定护栏的防撞能力是否能够防护中巴客车,根据试验条件规定:5.88t 的中巴客车初速度为 41.17km/h,碰撞角度为 25°(图 4-55),评价标准见表 4-19。

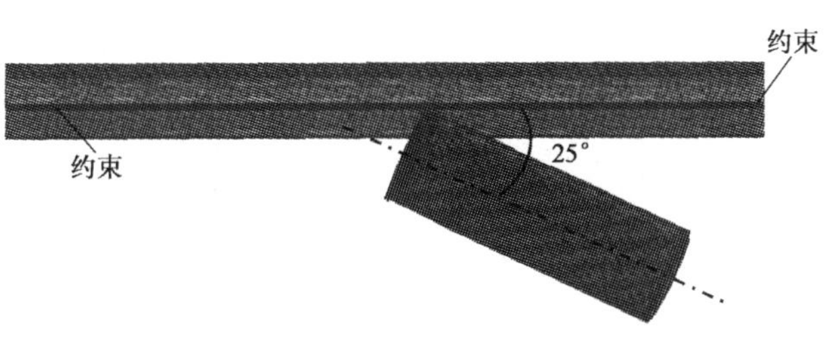

图 4-55　模型边界条件示意图

评 价 标 准　　表 4-19

检 测 参 数	评 价 指 标
防撞性能	护栏应能够有效地阻挡车辆，禁止车辆任何形式的穿越、翻越、骑跨、下穿护栏
	在碰撞过程中，护栏组件、碰撞碎片或其他碰撞物不能侵入驾驶室内，不能阻挡驾驶员视线
驶出角度	护栏应有良好的导向功能，驶出角度应小于碰撞角度的 60%
车辆行驶状态	碰撞后，车辆保持正常行驶姿态，没有发生横转、调头、翻车现象
最大动态变形	护栏的最大动态变形量不大于 500mm

4)计算机仿真分析结果

(1)护栏整体防护效果。

车辆碰撞护栏后能安全驶出，恢复到正常行驶姿态，图 4-56 为车辆碰撞护栏过程。

图 4-56　车辆碰撞护栏过程

(2)护栏结构初步评价。

从图 4-57 可以看出，护栏动态变形量不明显。由于车辆碰撞和刮擦，护栏前端混凝土有轻微的散落，但没有出现倾覆和大变形，满足评价标准要求。

从图 4-58 可以看出，护栏在碰撞过程中，受到的应力沿着接触点向护栏两侧扩展，底部受到的应力较大。

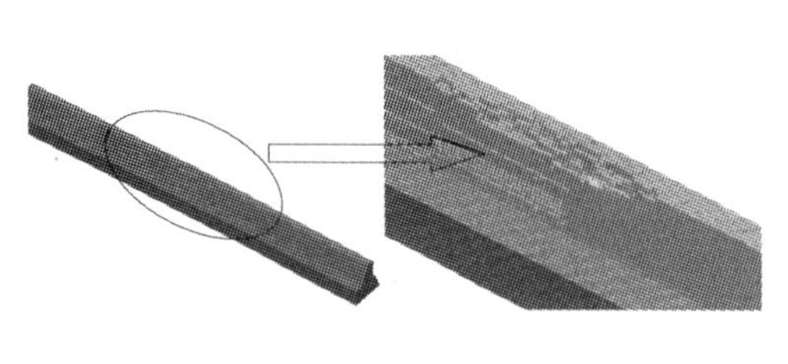

图 4-57　上部护栏破损图

图 4-58　护栏应力图

护栏基础在碰撞过程中受到的应力如图 4-59 所示，接触点位置受到的应力最大，沿着接触点向护栏两侧扩展。

图 4-59　护栏基础应力图

车辆行驶轨迹如图 4-60 所示，根据模拟结果，护栏导向性能良好，中巴车驶出角度约为 4.5°。

护栏最大位移点位移时程曲线如图 4-61 所示。碰撞过程中车辆在 x、y、z 三个方向的加速度如图 4-62 所示，从图中可以看出，车辆在 x、y、z 三个方向的最大加速度分别约为 2.1g、2.3g 和 2.5g，合成加速度值约为 4.0g，均满足规范的要求。

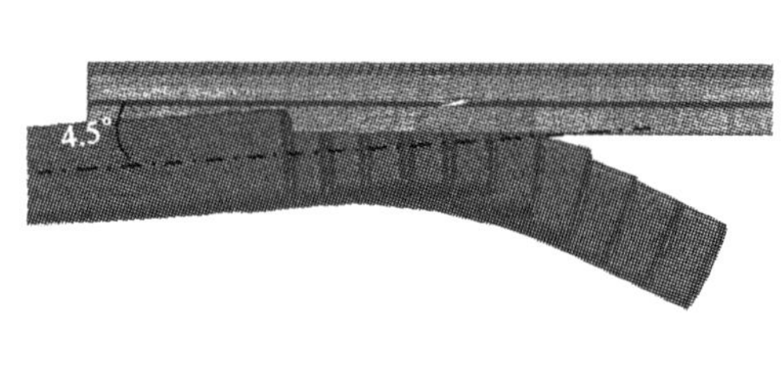

图 4-60　车辆行驶轨迹

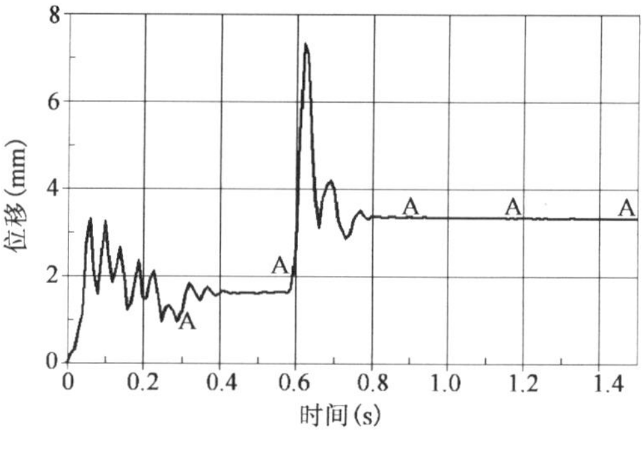

图 4-61　护栏最大位移点位移时程曲线

四、浆砌片石护栏（重力式基础）

1. 结构方案

浆砌片石护栏采用浆砌片石墙体，迎撞面坡面形式为垂直单坡面，护栏上下底同宽，均为 52cm，高度为 81cm，路面开槽深度 20cm，每 7m 设置一条伸缩缝，缝宽 2cm。砌块采用片石，砌块厚度不小于 150mm，强度等级为 MU30，砂浆的等级为 M10。地基承载力不小于 150kPa，土路肩压实度在 94%以上，浆砌片石护栏示意图如图 4-63 所示。

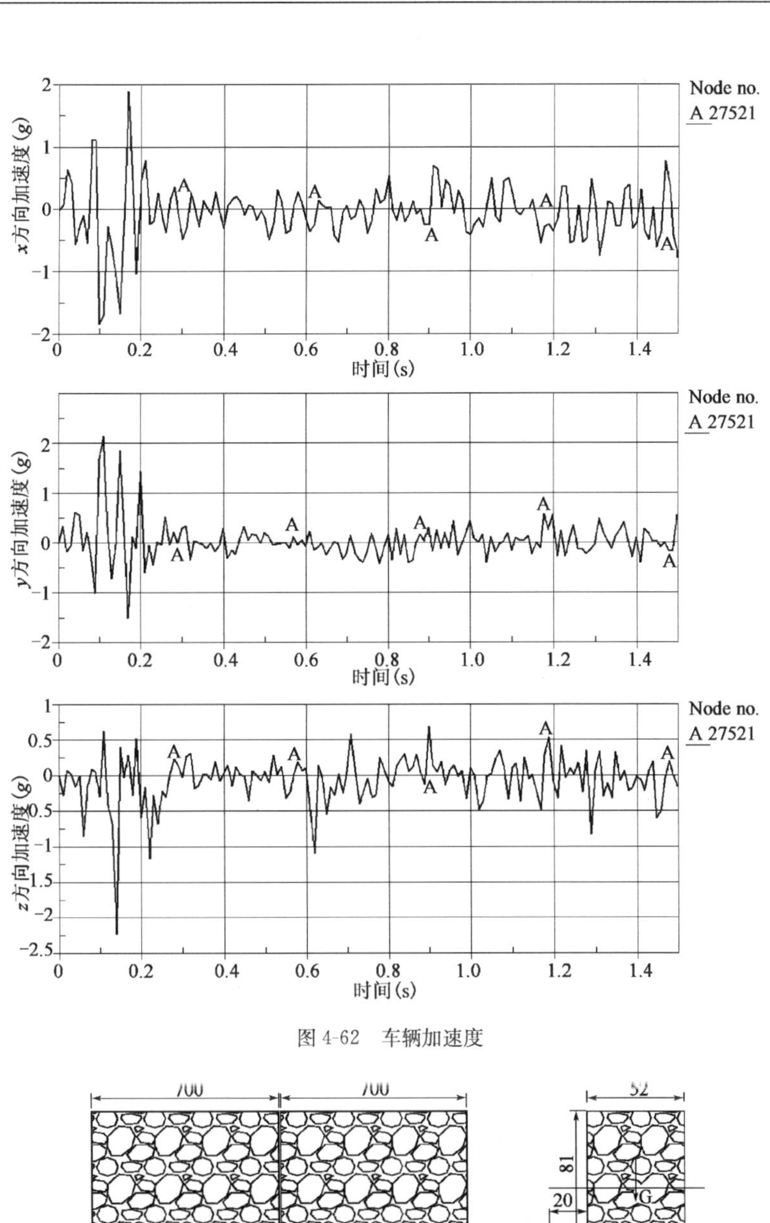

图 4-62　车辆加速度

图 4-63　浆砌片石护栏示意图(尺寸单位:cm)

2.模拟仿真

1)小客车模型

根据开发目的,模拟选用小客车,小客车模型(图 4-64)的参考车型为 505SW8 标志小客车,按实际车辆尺寸调整建立,主要有限元参数及结构参数见表 4-20 及表 4-21。

2)护栏模型

按设计图纸建立护栏模型,浆砌片石护栏模型采用浆砌片石墙体,迎撞面坡面形式为垂直单坡面，护栏宽为52cm，高度为81cm，路面开槽深度20cm。建立的浆砌片石土护栏模型长度为21m，护栏两端采用全约束处理，路面采用刚体墙模拟。浆砌片石土护栏模型如图4-65所示。

小客车模型有限元参数　　表4-20

项　　目	数量(个/种)	项　　目	数量(个/种)
节点	283 859	材料	339
单元	271 050	其他	58

客车模型结构参数　　表4-21

车　　型	质量(t)	重心高度(m)	尺寸参数(m)(长×宽×高)
小客车	1.13	0.51	4.35×1.70×1.35

图4-64　小客车与小客车CAE模型

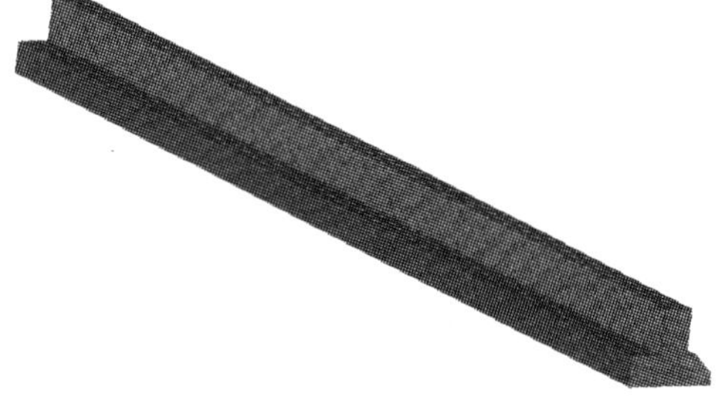

图4-65　浆砌片石护栏模型

3)碰撞试验条件和评价标准

根据《高速公路护栏安全性能评价标准》(JTG/T F83-01—2004)的要求以及分报告三《西部山区农村公路安全防护设施碰撞条件及评价标准》中的评价指标，确定护栏的防撞能力是否能够防护小客车，根据试验条件规定：1.13t的小客车初速度为42km/h，碰撞角度为25°(图4-66)，评价标准见表4-22。

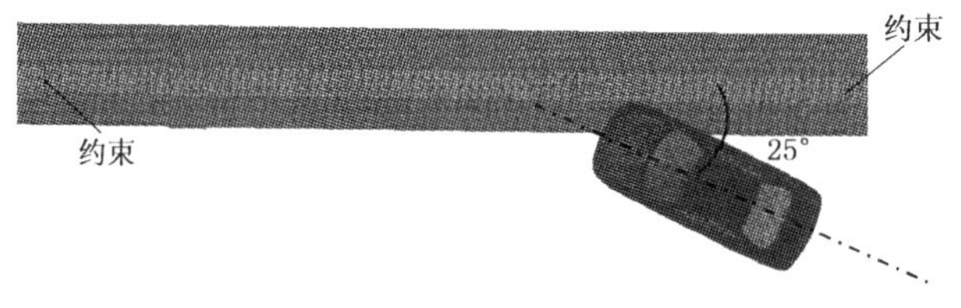

图4-66　模型边界条件示意图

评 价 标 准　　表4-22

检 测 参 数	评 价 指 标
防撞性能	护栏应能够有效地阻挡车辆，禁止车辆任何形式的穿越、翻越、骑跨、下穿护栏
	在碰撞过程中，护栏组件、碰撞碎片或其他碰撞物不能侵入驾驶室内，不能阻挡驾驶员视线
驶出角度	护栏应有良好的导向功能，驶出角度应小于碰撞角度的60%
车辆行驶状态	碰撞后，车辆保持正常行驶姿态，没有发生横转、调头、翻车现象
最大动态变形	护栏的最大动态变形量不大于500mm

4)计算机仿真分析结果

(1)护栏整体防护效果。

车辆碰撞护栏后能安全驶出,恢复到正常行驶姿态。图 4-67 为车辆碰撞护栏过程。

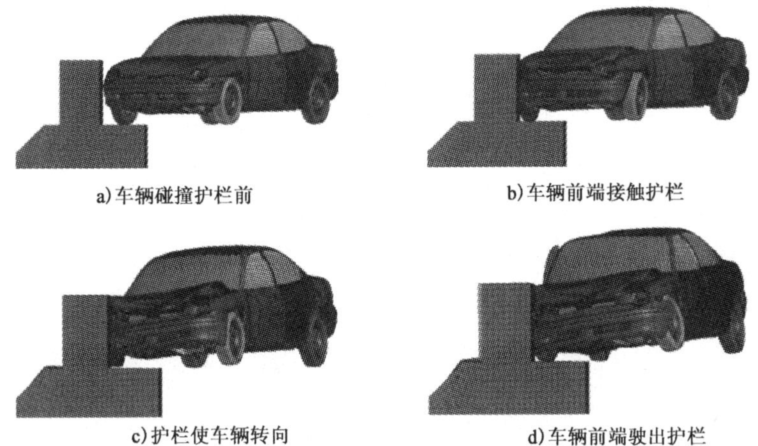

a)车辆碰撞护栏前　b)车辆前端接触护栏

c)护栏使车辆转向　d)车辆前端驶出护栏

图 4-67　车辆碰撞护栏过程

(2)护栏结构初步评价。

从图 4-68 可以看出,护栏接缝处有一定的变形。由于车辆碰撞和刮擦,护栏前端混凝土有轻微的散落,在护栏接缝处有较大的断裂。

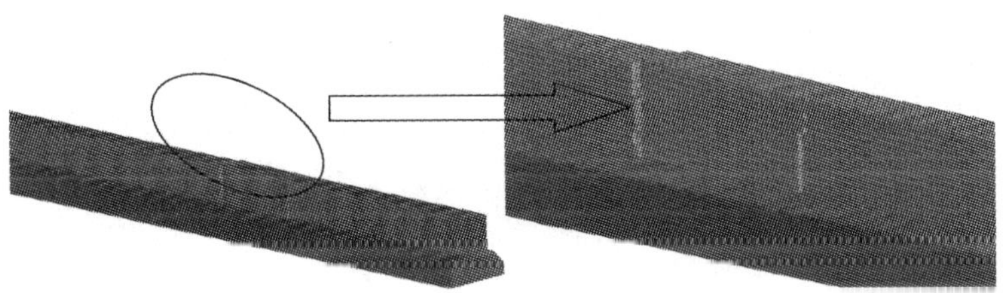

图 4-68　上部护栏破损图

从图 4-69 可以看出,护栏在碰撞过程中,受到的应力沿着接触点向护栏两侧扩展,混凝土护栏的最大应力约为 30MPa。

图 4-69　护栏应力图

护栏基础在碰撞过程中受到的应力如图 4-70 所示,接触点位置受到的应力最大,沿着接触点向护栏两侧扩展。

护栏最大位移点位移时程曲线如图 4-71 所示。碰撞过程中车辆在 x、y、z 三个方向的加速度如图 4-72 所示,从图中可以看出,车辆在 x、y、z 三个方向的最大加速度分别约为 $9g$、$9g$

和 $10g$，合成加速度约为 $16.2g$，均满足规范的要求。

图 4-70　护栏基础应力图

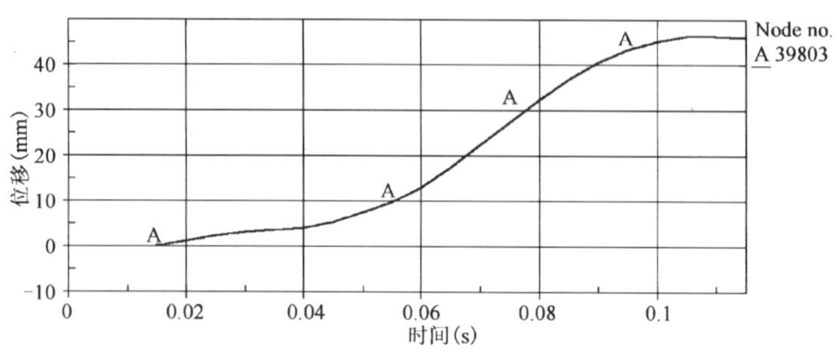

图 4-71　护栏最大位移点位移时程曲线

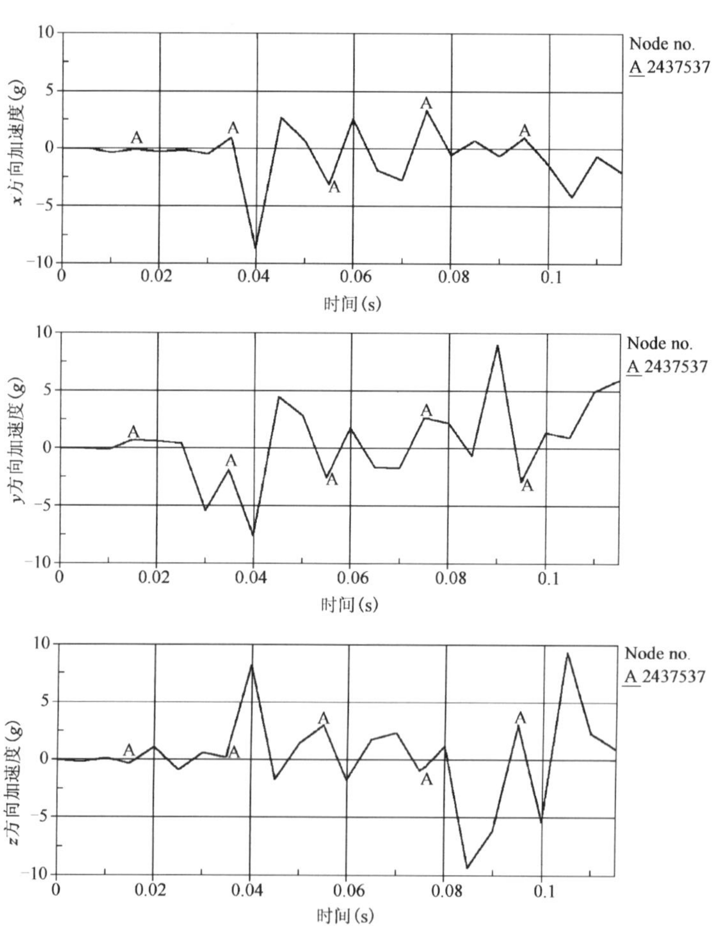

图 4-72　车辆加速度

五、护栏研发结论

本章节在对农村公路现有防护设施安全状调研分析的基础上，通过模拟和实车试验，对农村公路常用防护设施进行结构优化。根据农村护栏的模拟和碰撞试验，得出如表 4-23 所示的结论。并通过模拟试验及实车碰撞试验研发的坚石路肩薄壁混凝土护栏，解决浆砌片窄路肩石挡墙护栏设置的难题。

农村公路护栏试验汇总表　　表 4-23

护栏名称		防撞能力	防撞等级	试验方法
坚石路肩薄壁混凝土护栏（钢筋植入）	见图 4-6	大于 101.8kJ	B	经过碰撞试验
片石混凝土护栏（重力式基础）	见图 4-40	大于 70kJ	B	经过模拟试验
土路肩薄壁钢筋混凝土基础（钢管基础）	见图 4-51	大于 70kJ	B	经过模拟试验
浆砌片石护栏（重力式基础）	见图 4-63	未达到 70kJ，通过 36kJ 的碰撞模拟	—	经过模拟试验

第五章　农村公路弱势参与者重点保护技术

第一节　农村公路弱势参与者重点保护概况

一、农村公路交通弱势参与者定义

不同国家对交通弱势参与者的界定不同。发达国家(如加拿大等)将行人、骑摩托车者、骑自行车者都视为交通弱势参与者(Vulnerable Road Users)。很多国家将饮酒或醉酒后的道路使用者都作为道路安全的弱势人群,而且这部分的驾驶员和行人都属于"隐匿性"的弱势者,值得特别的重视。从道路使用者的社会人口学特征分,儿童、残疾人、孕妇、老年人等是道路安全的"明显"弱势人群,这部分人在人群中占有相当大的比例,也是道路伤害事故的主要承担者。当这些人群作为行人使用道路时,他们遭受事故伤害的危险性就较其他一般人群更大。在我国交通事故中,受害群体也在发生变化。

20世纪90年代,中国交通事故三大受害者群体:行人、乘车人和骑自行车人。他们占了交通事故总死亡人数的3/4:而进入21世纪后。中国交通事故受害者变为四大受害群体:行人、乘车人、骑自行车人和骑摩托车人,他们占了交通事故总死亡人数的4/5。相对于机动车驾驶员来说,他们都是交通弱者,是无防护者或半防护者。在交通中所谓的"以人为本"中的"人",我国的道路交通具有人与车平均道路少、道路等级低、混合交通比例大等特点,在我国每年60多万起道路交通事故中,车内人员的死亡人数只占32%左右,而车外无防御能力的道路使用者(包括摩托车、自行车、行人)的死亡人数占65%以上。

农村公路上发生交通事故时,受影响最严重的往往是普通行人、非机动车驾驶人,与机动车驾驶员相比,普通行人(包括骑自行车的人)显然是弱势参与者,他们缺少保护物,在发生接触型冲突时,更容易受到物理伤害。本研究中的弱势交通参与者主要是指交通过程中处于相对弱势的群体,主要指行人、非机动车驾驶者。

二、弱势参与者交通安全形势

目前,我国还处在经济发展阶段,人们的日常出行还不能完全实现机动化,特别是山区农村行人、骑自行车人和骑摩托车人占有相当大的比例。世界上弱势道路使用者受到道路交通伤害的风险最大,我国道路安全弱势参与者在道路交通事故死亡者中居第一位。2005年,道路交通伤害导致我国98 738人死亡,469 911人受伤。其中,行人死亡25 672人,占26%;驾驶摩托车死亡21 722人,占22%;乘车人(主要是指乘客,包括:小汽车乘客、公交车乘客、长途巴士乘客等)死亡19 748人,占20%;驾驶非机动车死亡14 811人,占15%。这四类弱势参与者的死亡人数占总死亡人数的83%。据公安部数据显示,2005年,道路交通伤害造成的直接经济损失高达18.8亿元。2007年，我国交通事故死亡人数达8.2万人，其中，行人死亡人数占全部交通事故死亡人数的25.85%，行人受伤人数占全部交通事故受伤人数的18.62%。

据统计，全世界平均每年有117万人死于道路交通事故，其中65%是行人。欧盟的有关分析数据也显示，交通事故中行人的死亡系数是车内乘员的9倍，骑车人的死亡系数是车内乘员的8倍。

在美国，每年大约有40万行人被汽车撞伤(大约10 000人死亡)，虽然行人事故只占交通事故总数的1.6%，但占交通死亡人数的4%。在日本，行人死亡人数约占全部交通死亡人数的1/4。引起人们对道路交通系统中行人关注的部分原因，一方面是由于行人容易受伤害；另一方面，在道路设计或是在交通控制中，未充分考虑行人，这也是重要的一环。

农村摩托车数量急剧上升，但由此带来交通秩序混乱，农村摩托车交通事故频频发生，严重危害农民生命财产安全，其安全形势令人堪忧。据统计，茶陵县2004年共发生与摩托车有关的交通事故290起，占事故总量的82%，较2003年上升了36%，死于摩托车交通事故的有15人，占该县道路交通事故死亡人数的75%。如果按农村地区的面积和人口算，那么全国每年约2万人死于农村摩托车交通事故，约占道路交通死亡人数的1/5，这个数字是相当惊人的。

山区农村公路在我国公路总里程中占有比例高，多为低等级公路，设计指标低，潜在危险路段多。农村公路多为连接村镇的道路，目前，村镇路段弱势参与者交通事故资料较少，但农村公路弱势参与者交通安全形势严峻是毋庸置疑的。因此，针对我国农村公路交通的特点，对弱群体交通安全保障技术进行研究是很有必要的，这对于保障广大农村居民的生命与财产安全有重要意义，也是建设社会主义新农村的必然要求。

三、农村公路弱势交通参与者交通事故特点

农村公路交通事故的分析，尤其是车辆—行人交通事故的深入研究是本部分工作中弱势群体交通安全研究的基础，为此，本专题首先收集了示范工程某区域内农村公路的相关交通事故，并对交通事故特点进行细致的分析。

根据研究目的，本专题从农村公路全部事故、农村公路重特大事故角度出发，对农村公路交通事故特点进行了分析，相关详细内容见本书第一章。本节从事故形态、肇事车型、事故地点等角度出发，深入分析农村公路交通事故中，弱势群体交通事故特征。

通过对农村公路交通事故形态(图1-9)的研究表明，在农村公路全部事故中，以正面碰撞和侧面碰撞事故为主，两者比例分别达到28.6%和25.5%，而刮撞行人事故比例也达到12.4%。而从重特大事故来看，相关统计结果表明(图1-10)，重特大交通事故以刮撞行人事故和正面相撞事故为主，两者比例分别为27.1%和23.9%。可见在农村公路事故中，刮撞行人事故是较为突出的事故类型，行人在复杂的交通环境中往往处于劣势。

从农村公路事故肇事车型来看，在农村公路所有事故中，摩托所占比例高达37.38%，远高于其他车型。其次是农用车，其肇事比例达到17.5%。而在死亡事故中，摩托车以36.4%的肇事比例居首，其次是小型客车(18.6%)。从预防事故的角度来讲，摩托车在农村公路的安全问题必须引起相当的重视。而从预防恶性事故的角度来讲，除摩托车外，小客车也应得到必要的关注。

此外，本专题对农村公路刮撞行人致死事故中的事故点位置也进行了深入分析(图1-21)。统计结果表明，农村公路穿村路段和交叉口所发生的死亡事故分别占死亡事故总量的23.2%和24.5%，两者之和约占事故总量的一半。其中，发生在穿村路段和交叉口的挂撞行人事故分别占刮撞行人事故总量的35.7%和28.6%。可见，从事故发生点来看，穿村路段和交叉口应该作为行人交通安全保障的重点对象。

基于上述统计分析，本专题对刮撞行人事故中死亡人员特征也做了若干分析(图1-12和图1-13)，主要包括死亡人员性质及死亡人员年龄。从死亡人员性质来看，机动车驾驶人占死亡人数的43.6%，其次是行人(29.7%)。通过对死亡人员年龄的统计表明，刮撞行人事故中未成年人及60岁以上的高龄人员占刮撞行人事故中致死人数的66.7%。这表明，在农村公路交通参与者中，未成年人及高龄人员是最容易受交通事故侵害的群体。

基于本专题的部分研究成果及上述内容的分析，农村公路弱势交通参与者相关的交通事故具有以下特征：

(1)刮撞行人事故是农村公路交通事故的主要事故形态之一，同时也是农村公路死亡事故的主要事故形态，约占死亡事故的27.1%。

(2)小客车和二轮摩托车是刮撞行人重大事故的主要肇事车型，肇事比例分别达18.6%和36.4%，交通安全问题较为突出。

(3)在刮撞行人事故中，死亡事故多发生在穿村镇路段和交叉口。

(4)在刮撞事故中，死亡的行人主要为儿童和老年人。

第二节　弱势参与者事故机理分析

道路交通事故的发生是由道路交通系统中人、车、路、环境等要素配合失调而导致的偶然突发事件。在人、车、路、环境这四大要素中，人是四大要素中唯一的自主型变量，人是交通事故的核心。本节按人、车、路、环境分别对农村公路弱势参与者交通事故进行分析。

一、农村行人行为特征

农村行人由于自身的认知、路况、环境的不同，具有一些不同于城市行人的特征，课题组经过对綦江县、渝北区等区县农村公路行人密集路段进行了详细调研，并进行总结分析，发现农村行人特征主要体现如下：

图5-1　安全意识薄弱的小学生

(1)由于农村实际情况的特殊性，农村行人交通安全意识薄弱(图5-1)。在农村，很多人对交通规则不知道或者不懂，在乡村道路上行走时，不会关注什么时候、什么地方该走、该停以及该如何行走才安全。在面对危险时，往往不知道如何应对，不知道如何保护自己。农村行人一般在行走时，随意性很大，很少主动地进行观察与躲避。

(2)由于农村道路不宽，缺乏相应的交通系统与规则，无所谓的红灯、绿灯以及人行道等，所以很多农村行人在道路上行走时比较任意，不会固定在道路两旁，而是时常穿插，一会儿可能在右边行走，一会儿又可能在左边行走，随意性较大。特别是在乡村的集镇上，有时行人是人山人海，整条街上、路上都是行走、穿梭的人，车辆在人群中缓缓而行，根本就谈不上交通秩序问题，如图5-2所示。

图5-2　农村行人随意行走

(3)由于缺乏相应的管理，在乡村集市中的行人具有散乱性、拥挤性。恰逢赶集的集市，往往行人特别多。由于街道狭小、道路两侧摊位杂乱以及缺乏相应的规范与管理，行人在集市的街道路上随意站、停、走、穿、插，具有很强的散乱性。另一方面，由于周边的农民在集日这一天一起集中在集市里，狭小的街道显得比较拥挤，而且农民具有好奇性、扎堆性，往往令街道上的交通很难进行。

二、农村驾驶员特征

机动车驾驶员最容易引发交通事故，这不仅与驾驶员自身的反应特性有关，而且与驾驶员自身的交通安全意识、道德水准及法制观念也有很大的关系。

驾驶员在行车过程中，通过眼睛从交通环境中获得信息，并将其送入到大脑，通过大脑支配手、脚操纵汽车，使汽车按照驾驶员的意图在道路上行驶。因此，驾驶员是交通行为中最主要的、最活跃的因素。山区农村公路交通事故的发生，除了车况、路况和行车环境较差、交通管理力度不够的原因外，在很大程度上与驾驶员的基本素质偏低是分不开的。以下从反应特性、疲劳驾驶、道德水准以及法制观念等方面来分析机动车驾驶员对山区农村公路交通安全的影响。

(1)缺乏严格驾驶技能培训。

驾驶员的反应特性与驾驶技能息息相关。驾驶员的反应特性主要体现在制动反应时间和应变能力两个方面。驾驶员从发现障碍物(刺激)到车辆制动器起作用，这段延滞时间称为制动反应时间。制动反应时间包括：反射时间、判断时间和动作时间三者的总和，一般为2.5s。

驾驶员反应的快慢与驾驶安全也有着极为密切的关系。在交通条件极为复杂的山区农村公路上，必须要求驾驶员及时收集各种信息，并且随时做出正确的判断及操作。如果驾驶员对交通信息的感知出现误差，就会导致车毁人亡的交通事故，因此若能缩短制动反应时间，就等于缩短汽车在该段时间内所走过的距离，也就可能避免了许多交通事故的发生。国内外相关研究分析表明，2s是经培训能达到的较典型的驾驶员制动反应时间。然而，山区农村公路上的驾驶员大部分没有经过正规、严格的驾驶技能培训，应变能力较差；若出现车辆制动性能不良的情况，很容易引发事故。通过对三个区县的事故调查统计，发现有21%的事故是由无证驾驶引起的。

驾驶员在行车过程中不仅要及时地感知交通条件变化，而且需要对交通信息做出及时、准确的反应，否则就易导致交通事故的发生。因此，应变能力的强弱是衡量驾驶员水平高低的一个重要指标。驾驶员的应变能力由驾驶员的事业心和驾驶技能决定。然而山区农村公路上的驾驶员通常缺乏强烈的事业心和娴熟的驾驶技能，应变能力较差，在紧急情况下仅凭驾驶经验操作，往往不能够正确区分突变情况下的主次问题，不能采取得当的措施，从而导致事故的发生。

(2)驾驶员疲劳驾驶。

疲劳驾驶是指驾驶员在长时间驾车或是过度劳累造成身体不适、全身乏力、情绪低落、对外界事物的感知和判断力迟钝的情况下驾车。

近年来，许多长途货运及部分客运车辆为了躲避国省道的收费，而绕道山区农村公路。这些驾驶员为多赚钱，日夜奔波，身心疲惫。山区农村公路陡而险，弯而窄，由于路况不熟，疲劳开车，车速过快，极易发生交通事故。特别是客运车辆的疲劳驾驶现象，一旦发生事故，必将造成不堪设想的人员伤亡后果。因此，疲劳驾驶也是造成农村公路上事故多发的重要原因之一。

(3)交通安全意识淡薄。

根据交通事故调研结果，驾驶员素质不高、交通安全意识不强、法制观念薄弱所引起的违章行为，是导致山区农村公路交通事故多发的主要因素。驾驶员违章具体表现为：操作不当、无证驾驶、超速行驶、货车超载行驶、疏忽大意、占道行驶、危险通行、客货混装等。

农村机动车驾驶员一般文化素质较低，法制观念淡薄，缺乏基本的交通安全意识。为了谋取经济利益，驾驶员经常在行车过程中违章(如无证驾驶、超速、超载、人货混装、抢道行驶等)。由于农村地区的部分驾驶员既不需要严格的培训，也不需要任何考核审查手续就可以在农村道路上行驶，导致部分机动车(如摩托车)在农村道路上横冲直撞，违章现象严重，已成为农村公路上较为典型的事故隐患(图5-3)。

图5-3 机动车隐患

三、山区农村公路特征

农村公路等级质量编低，设计不尽合理。目前，我国四级及其以下等级公路仍约占我国公路总里程的34.7%。临崖、临江、临河的农村公路多，而且交通安全设施严重缺乏，安全视距不足。另外，农村公路养护没保障也是公路质量偏低的重要原因。

四、行人事故原因总结

(1)机动车连速过快。经研究表明，机动车以50km/h的速度行驶时，发生行人死亡交通事故的概率是机动车以30km/h行驶发生行人死亡事故概率的8倍，而机动车以30km/h的速度行驶发生行人死亡事故的概率非常小。机动车超速行驶导致死于道路的交通事故占全年死亡人数的11.6%。因此机动车的行驶速度是行人和非机动车驾驶员出行安全的主要风险因素。

(2)行人突然冲出。行人突然冲出造成事故的主要有两种情况：路侧行走的行人不注意观察，直接快速冲到路中央；支路视距不良，行人以较快速度进入公路，使机动车反应不及时，导致交通事故。

第三节　交通弱势群体人体损伤仿真计算

本节研究目标为：通过对农村公路及相关交通事故数据的分析，采用交通事故再现方法，对农村公路典型机非交通事故碰撞过程进行仿真与计算分析，研究农村公路交通事故中人员头部损伤同车速等之间的关系，分析确定适合农村公路主流车型的速度限制值，以减少在不可避免的交通事故中行人和非机动车驾驶人员的损伤风险，为农村公路安全保障提供参考依据。

本节内容首先根据农村公路弱势群体交通事故特点，找出影响弱势群体安全的代表车型，研究车辆与弱势群体的可能碰撞状态、速度等。

基于交通调查分析结果，利用计算机仿真技术建立与实际相符的代表车型的车辆模型和弱势群体模型，仿真计算车辆与人的不同碰撞过程，分析人体头部受力、加速度与头部损伤指标，研究弱势群体头部等部位损伤与碰撞车型、车速、角度间的影响关系，为农村公路弱势群体的安全防护、交通运行管理提供支持。研究技术路线如图5-4所示。

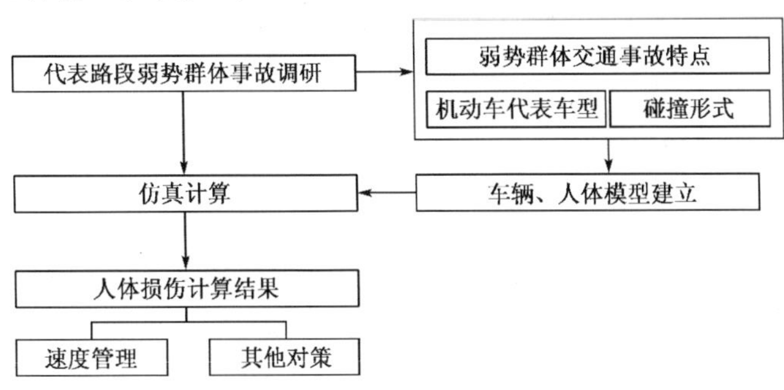

图5-4　山区农村公路交通弱势群体人体损伤仿真计算研究技术路线

一、农村公路车辆—行人典型事故形式

农村公路交通事故的分析，尤其是车辆—行人交通事故的深入研究是本节工作中车辆—行人交通典型车辆、碰撞方式确定的基础，为此，本专题首先收集了示范工程某区域内农村公路的相关交通事故，并对交通事故特点进行细致的分析，确定农村公路与行人相关交通事故的主要肇事车型。然后对农村公路交通组成情况进行了调研与分析，研究农村公路的主流车型。通过车辆—行人交通事故的分析，结合农村公路交通组成，综合确定农村公路弱势群体保护中的典型车型，根据农村公路车辆—行人交通事故典型案例的分析以及已有研究成果，确定车辆—行人交通事故的碰撞方式，为农村公路车辆—行人交通事故仿真计算提供基础依据。

农村公路交通事故统计特点：

(1)总体上，刮撞行人是农村公路交通事故的主要事故形态之一，同时刮撞行人也是农村公路死亡事故的主要事故形态，约占死亡事故的34.5%。

(2)在刮撞行人事故中，大约有35.1%的死亡事故发生在行人横穿公路较多的村镇路段。

(3)小客车和二轮摩托车是刮撞行人并致死的主要肇事车型，分别占21.1%和36.8%。

(4)刮撞事故中死亡的行人主要为儿童和老年人。

为了进一步分析农村公路交通特点，确定农村公路车辆—行人交通事故典型车型，对示范区农村公路交通组成进行了调查，调查路段农村公路的交通组成如图5-5所示。

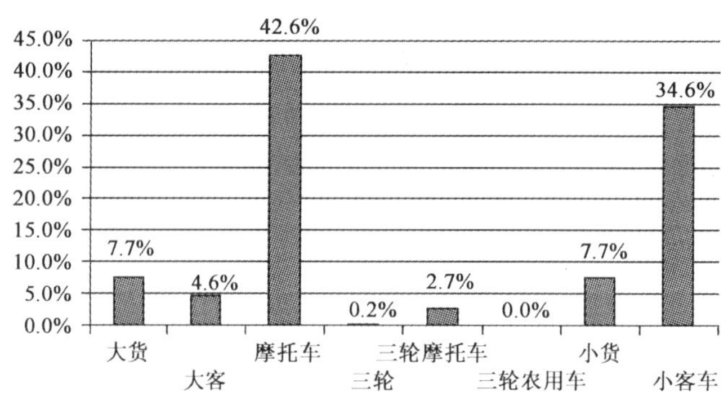

图5-5 农村公路交通组成情况

在所调查的路段，摩托车、小客车为农村公路主要交通组成形式，分别占交通量总数的42.6%和34.6%，摩托车和小客车占了农村公路交通组成的绝大部分。分析结果与农村公路交通事故的主要肇事车型基本一致。

对农村公路交通组成进一步分析，面包车、普通小客车等价格相对低廉的车辆在农村公路比较普遍，如图5-6所示，是农村公路小客车的主要车型。

通过对农村公路交通事故特点、交通组成的分析，可以得到小客车、摩托车是农村公路车辆—行人交通事故的主要肇事车型，同时也是农村公路主要交通组成。因此确定农村公路车辆—行人仿真计算典型事故为：普通小客车—行人交通事故。

图 5-6　农村公路上较普遍的面包车、普通小客车

二、模型介绍

1. 汽车模型

下面以农村公路较常见的两款汽车作为汽车模型。首先，在 MADYMO 软件中，利用椭球对汽车的外形进行拟合，得到多刚体汽车模型。在汽车—行人碰撞过程中，对行人的运动响应有显著影响的汽车前部结构尺寸如图 5-7 所示，保证多刚体汽车模型与真实汽车相一致(图 5-8)。

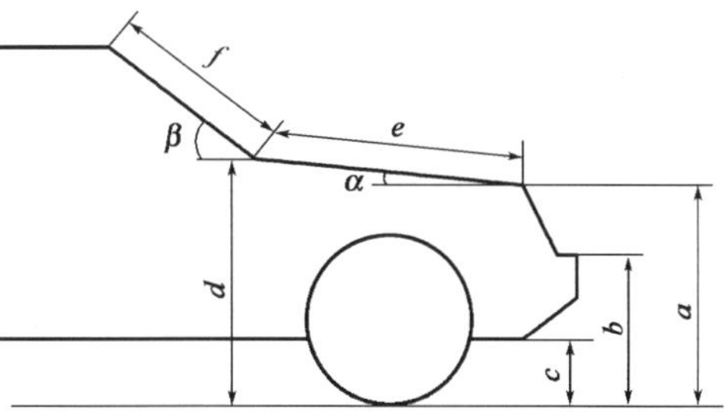

图 5-7　对行人运动响应有显著影响的汽车前部结构关键尺寸

a-发动机罩前沿高度；b-保险杠上沿高度；c-汽车前部离地高度；d-风窗玻璃下沿高度；e-发动机罩长度；f-风窗玻璃长度；α-发动机罩倾斜角度；β-风窗玻璃倾斜角度

在汽车—行人碰撞过程中，与行人发生接触的汽车前部结构定义"力—位移"刚度特性。在本研究中，汽车前部结构刚度特性参照行人保护试验结果进行定义。行人保护试验可分为：下腿型对保险杠的冲击试验、上腿型对发动机罩前沿的冲击试验、儿童头锤对发动机罩前部和中间区域的冲击试验以及成人头锤对发动机罩后部和前风窗玻璃下边框区域的冲击试验。根据行人保护试验结果，选择适用于本研究所选车型的汽车前部

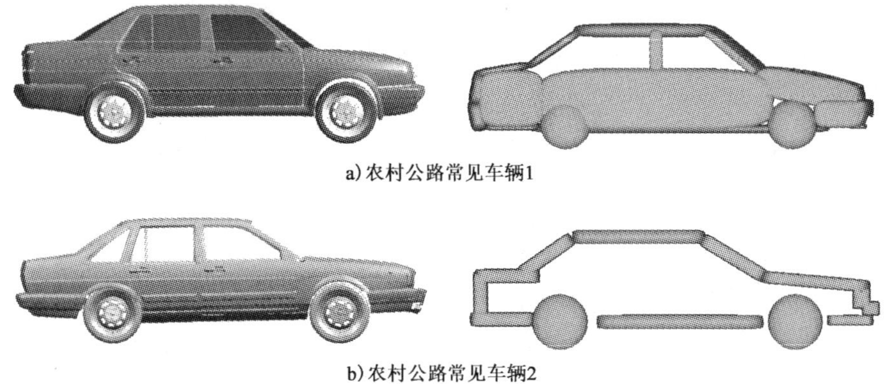

a) 农村公路常见车辆1

b) 农村公路常见车辆2

图 5-8　真实汽车与多刚体汽车模型

结构“力—位移”刚度特性，分别用于定义保险杠、发动机罩前部区域、发动机罩中后部区域的刚度特性。由于法规试验中不涉及风窗玻璃区域，多刚体车模的风窗玻璃的刚度特性参考成人头部冲击器对风窗玻璃的冲击试验结果进行定义。汽车模型前部结构刚度特性如图 5-9 所示。

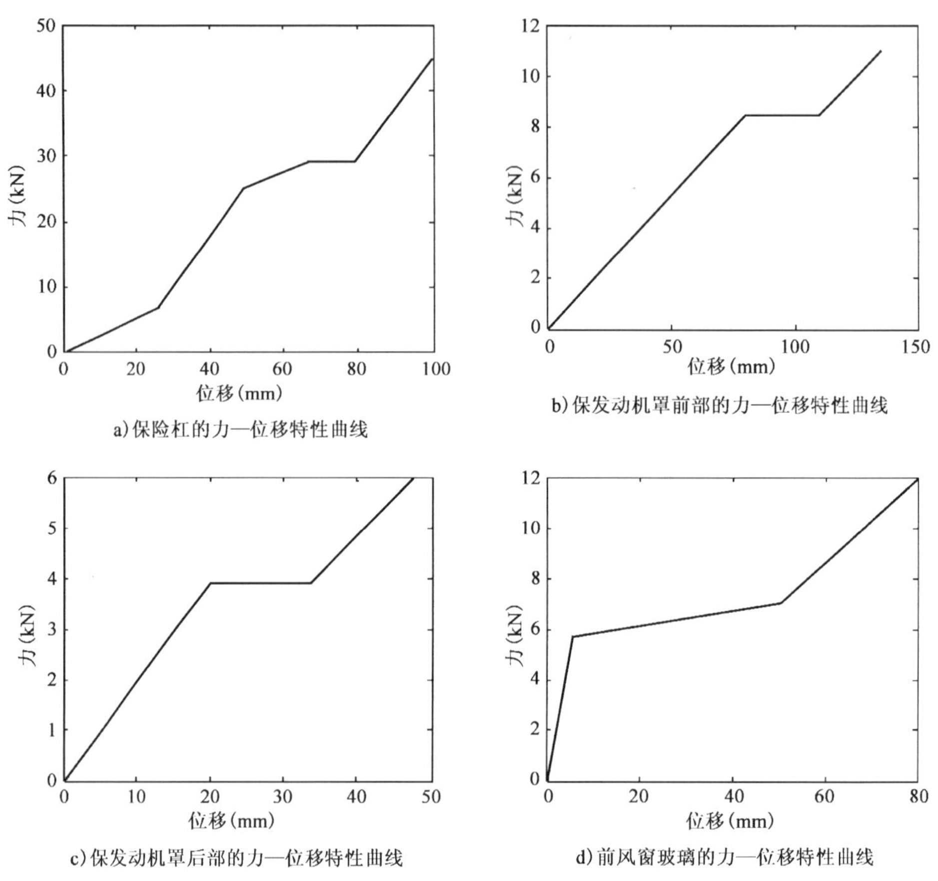

图 5-9　汽车模型前部结构刚度特性

2. 行人模型

研究中所采用的行人多刚体模型是由瑞典查尔摩斯大学建立并验证的行人模型。原始模型身高 175cm、体重 78kg，在本研究中，对其进行缩放，得到中国 50 百分位成年男子行人模型和 6 岁儿童行人模型。其中 50 百分位成年男子模型依据《中国成年人人体尺寸》(GB 10000—88)公布的数据原始模型进行缩放。6 岁儿童模型依据 GEBOD 人体测量学数据库数据对原始模型缩放，同时按照儿童特点更改行人模型中的关节特性参数和身体各部分的刚度特性。缩放后的成人和儿童模型及其主要参数如图 5-10 和表 5-1 所示。

行人模型身高和体重　　表 5-1

类　　别	身高(mm)	体重(kg)
50 百分位成年男子	1 678	59
6 岁儿童	1 150	21.3

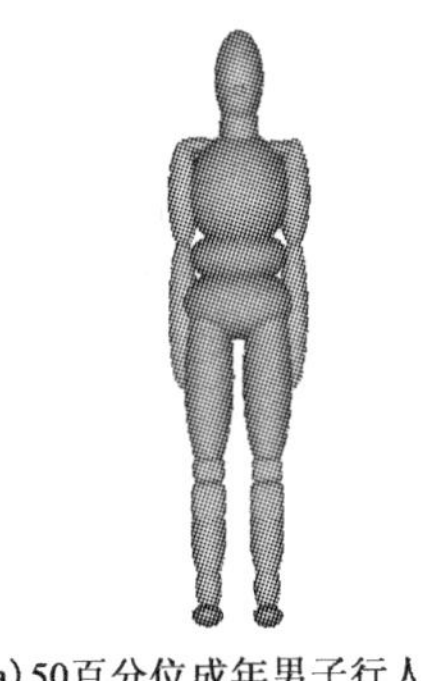

a) 50百分位成年男子行人模型

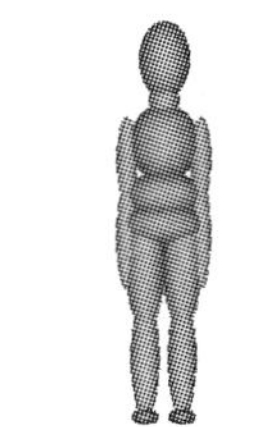

b) 6岁儿童行人模型

图 5-10 行人模型

三、碰撞初始条件设定

汽车碰撞速度：在仿真模型中，设置汽车最低碰撞速度为 15km/h，最高为 60km/h，速度间隔为 5km/h。

汽车制动情况：考虑在真实事故中的最危险情况，仿真中不设置汽车的制动减速度。

行人的行走姿态和行走速度：设置行人模型分别处于站立、正常行走和跑动三种姿态（图 5-11），相应的行走速度分别为：0m/s、1.55m/s 以及 3.15m/s。

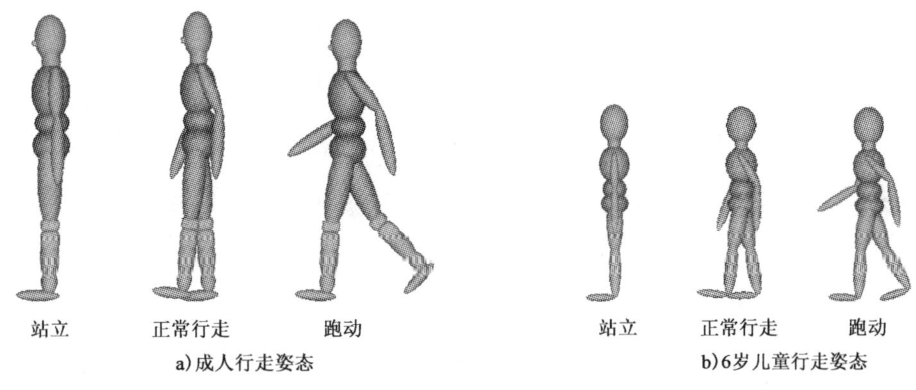

图 5-11 行人模型的行走姿态

在仿真的初始时刻，行人模型放置于汽车的前部中间位置，并使行人模型贴近汽车模型。汽车从行人的侧面进行撞击，如图 5-12 所示。

四、仿真结果

作为汽车安全领域内人体头部损伤的主要评价指标，HIC 值已被广泛地应用于法规和新车评估程序中。本研究以 HIC15 值（Head Injury Criteria，15 指积分时间为 15ms 的头部损伤评价指标）作为行人头部伤害的主要评价指标，并定义输出身体各主要部分的最大 3ms 线性加速度值，作为参考。同时得到不同碰撞初始条件下的行人头部与汽车相对速度曲线，以及头部碰撞速度和碰撞角度。

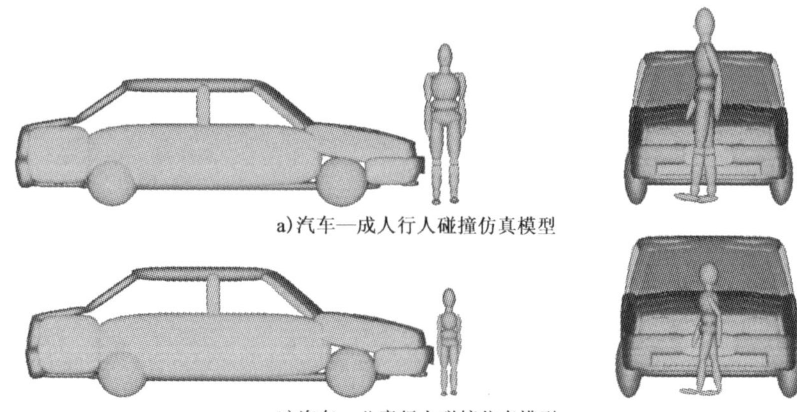

图 5-12　汽车—行人碰撞仿真模型

1. 百分位成年男子行人模型碰撞仿真结果

计算不同行走姿态下成人行人 HIC15 值的平均值,如表 5-2 所示不同碰撞速度下的 HIC15 均值。

不同行走姿态成人行人模型的 HIC15 平均值　　表 5-2

碰撞速度(km/h)	HIC15 均值	碰撞速度(km/h)	HIC15 均值
15	268	40	1 254
20	482	45	1 793
25	657	50	2 273
30	735	55	3 229
35	844	60	4 094

对仿真结果进行拟合,可以得到 HIC15 值与汽车碰撞速度的拟合方程:

$$y = 133.26e^{0.0571x} \tag{5-1}$$

式中:x——碰撞速度;

y——成人行人 HIC15 值。

拟合方程的相关系数 $R^2=0.985$,拟合曲线如图 5-13 所示。

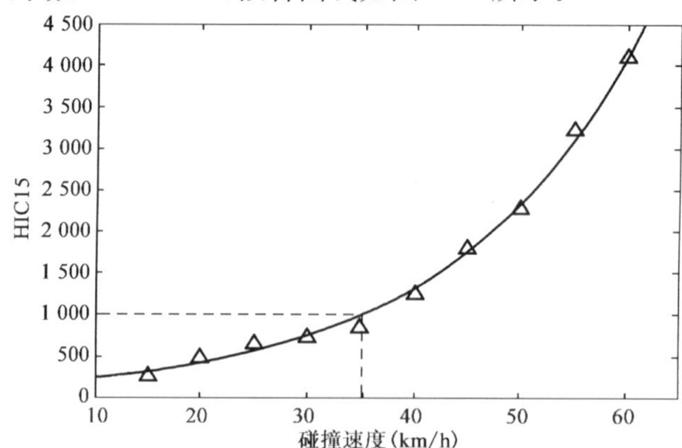

图 5-13　碰撞速度与成人行人模型 HIC15 值的拟合曲线

由式(5-1)和图 5-13 可知,当汽车碰撞速度高于 35.3km/h 时,成人行人模型 HIC15 值将超过 1 000。同时,仿真得到的成人行人模型 HIC15 值与汽车碰撞速度存在较为明显的函数关系——随着碰撞速度的增加,成人行人模型 HIC15 值沿指数函数的趋势增加。

2. 儿童行人模型碰撞仿真结果

不同行人模型行走姿态下儿童行人 HIC15 值平均值,如表 5-3 所示。

不同行走姿态儿童行人模型的 HIC15 平均值　　表 5-3

碰撞速度(km/h)	HIC15 均值	碰撞速度(km/h)	HIC15 均值
15	10	40	683
20	5	45	991
25	49	50	1 466
30	187	55	2 219
35	406	60	3 363

从表 5-3 中可知,当碰撞速度小于 30km/h 时,儿童行人模型的 HIC15 值小于 100,所以在分析汽车碰撞速度对儿童头部的损伤风险时,设定研究的速度范围为 30～60km/h。对仿真结果进行拟合,可以得到 HIC15 值与汽车碰撞速度的拟合方程:

$$y = 0.000\,2x^{4.091\,2} \tag{5-2}$$

式中:x——碰撞速度;

y——儿童行人的 HIC15 值。

拟合方程的相关系数 $R^2=0.987\,8$,拟合曲线如图 5-14 所示。

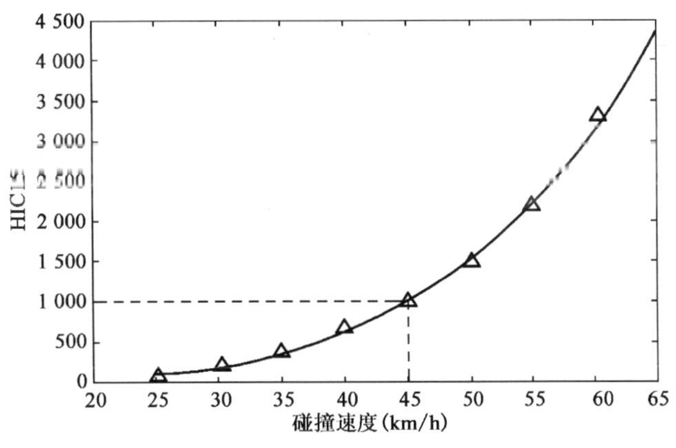

图 5-14　碰撞速度与儿童行人模型 HIC15 值的拟合曲线

由式(5-2)和图 5-14 可知,当汽车碰撞速度高于 45km/h 时,儿童行人模型 HIC15 值将超过 1 000。当汽车碰撞速度高于 30km/h 时,仿真得到的儿童行人模型 HIC15 值与汽车碰撞速度存在较为明显的函数关系——随着碰撞速度的增加,儿童行人模型 HIC15 值沿幂函数趋势增加。

图 5-13 和图 5-14 说明:在仿真模型中,随着碰撞速度的增加,行人模型的 HIC15 值显著增加。这是由于在行人处于三种典型姿态时,汽车碰撞速度(6 岁儿童行人模型在碰撞速度高于 30km/h 时)的增加会使行人头部与汽车的相对碰撞速度显著增加,从而导致行人 HIC15

值的上升。但是高的 HIC15 值仅表示行人头部遭受损伤风险大，并不能直接说明行人头部所遭受的损伤类型以及严重程度。本研究在进行头部损伤风险预测时，引入了 HIC15 值与人体头部损伤风险的关系曲线，以便能够更加直观地分析碰撞速度对行人头部损伤风险的影响。

3. 行人头部损伤风险预测分析和讨论

关于 HIC 值与人体头部损伤风险的对应关系，国内外已进行了大量的研究工作。研究工作所采用的数据可分为尸体试验数据和事故重建数据。在损伤生物力学的研究中，尸体试验是获取人体组织和器官在冲击载荷作用下的耐受限度的重要途径。由尸体数据得到的 HIC 值与人体头部损伤风险的对应关系已得到广泛的认可，同时也是汽车安全相关法规中设定人体头部损伤评价指标阈值的依据。因此在本研究中仅考虑由尸体试验数据得到的 HIC 值与人体头部损伤风险的对应关系。

Prasad 和 Mertz 对大量的尸体试验数据进行分析，并利用 Mertz/Weber 方法得到了基于 54 例尸体试验结果的 HIC15 值与颅骨骨折的对应关系以及基于 43 例尸体试验结果的 HIC15 值与脑损伤的对应关系（图 5-15），它们的方程均可表示为：

$$P = \Phi\left(\frac{\text{HIC15} - \mu}{\sigma}\right) \tag{5-3}$$

在 HIC15 值与颅骨骨折风险的关系方程中，$\mu = 1\,400$，$\sigma = 450$；在 HIC15 值与脑损伤风险的关系方程中，$\mu = 1\,433$，$\sigma = 450$。

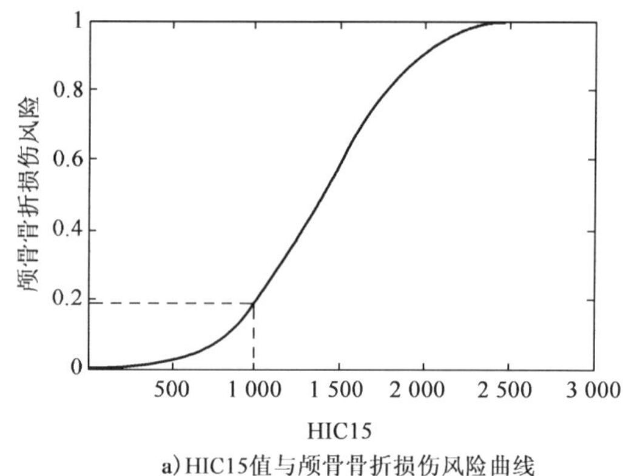

a) HIC15值与颅骨骨折损伤风险曲线

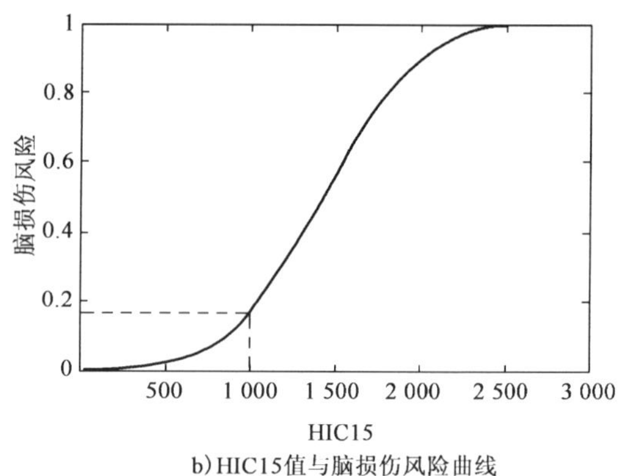

b) HIC15值与脑损伤风险曲线

图 5-15 基于 Mertz/Weber 方法的 HIC15 值与头部损伤的风险曲线

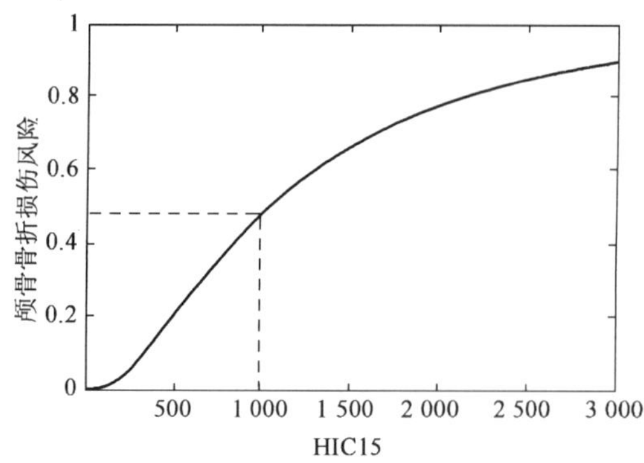

图 5-16 HIC15 值与颅骨骨折损伤风险曲线（Hertz）

Hertz 采取最大似然估计方法对 Prasad 和 Mertz 中 54 例用于颅骨骨折分析的尸体试验数据进行分析，并分别假设颅骨骨折与 HIC15 值的关系符合正态分布、对数正态分布以及双参数 Weibull 分布。分析结果表明，利用最大似然估计方法得到的颅骨骨折与 HIC15 值得对数正态分布模型（图 5-16），该模型能够较好地拟合尸体试验数据，并指出该模型在 HIC15 值的分段预测的能力上要优于 Prasad 和 Mertz 的模型的预测能力。Hertz 得到的对数正态分布模型假设下的

HIC15 值与颅骨骨折损伤风险曲线的方程为：

$$P = \Phi\left[\frac{\ln(\text{HIC15}) - \mu}{\sigma}\right] \tag{5-4}$$

式中，$\mu=6.963\,52$，$\sigma=0.846\,44$。

HIC15 与行人头部损伤预测模型对比中列出了上述 3 个 HIC15 值与行人头部损伤风险的预测模型中各自对应的损伤类型、AIS 等级以及不同百分位损伤概率，见表 5-4。

HIC15 与行人头部损伤预测模型对比　　表 5-4

模型序号	损伤类型	AIS 等级	5%	50%	95%
1	颅骨骨折	≥2	660	1 400	2 140
2	脑损伤	—	690	1 433	2 170
3	颅骨骨折	≥2	263	1 057	4 257

需要特别指出的是：行人保护法规中关于 HIC15 值与行人头部损伤的对应关系是基于 Prasad 和 Mertz 的 HIC15 值与颅脑损伤的关系曲线提出的，即 HIC15 值大于 1 000 表示 20%的头部 AIS3+损伤、HIC15 值大于 1 350 表示 30%的头部 AIS3+损伤。

结合本研究的目的和方法，选择采用 Prasad 和 Mertz 得到 HIC15 值与脑损伤风险曲线(图 5-15)。将汽车—行人碰撞仿真模型得到的碰撞速度与成人行人 HIC15 值的关系式(5-1)代入到 Prasad 和 Mertz 的 HIC15 值与颅脑损伤的风险曲线，可以得到汽车碰撞速度与成人行人头部 AIS3+损伤的风险曲线(图 5-17)：

$$P = \Phi\left[\frac{(133.26e^{0.057\,1x}) - 1\,433}{450}\right] \tag{5-5}$$

从图 5-17 可知，当碰撞速度高于 30km/h 时，成人行人头部遭受 AIS3+损伤的风险大于 5%；当碰撞速度高于 42km/h 时，成人行人头部遭受 AIS3+损伤的风险大于 50%；当碰撞速度高于 50km/h 时，成人行人头部遭受 AIS3+损伤的风险大于 95%。

将汽车—行人碰撞仿真模型得到的碰撞速度与儿童行人 HIC15 值的关系式(5-2)代入到 Prasad 和 Mertz 的 HIC15 值与颅脑损伤的风险曲线，可以得到汽车碰撞速度与儿童行人头部 AIS3+损伤的风险曲线(图 5-18)：

$$P = \Phi\left[\frac{(0.000\,2x^{4.091\,2}) - 1\,433}{450}\right] \tag{5-6}$$

从图 5-18 可知，当碰撞速度高于 41.2km/h 时，儿童行人头部遭受 AIS3+损伤的风险大于 5%；当碰撞速度高于 49.3km/h 时，儿童行人头部遭受 AIS3+损伤的风险大于 50%；当碰撞速度高于 54.6km/h 时，儿童行人头部遭受 AIS3+损伤的风险大于 95%。

4. 结论

为了预测农村公路上汽车—行人事故中典型小客车在不同碰撞速度下行人头部的损伤风险，本研究综合分析两种车型在 15～60km/h 的不同碰撞速度下，处于三种典型行走姿态的成人行人和儿童行人头部损伤风险。

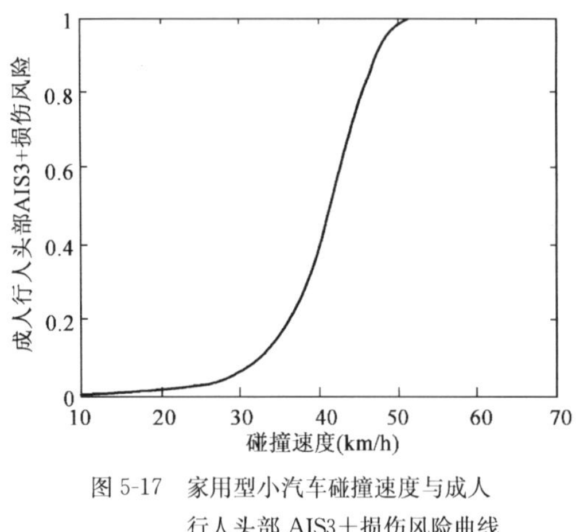

图 5-17　家用型小汽车碰撞速度与成人行人头部 AIS3＋损伤风险曲线

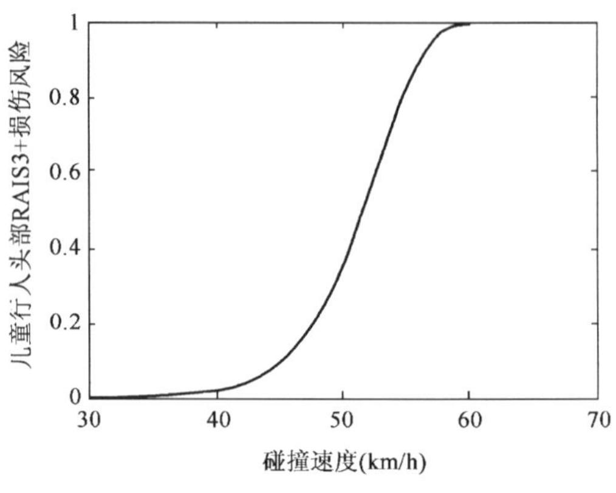

图 5-18　家用型小汽车碰撞速度与儿童行人头部 AIS3＋损伤风险曲线

汽车碰撞速度与行人 HIC15 值的对应关系。对于成人行人模型，当汽车碰撞速度高于 35.3km/h 时，HIC15 值将超过 1 000；同时，仿真得到的成人行人模型 HIC15 值与汽车碰撞速度存在较为明显的函数关系——随着碰撞速度的增加，成人行人模型 HIC15 值沿指数函数趋势增加。对于儿童行人模型，当汽车碰撞速度高于 45km/h 时，儿童行人模型 HIC15 值将超过 1 000；当汽车碰撞速度高于 30km/h 时，仿真得到的儿童行人模型 HIC15 值与汽车碰撞速度存在较为明显的函数关系——随着碰撞速度的增加，儿童行人模型 HIC15 值沿幂函数趋势增加。

不同碰撞速度下的行人头部损伤风险预测。对于成人行人，当碰撞速度高于 30km/h 时，成人行人头部遭受 AIS3＋损伤的风险大于 5％；当碰撞速度高于 42km/h 时，成人行人头部遭受 AIS3＋损伤的风险大于 50％；当碰撞速度高于 50km/h 时，成人行人头部遭受 AIS3＋损伤的风险大于 95％。对于儿童行人，当碰撞速度高于 41.2km/h 时，儿童行人头部遭受 AIS3＋损伤的风险大于 5％；当碰撞速度高于 49.3km/h 时，儿童行人头部遭受 AIS3＋损伤的风险大于 50％；当碰撞速度高于 54.6km/h 时，儿童行人头部遭受 AIS3＋损伤的风险大于 95％。

考虑行人事故发生频率较高的 30～50km/h 的碰撞速度区间，当碰撞速度为 30km/h 时，成人行人头部遭受 AIS3＋损伤的风险为 6.15％，儿童行人头部遭受 AIS3＋损伤的风险为 0.29％；当碰撞速度为 40km/h 时，成人行人头部遭受 AIS3＋损伤的风险为 39.06％，儿童行人头部遭受 AIS3＋损伤的风险为 3.47％；当碰撞速度为 50km/h 时，成人行人头部遭受 AIS3＋损伤的风险为 97.5％，儿童行人头部遭受 AIS3＋损伤的风险为 57.67％。

第四节　减速设施设计

降低农村公路车辆行驶速度是保护交通弱势参与者最为有效的方式，而减速带等减速设施我国农村公路最为常用和普遍的措施，目前我国尚未有公路减速带设计实施密切相关的标准出台，各地大多是依据经验来进行设计和施工。行标《路面橡胶减速带》(JT/T 713—2008)及《突起路标》(CJ/T 390—2012)对产品尺寸做了规定，有一定的参考价值，但仍旧没有直接针对公路减速带的布置作出解释说明。农村公路基层设计和管理人员往往不能选取最佳形式和更为合理有效的设置减速设施。因此有必要对适用于农村公路的减速设施的设计方法进行研究。

一、减速带分类

1. 分类必要性

建立一套分类体系，将现有的各种减速带进行归类，主要基于以下两点考虑：

(1)由于国内应用的减速带种类繁多，且即使对于同一种减速带，市场上不同尺寸的产品也琳琅满目，而同一种类可应用的场合也并不单一。我国目前尚没有国外那样统一的从名称上即可区分的分类法则，单靠人为经验进行判断，势必造成应用过程中的盲目性和随意性。

(2)在未分类的情况下，单一选择某种减速带开展研究，其结果难以普遍适用于其他各种类，而逐一研究各种类也不现实。根据内在的一些共性，将各种减速带进行分类，可大大简化研究量，并使研究结果可以作为同类其他形式的减速带的参考。

2. 分类原则

以既有的应用经验为出发点，根据各种减速带的外形、尺寸、作用形式、布局方式等特征，将相同或相似的划为一类。

3. 分类体系

综上，推荐进行如下分类：

A 类——强制限速型，高度为厘米级，具有强烈的冲击振动警示效果，一般用于较低的运行速度(30km/h 左右)，进一步降低到接近停止的水平(5～10km/h)，布局通常为单条。

B 类——建议减速型，高度为毫米级，以警示劝服为主，一般用于主线上需局部减速的路段，用以将高水平的运行速度(60km/h 以上)进行适当的降低，布局通常为多条短间隔连续布设。

AB 类——即组合型，为强制限速型和建议减速型的组合应用。组合规则为“先建议减速，后强制限速”。

二、减速设施设计理论

1. 基于运行车速的设计理论

人性化的线形设计是基于驾驶员行为、车辆性能和道路交通条件的线形设计，其与车速设计体系密切相关。

1)运行车速和设计车速理论

目前国际上较多采用运行车速、设计车速两种设计体系，其中，欧洲、澳大利亚等大多数国家采用运行车速，而包括我国、美国在内的部分国家采用设计车速(美国在实际设计中已经融合了运行车速理论思想)。设计车速是指在行车条件良好、公路设计特征均能起到控制作用的情况下，一条公路上能保持的最高安全速度，作为公路路线设计的基础指标，设计车速用于规定线形的最低设计标准；运行车速是在单元路段上车辆的实际行驶速度，因不同车辆在行驶过程中可能采用不同车速，通常按统计学中测定的从高速到低速排列的第 85 个百分点车辆行驶速度作为运行车速，有别于设计车速的认为规定特点，运行车速是一个统计学指标，是单元路段状况决定的客观上车辆实际的行驶速度。

多年实践显示，“设计车速”方法本身存在一定缺陷。设计车速对一特定路段而言是一个固定值，而在实际驾驶行为中，没有任何驾驶员自始至终去恪守这一固定车速，实际行驶速度总是随公路线形、车流动力性能等各种条件而变化的。只要条件允许，驾驶员总是倾向采用较高速度行驶。因此，仅仅依据路段设计车速确定的线形指标，不能满足公路使用者安全行车要求。

2）运行车速理论的核心

相关研究显示，某一路段的运行车速主要受驾驶员行为、交通特征（车辆状况）和公路状况三方面因素影响，驾驶员在公路上行驶是根据自己对车辆性能的了解，对前方公路线形和路况等的直觉判断来调整，他们不清楚也不必清楚行驶路段的设计车速。运行车速理论的核心正是从这种实际行驶状态出发，针对不同车型，通过降低相邻路段的容许速度差，通过相邻路段所能提供的不同容许速度的级差控制，达到线形协调、消除安全隐患的目的。运行车速理论并不关注局部路段线形指标的高低，甚至这个指标是否突破规范底线都不重要。因此，运行车速理论是从车辆性能和驾驶员行为的实际出发，能够充分保证路线线形与车辆实际行驶速度的协调。

运行车速具有充分顾及交通安全的人性化优势，具有线性与实际行驶速度紧密协调的科学性。

3）运行速度在减速带设计中的应用

（1）对于需要限速路段，调查该点及其上游路段的运行速度，若满足 $\Delta v_{85} \leqslant 20$km/h，则取平均，可看作减速带限速作用前的原运行车速，称作 Vim port（记为 v_{im}）。

（2）要求车辆经过减速带作用后的运行车速，即可看作是设置减速带的限速目标，称作 Vex port（记为 v_{ex}）。

（3）减速带的作用过程即可归纳为“输入 v_{im}，输出 v_{ex}”的过程，而这两个值正是减速带设计的控制参数。

2. 基于驾乘体验的设计理论

交通事故与交通安全在本质上是一个一体化的问题，交通安全是通过事故数据或相关的间接数据所表征的行车安全状态指标。所有的与交通安全相关的因素，概括起来可以归为三大类，即道路、车辆、交通参与者（道路使用者），这三类因素相互渗透，形成了彼此的交集，如图 5-19所示。

而从学科定义来看，人因工程学其本身就是基于多门基础学科经验和理论总结之上的应用型学科，因此可以为各学科研究具体应用。同时，由图 5-20 可以直观认识到交通安全学与人因工程学之间有机联系的逻辑关系。因此，引入人因工程学中的相关知识来支持交通安全学的研究是完全合理可行的。

振动的评价标准是对所接触的振动环境进行人因工程评价的重要依据。

ISO2631《人体承受全身振动的评价指南》是国际标准化组织推荐的振动评价标准。该标准提出以振动加速度有效值、振动方向、振动频率和受振持续时间这四个基本振动参数的不同组合来评价全身振动对人体产生的影响。ISO2631 根据振动对人的影响，规定了在 1～80Hz 振动频率范围内，人体对振动加速度均方根值反应的三种不同感觉界限：

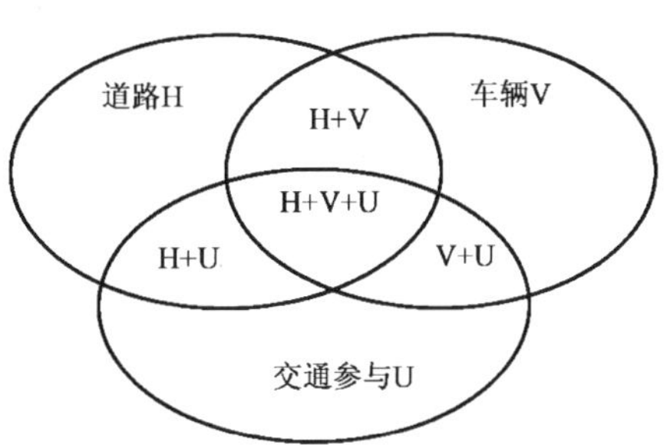

图 5-19　交通事故相关因素的逻辑关系

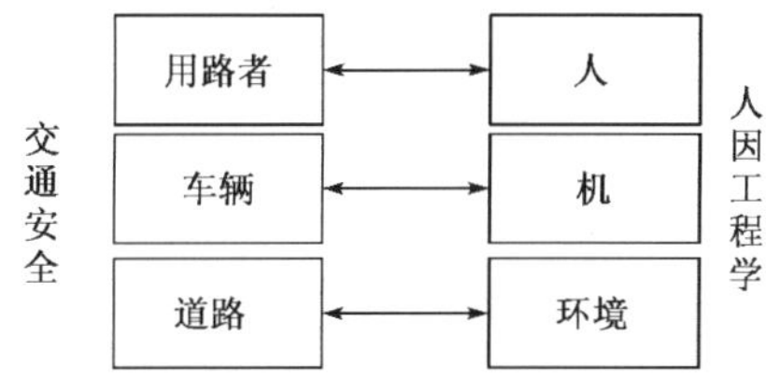

图 5-20　交通安全学和人因工程学之间的逻辑联系

(1)疲劳——降低工作效率界限(FDP)。主要应用于对拖拉机、建筑机械、重型车辆等振动效应的评价,超过该界限,将引起人的疲劳、导致工作效率下降。当人体承受的振动在此界限内,人将能保持正常的工作效率。

(2)健康与安全界限(EL)。相当于振动的危害阀或极限,超过该界限,将损害人的健康和安全。它是疲劳—效率降低界限的 2 倍,即它比相应的疲劳—效率降低界限的振动级高 6dB。当人体承受的振动在此界限内,人体将保持健康和安全。

(3)舒适性降低界限(RCB)。主要应用于对交通工具的舒适性评价,超过该界限,将使人产生不舒适的感觉。疲劳—效率降低界限为舒适性降低界限的 3.15 倍,即它比相应的疲劳—效率降低界限的振动级低 10dB。

图 5-21 是 ISO2631 振动评价标准中的疲劳—工作效率降低界限。图中实线即为垂直振动评价标准。

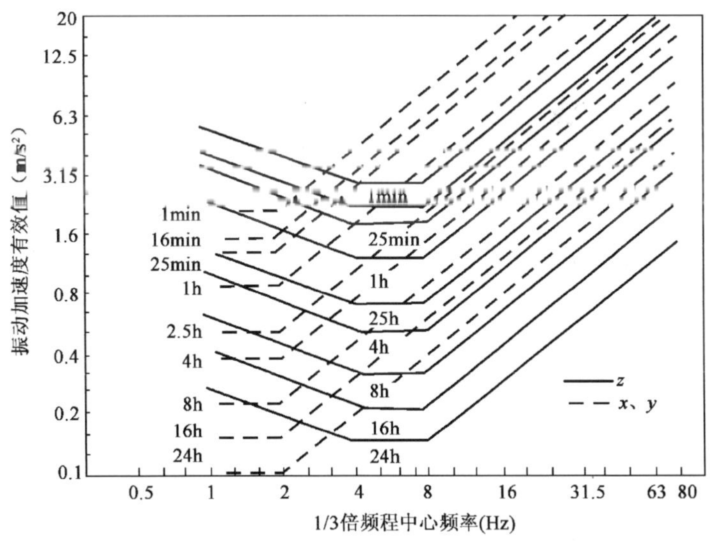

图 5-21　全身振动疲劳—工作效率降低界限

对于不同的工作环境,应根据具体的工作要求和工作条件,选取上述的评价界限之一作为振动评价的基本标准。如果需要以健康与安全界限或舒适降低界限为评价的基本标准,则可将图 5-21 中图线上的振动加速度有效值乘以 2,便可得到“健康与安全界限”;若将图线上的振动加速度有效值除以 3.15,便能得到“舒适降低界限”。

行驶在路上的车辆经过减速带的作用时间一般是短暂的，故选择图 5-21 中接触时间 1min 的标准。

我国《工业企业设计卫生标准》(GBZ 1—2010)规定全身振动作业其垂直振动强度不应超过表 5-5 中的规定。

全身振动强度卫生限制　　表 5-5

工作日接触时间(h)	卫生限值(m/s^2)	工作日接触时间(h)	卫生限值(m/s^2)
8	0.62	1.0	2.4
4	1.1	0.5	3.6
2.5	1.4		

综上，减速带设计的“合理区间”主要集中在引起的振动加速度位于 1～3.15m/s^2 这一范围内。低于舒适降低界限 1m/s^2 时，驾驶员几乎不会感到不适，故减速带的限速作用基本失效；高于疲劳界限 3.15m/s^2 时，驾驶员易因为疲劳产生操作失误，使减速带的限速作用带有一定的安全负面效应。

通过图 5-22，即可基本判定两类减速带的限速合理区间，并论证了 AB 分类体系中假定的不同限速作用范围：

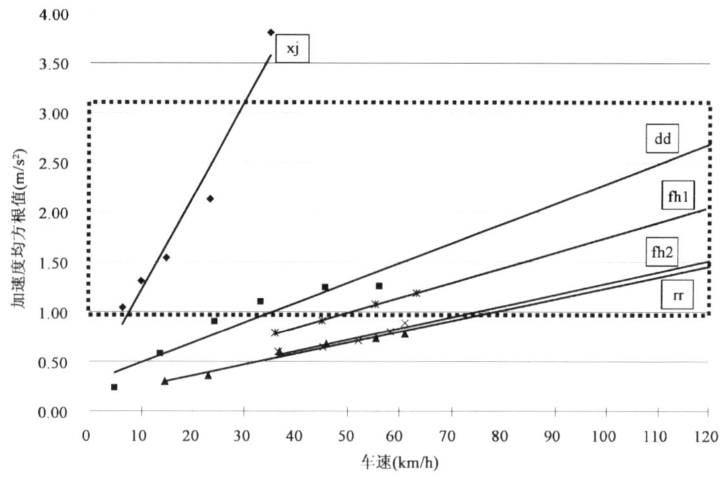

xj、dd、fh1 等字母的测试实际减速带类型、地点代号

序号	地点说明	主要受测减速带情况	对应分类
xj	知园小区入口	橡胶式减速丘 2 条，长 35cm，高 2.5cm，间距 64m	A
dd	南山老收费站前某匝道	铸铝道钉式减速带，共 8 组，间距渐密；组内布置：3 行，行距和钉距均为道钉边长	B
fh1	内环高速江南收费站前长下坡	薄层抗滑路面间断布设，共 50 条，长 2m，间距 5.5m，平均高度 5mm	B AB
rr	西政渝北分校门前长下坡	热熔振荡标线 5 组，间距 18m，每组有 6 条，间距为与条宽等值，方块颗粒高 7mm±1mm	B
fh2	机场高速鳄鱼馆段	薄层抗滑路面间断布设，共 34 条，长 2m，间距 11.6m，平均高度 3mm	B

图 5-22　各类减速带适用速度判定

(1)A类减速带主要作用是将平均约为30km/h及以下的较低运行车速，降至5～10km/h的水平。

(2)B类减速带主要作用是将平均约为60km/h以上的较高运行车速，降至30～40km/h的水平。

三、设计流程

减速带设计流程如图5-23所示。

1.选型设计

(1)根据确定的v_{im}与v_{ex}，参照AB分类体系，确定采用的减速带设计大类。

(2)根据实际需要进一步选择确定具体的减速带形式。

2.A类减速带尺寸及布局设计

1)外形设计

A类减速带平面外形多矩形或两端圆头处理的矩形，表型覆盖网状沟纹或拉毛处理，以增强与轮胎间的接触。

A类减速带的断面形式主要可分为正弦曲线形、圆弧形、抛物线形、平顶形等，如图5-24所示。有研究表明，在同样设计尺寸下，正弦曲线形的通过性更佳，平顶形的振动警示作用更强。工厂预置生产的橡胶减速丘模块，断面多为圆弧形和抛物线形；若是混凝土材料现场铺筑，从施工便易性和质量控制考虑，首推平顶形。

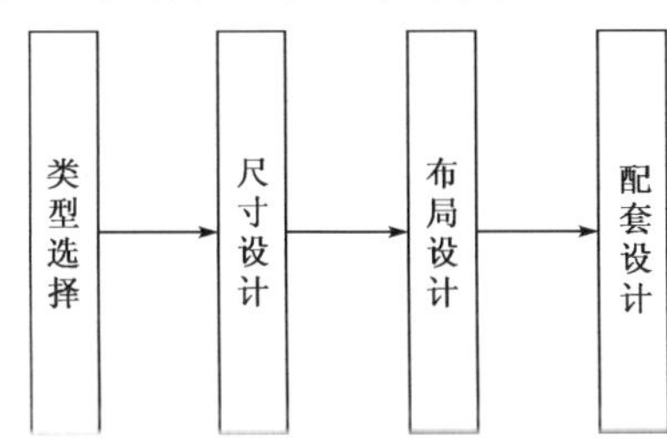

图5-23　减速带设计流程示意

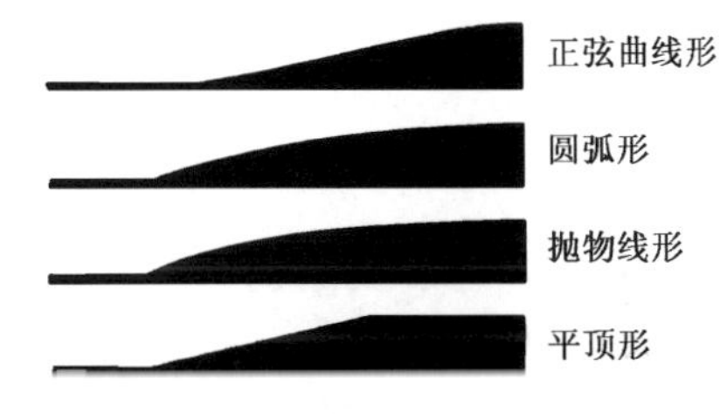

图5-24　A类减速带的断面形式

2)几何尺寸设计

参照《路面橡胶减速带》(JT/T 713—2008)，A型减速带的尺寸应满足以下要求：

(1)沿车行方向长度为300～400mm，允许偏差为其长度的±1.5%。

(2)高度为30～60mm，允许偏差为±1.6mm。

3)布局设计

(1)前置问题。

由前述结论知，对于A类减速带，其限速有效区间一般为其前后2s的v_{im}行程。例，按$v_{im}=30$km/h，可算得其限速有效区间为前后16m范围。因此，前置距离应满足$d<16$m(图5-25)。

根据A类减速带限速有效区间的前后对称性，若两条A类减速带相邻布设时，则容易得到条间距值应$<2d$。

(2)布幅设计。

通常，在山区农村公路上设置A类减速带，一般按照满幅布置，只在外侧行车道边缘预留

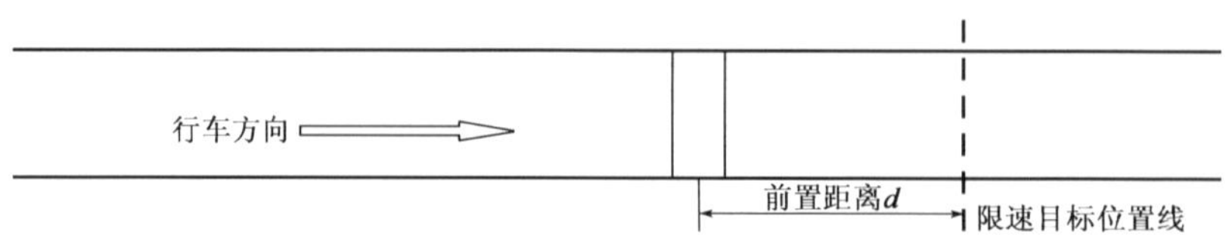

图 5-25　A 类减速带前置距离

出 10～20cm 空余以利排水。

但是，在山区双车道公路的陡坡路段设置 A 类减速带，需要特别考虑上坡向车辆的爬坡能力。若坡度大于线形规范中的一般值时，车辆一般只能用低速挡缓慢爬升，满幅设置的 A 类减速带会使车辆上坡更加困难，尤其对于那些普遍超载的大货车，更易造成其熄火甚至倒滑的可能。所以，这种情况下建议只考虑布设下坡方向的半幅。同时，为了规范下坡车辆的驾驶员行为，规避其变道至对向车道以绕过减速带，推荐在细节上作如下改进(图 5-26)。

①在下坡方向距离减速带不小于 50m 处，行车道中心线改成黄色双实线。

②在双黄线上，可设置陶瓷道钉或刚性的"红白桩"，延伸长度不小于运行速度 3s 的 v_{85} 行程。

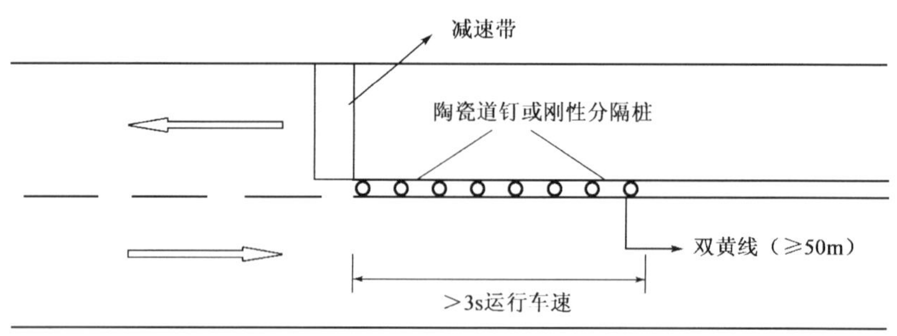

图 5-26　坡段上减速带经改良的半幅布置形式

3. B 类减速带尺寸及布局设计

1)外形设计

B 类减速带平面外形多为矩形或点列。

由于控速作用为建议减速，B 类减速带断面形式不同于 A 类减速带，为平面薄层状。

2)几何尺寸设计

B 类减速带一般由多道构成组团式布置，组团内的每一道，满足下列要求：

(1)沿车行方向长度为 1～4m。

(2)高度为 3～6mm，允许偏差为±1mm。

特别地，对于热熔振荡标线减速带，每一道中，还包括更微观的结构，每一道由 4～8 条标线机一次成型的小条组成，条件间隔为 0.5～2 倍条宽，每一小条上，覆盖若干列突起小方块，其细部几何尺寸由热熔振荡标线机结构参数决定，一般值如图 5-27 所示。

3)布局设计

B 类减速带由于其单条减速作用不明显，故通常采用多条组列式布局。布设间隔建议采用逐步紧密的方式，这样可以从视觉和心理上进一步强化减速带的主动限速作用。

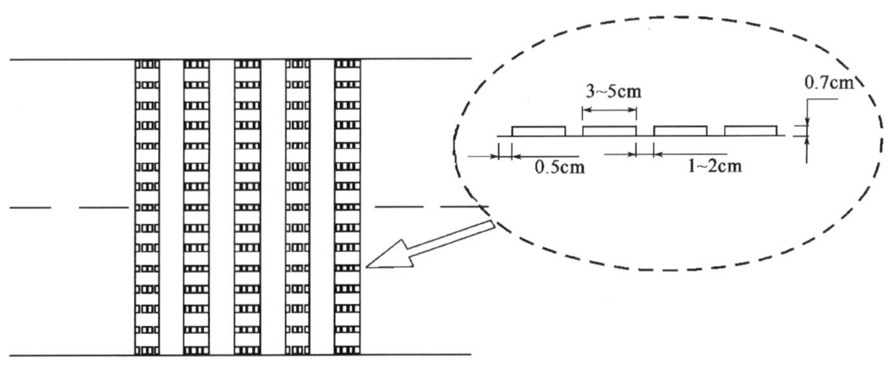

图 5-27　热熔振荡标线减速带细部结构

(1)根据现行规范中变速车道长度，设计时通常采用的减速度为 $a=-2\sim-3\mathrm{m/s^2}$，可作为减速带渐变设计时减速度的推荐值，一般地，城市快速路和高等级公路推荐选用 $a=-2\mathrm{m/s^2}$，以保证其驾驶舒适性；其余选择 $a=-3\mathrm{m/s^2}$。

(2)尽可能将要求个别响应的刺激暂时分开，并使其刺激率适合个别响应，应避免时间间隔小于 0.58s 的刺激输入。调研发现刺激间隔大于 0.8s，作用就不明显。因此，组列中任两条减速带之间的时间间隔建议取为 0.58～0.8s。

(3)根据确定的 a 和 t 值，即可依匀减速直线运动相关公式计算得到布设条数 n 和首两条减速带间距 S_1。

根据表 5-6、表 5-7 及式(5-7)即可确定应共布多少条以及各条间的间距。而布设总的区段长度如式(5-8)所示：

不同运行速度及限速值下 n 值表　　表 5-6

v_{ex} \ v_{im}	40	50	60	70	80	90	100	110	120
30	3	6	8	11	13	15	18	20	23
40	—	4	6	9	11	13	16	18	21
50	—	—	3	6	8	10	13	15	18
60	—	—	—	4	6	8	11	13	16
70	—	—	—	—	3	5	8	10	13
80	—	—	—	—	—	3	6	8	11
90	—	—	—	—	—	—	4	6	9
100	—	—	—	—	—	—	—	3	6

注：计算取值 $a=2\mathrm{m/s^2}$；$t=0.58\mathrm{s}$；n 为 B 型减速带设置条数；l 为 B 型减速带长度；ΔS 为相邻 3 条 B 型减速带两两之间的间距差值；S 为 B 型减速带布设总长度里程。

不同运行速度下 S_1 值建议表　　表 5-7

运行速度	120	110	100	90	80	70	60	50	40
S_1	19.0	17.7	16.3	14.3	12.9	11.6	9.6	8.2	6.2

$$\Delta S = at^2 \tag{5-7}$$

$$S=\sum_{i=1}^{n-1}S_i+nl=(n-1)S_1+\frac{(n-1)(n-2)}{2}\Delta S+nl \tag{5-8}$$

化简式(5-8),即可方便地计算出布设的区域总长,见式(5-9)。

$$S=(n-1)S_1+\frac{1}{2}(n-1)(n-2)at^2+nl \tag{5-9}$$

特别地,当遇到长大下坡处置时,若坡长远大于计算得到的 S 值,可采用上游中游下游分段布设的方式。即在车辆速度重新抬头的时候,利用更多的一组列 B 类减速带将速度再次降低下来。

4. AB 类组合设计

以收费站前长大下坡为例,有些路段,需要让车辆从较高的运行车速(>60km/h)平稳快速地降至极低速(5～10km/h),此时,单纯依靠 B 类减速带达不到限速目标值,而 A 类减速带不适宜较高运行车速。类似这种情况,就需要进行 AB 类组合设计。设计方法如下:

(1)A 类减速带在 B 类减速带前方,以保证车辆首先从较高运行车速降至中等速度,而后进一步降至极低速。

(2)按前述 A 类减速带设计方法,首先设计 A 类减速带的尺寸及布局。

(3)将已设的 A 类减速带所在位置作为新的限速目标位置,以 30km/h 作为限速目标,按前述相应的设计方法完成 B 类减速带的设计。

设计应注意的事项:

(1)组合中的 A、B 部分,应当根据实地条件综合考虑后在其各自类别中优选一种,不宜选择多种混搭。

(2)组合中的 A、B 部分,宜选用对比感强烈的不同色彩区分。

5. 配套设施设计

减速带配套设施的目的是增强减速带的视觉警示作用,使减速带的主动减速效果得到大力提升。因此,应当重视减速带配套设施的设计。

图 5-28 国外减速丘配套设计

完善的减速带配套设施,包含减速带警示标志、减速带体表标记、减速带预告标线 3 部分。按应用的必要性排序为:体表标记>警示标志>预告标线。各级公路可按道路建设规模和资金进行灵活选择,但减速带体表标记为必选配置。

此外,对于有明确限速要求的应用场合,还应该具备限速标志。限速标志可与减速带警示标志联合设置,也可提前于减速带警示标志单独设置。国外减速丘配套设计如图 5-28 所示。

1)减速带体表标志

参照 MUTCD2009,A 类减速带的体表标志可在图 5-29 中三种方式间选择,标志图案宜采用道路标线用黄色或白色涂料,图案应清晰醒目。

对于 B 类减速带,体表标志表现为带体的整体色彩。防滑减速带推荐色为暗红色或橙色,热熔振荡标线推荐色为橙色、黄色或白色,道钉式减速带为道钉本体颜色,推荐选用橙色或黄色。

2)减速带警告标志

在 MUTCD2009 中,推荐的减速带警告标志为文字型,如图 5-30 所示。《道路交通标志和标线》(GB 5768—2009)中的路面高突标志规定“减速丘前适当位置应设置此标志，必要时可附加辅助标志说明(图 5-31)。”国外也普遍将此标志作为减速带的警示标志。因此，减速带警示标志的形式推荐按图 5-30 所示规范统一。

无论对于 A、B、AB 哪种类型，减速带警告标志前置距离是指标志距离最先接触的第一道减速带的距离，一般根据道路的设计速度，按表 5-8 选取。也可以考虑所处路段的最高限制速度或运行速度等，按表 5-8 进行适当的调整。

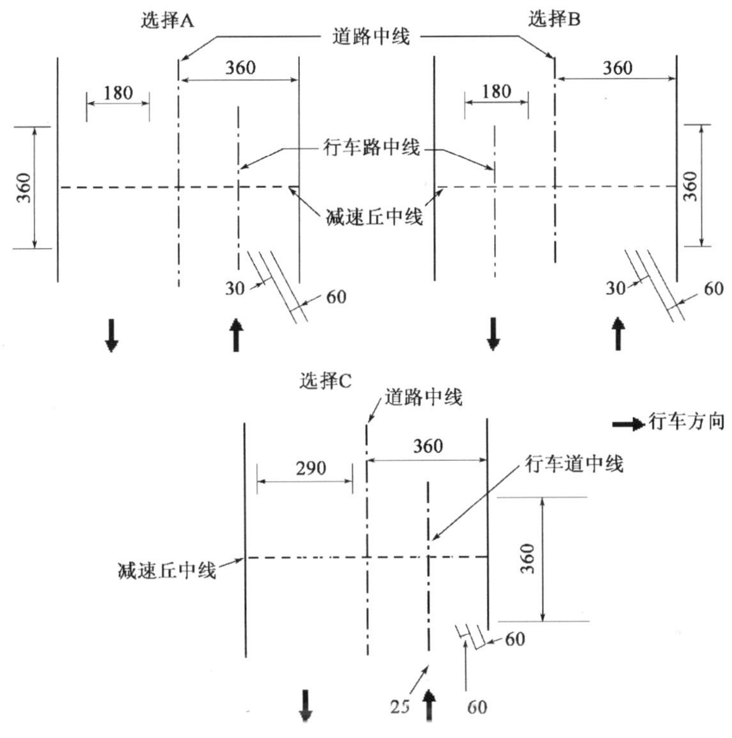

图 5-29　A 类减速带体表标志(尺寸单位：cm)

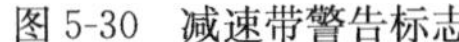

图 5-30　减速带警告标志

图 5-31　减速丘标志

标志设置必要性检查应重点检查限速、陡坡急弯路段、恶劣气候环境(多雾、侧风、积雪冰冻等)、不良地质路段等警告或提示标志是否遗漏。

警告标志尺寸按运行速度计算值，并参照《公路交通标志和标线设置规范》(JTG D82—2009)进行设置。

减速带警告标志前置距离一般建议值　　表 5-8

运行速度(km/h)	限速目标(km/h)											
	A类	B类										
	5～10	10	20	30	40	50	60	70	80	90	100	110
40	*	*	*	*								
50	*	*	*	*	*							
60	30	*	*	*	*							
70	50	40	30	*	*	*	*					
80	80	60	55	50	40	30	*	*				
90	110	90	80	70	60	40	*	*	*			
100	130	120	115	110	100	90	70	60	40	*		
110	170	160	150	140	130	120	110	90	70	50	*	
120	200	190	185	180	170	160	140	130	110	90	60	*

注：* 指比较不常见的情况，不提供具体建议值，视当地具体条件确定。

3)减速丘预告标线

MUTCD2009 中对减速带预告标线进行了详细的说明，《道路交通标志和标线》(GB 5768—2009)也引入了相同的规定。减速带预告标线的具体布局及尺寸如图 5-32 所示。

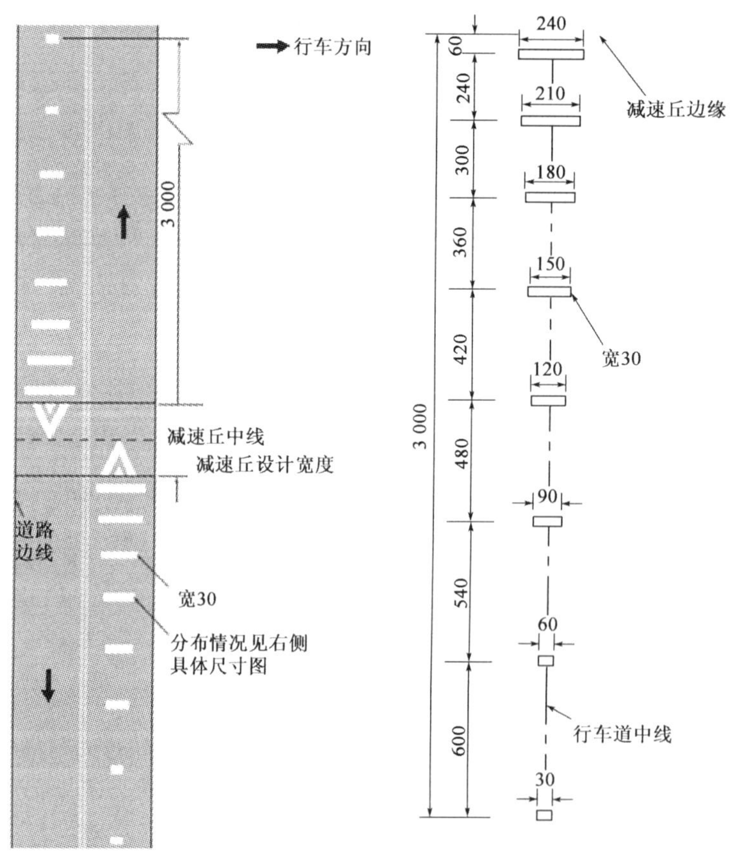

图 5-32　减速丘预告标线(尺寸单位:cm)

第五节　山区农村公路弱势参与者保护措施

通过上述章节分析可知，预防农村公路弱势参与者主要方法有：

(1)提高驾驶员警惕性。

在弱势参与者集中路段设置警示、警告设施，提高驾驶员注意力，谨慎驾驶、缩短驾驶员反应时间，降低交通冲突的产生。

(2)交通管理措施。

主要通过在弱势参与者集中路段明确路权，划分机动车道、非机动车道，如存在其他情况可设置专用车道。从根本上将各种交通形式隔离开来，避免交通冲突的产生，从而降低交通事故的产生。

(3)弱势参与者集中路段车速控制。

弱势参与者集中路段机动车车速过高是导致弱势参与者交通事故产生的重要原因，因此降低机动车车速是减少事故产生的重要措施。

(4)提高农村公路使用者交通安全意识。

由于大多农村公路使用者受教育水平较低，交通安全意识较差，存在大量不文明、不安全交通行为，这是导致农村公路弱势参与者交通事故频发的重要原因。加强广大农村公路使用者交通安全知识宣传和培训，提高其交通安全意识，对于降低农村公路弱势参与者交通事故具有重要意义。

一、警示、预告设施

在弱势参与者集中路段设置交通标志提示驾驶员，提供必要预告、提示信息，警告驾驶员前方路况等信息，并采取相应措施，具有良好效果。根据农村公路道路状况不同，主要涉及如下交通标志。

在进入村镇路段可设置进入村庄警告标志或注意行人标志；穿越学校路段，设置注意儿童、前方学校标志；在非机动车或其他特殊车辆较多路段，可设置注意非机动车、注意特殊车辆等警告标志；在过街行人较多情况下，设置人行横道预告标志；在交叉口前方，设置交叉口警告标志或预告标志。

二、行人过街措施

1.人行横道

白色的人行横道标线为行人和驾驶员提供视觉线索，它可以提醒驾驶员注意可能出现的行人，在临近交叉口的地方，画上人行横道线是有益的，许多国家的研究表明，在无人行横道线的地方，其行人交通事故比画有人行横道线的地方要高2～5倍。因此，设置护栏引导行人到画有人行横道标线的地方横过道路，对控制行人横穿道路行为和减少行人交通事故非常有效。

2.行人过街安全岛

在平面交叉口步行交通设计中，行人的步速一般采用平均速度，但有许多老年人和残疾人的步行速度大大低于平均速度，他们在通过人行横道时所用的时间会大大高于平均穿越时间，也就是说，当他们走上人行横道时，会遇上机动车，为了安全起见，在人行横道上要设置安全岛或避车岛。

3. 交叉口和车道缩减宽度设计

交叉口和车道缩减宽度设计是指通过缩减交叉口处或路段的道路宽度及行人穿越道路的长度，并设置突起的安全岛，以提高驾驶员对过往行人注意力的安全设施(图 5-33)。它可以在拐弯处缩小道路半径和路段的通过宽度，来降低车辆速度，同时，缩短行人在道路上的暴露时间，降低了交通事故风险。

4. 垫高的人行道

垫高的人行横道是指在减速台的基础上配备人行横道标志标线、标线，为行人提供过街的一种设施(图 5-34)。行人在这种人行横道上通过道路时，更容易看到驶来的车辆。垫高的人行横道已设置于车速过高、行人横过道路较多的路段及交叉口进口处。

图 5-33　缩减车道宽度设计

图 5-34　垫高的人行道

三、机非隔离设施

机非隔离是指将机动车与非机动车及行人进行隔离，各行其道，以此来保证非机动车和行人的交通安全。其主要方式有：

1. 施画标线

即用白色实线将道路进行划分，区分机动车道与非机动车道。该方案主要特点是：造价较低，需要道路使用者自觉遵守，效果较为一般。

2. 施画标线与突起路标相结合

在白色实线上，设置陶瓷道钉将道路进行划分。该方案主要特点是：机动车和非机动车或特殊车辆跨越时会产生振动，可以起到一定效果，造价适中。

3. 特殊铺装(块石、砖块铺装彩色铺装)

特殊铺装指将非机动车道或特殊车辆道采用与行车道不同的铺装方式，从而与机动车道区分开来。主要可以采取的方式有：用块石或混凝土砖进行铺装或者采用彩色铺装，如图 5-35所示。该措施能起到良好效果，缺点是造价较高。

图 5-35　块石铺装及彩色铺装图

4. 交通渠化

交通渠化主要是交叉口的渠化，良好的渠化能导引车流、人流按照最优的路线通过交叉口，并能减少交通冲突，提高交叉口的通行能力和交通安全水平，见图 5-36。主要的渠化方式有标线渠化和交通岛渠化。标线渠化主要应用于面积较小交叉口，造价较低，效果一般。交通岛渠化一般应用于面积较大交叉口，效果良好。其中，将交叉口改建成为小环岛，可取的突出效果。

图 5-36　交通渠化

第六章　山区农村公路安全保障综合处置技术

通过分析农村公路历史交通事故与公路线形、路段位置、路段形式之间的关系，确定了“急弯路段、连续下坡路段、路侧危险路段、穿村路段、交叉口路段”为农村公路重点防控路段类型，并确定了各重点路段实施安全改善的判定标准。

本章在充分分析各重点路段安全隐患的基础上，集成公路安全保障工程实施经验，提出农村公路各类隐患路段的防控对策。

第一节　急弯路段防控对策研究

一、安全隐患

根据《公路路线设计规范》(JTG D20—2006)，公路的平面线形一般由直线、圆曲线和缓和曲线三种要素组成。为了保证汽车在通过曲线路段时的横向稳定性，圆曲线的半径应与该路段的设计速度相适应，不应小于《公路路线设计规范》(JTG D20—2006)中规定的极限最小半径。但是在实际中，由于受到资金、工期和地形等条件限制，农村公路的圆曲线半径往往达不到《公路路线设计规范》(JTG D20—2006)的相关要求，形成了诸多的急弯路段，常见于山区路段，给交通安全带来了极大的隐患，这是农村公路交通事故的一个多发点。

1.事故分析

通过对156起农村重特大事故的事故形态和事故路段类型的交叉分析，发现急弯路段的事故以撞固定物为主。其次，正面碰撞、翻车、坠车事故均占急弯路段事故总量的20%，急弯路段事故形态分布如图6-1所示。

通过对156起农村重特大事故的主要肇事车型和事故路段类型的交叉分析发现，急弯路段肇事车型以二轮摩托车(38.4%)事故为主，如图6-2所示。

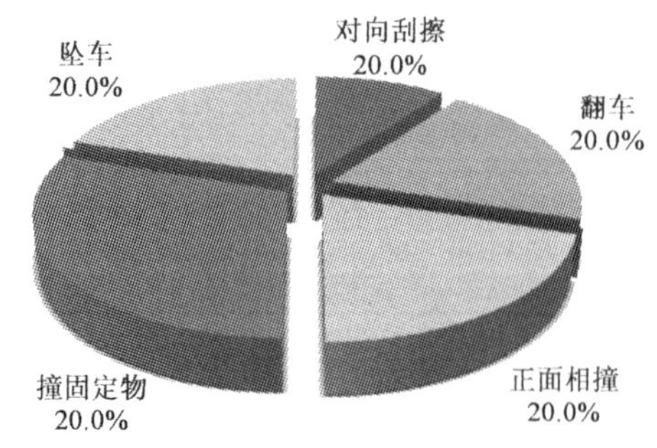

图6-1　农村公路急弯路段事故形态分布

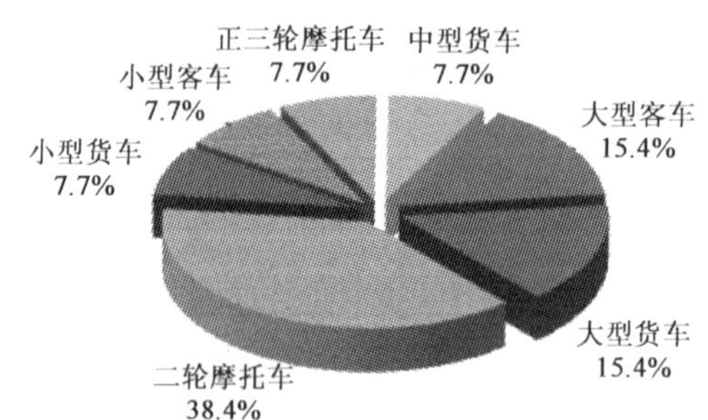

图6-2　农村公路急弯路段肇事车型分布

农村公路急弯路段常发事故主要车型以二轮摩托车为主。这与农村公路主要的道路使用对象有不可分割的联系，农村公路上的二轮摩托车使用者未能按照交通法规佩戴头盔，超载超速行驶本身已经是事故隐患，加之行驶过程道路线形中的急弯路段，较易引起事故。

2. 案例分析

为了进一步确认急弯路段存在的安全隐患，课题组对实际的农村公路的急弯路段发生的两类事故案例进行深度分析。

(1)农村公路急弯路段正面对撞事故。

事故案例：2007 年 12 月 17 日，驾驶员 A(男，24 岁)驾驶一辆中型自卸货车甲从修文县久长镇向扎佐镇方向行驶，行至清水村路段时，与对向来车驾驶员 B(男，27 岁)驾驶的无牌二轮摩托车乙发生碰撞，造成驾驶员 B 当场死亡，两车损坏的重大交通事故(图 6-3)。

图 6-3　农村公路急弯处发生正面相撞现场图

事故路段道路呈南北走向，南往扎佐，北往久长，东侧为山坡，西侧是洼地。未画道路中心线，车辆混合式通行。

从事故现场图中以及其他事故资料可以看出，驾驶员 A 驾驶小汽车遇到急弯时，没有靠右侧行驶，导致遇见对向来车时，不能及时闪避，导致事故的发生。

(2)农村公路急弯路段坠车事故。

事故案例：2007 年 6 月 28 日 9 时，驾驶员 A(男)驾驶正三轮摩托车违法载人 7 人沿县道 509 由杨湾方向往布泉方向行驶至县道 509 线 K20＋400 处时，方向失控翻至路边，造成车辆损坏以及一名乘员死亡的死伤事故(图 6-4)。

图 6-4　急弯路段坠车事故现场图

从事故现场图来看，虽然驾驶员 A 采用正三轮车非法载人属于非法行为，然而，如若在急弯路段采取了相应的防护措施，那么正三轮车在市区方向控制后有可能只是横在路上或者由于路侧防护到位而缓冲停下，也不会翻车坠入一旁，造成一名乘客死亡的重大事故。

(3)农村公路急弯路段撞固定物事故。

事故案例：2004 年 5 月 30 日，驾驶员 A(男，酒后驾驶)驾驶厢式小货车(未经检验)

载B(男)沿县道488由宾阳方向往马山方向行驶至县道上林县488县道K31+200处时，进入急弯道超速行驶，发现情况采取避让措施时，车辆失控驶出路外与土坡相碰撞，造成副驾驶座上的乘客B摔出车外被弹回打开的车门撞中头部，当场死亡及车辆损坏的事故(图6-5)。

图6-5　急弯路段撞固定物事故现场图

从事故现场图来看，虽然驾驶员A驾驶未经检验的厢式小货车属于非法行为，并存在酒后驾驶情况，然而，如若在急弯路段采取了相应的防护措施，则不会造成车辆由于超速撞上路侧固定物并失控，从而造成车门回弹导致副驾驶座上的乘客死亡的事故。

3. 隐患分析

综合事故数据和典型案例分析，急弯路段存在的安全隐患主要有以下几点：

(1)急弯路段线形不利于安全行驶。

单从急弯路段线形角度考虑，急弯路段常发的类型事故与道路的转弯半径过小有关，道路转弯半径过小，会造成驾驶员转弯不及时，遇到对向来车时，驾驶员并不能及时采取相应安全会车措施，如遇急弯陡坡路段，还容易造成下坡制动不及时而酿成事故。若存在超高不足或反超高问题，还会引起车辆弯道失稳，从而导致冲出路外、坠车及翻车等事故。

(2)运行速度较高，与弯道半径不适应。

运行速度调查分析得到，各省$v_{85小客}$在45km/h左右，$v_{85大客}$、$v_{85小货}$在40km/h左右，普遍高于路段设计速度，致使车辆在弯道上行驶时处于失稳状态的边缘，稍有突发情况，驾驶员不能及时操控车辆完成避险行为，从而导致交通事故发生。

(3)视距不良。

弯道内侧山体、植被等物体遮挡驾驶员视线，也是弯道路段普遍存在安全隐患之一。弯道内侧的山体、植被等对内侧车道车辆形成压抑感觉，内侧车道的车辆为了获得更好的通视条件，倾向于跨线占用对向车道，并快速通过弯道路段，但一旦有对向车辆驶来时，驾驶员躲避不及，造成正面碰撞事故。

(4)缺乏路侧防护设施。

农村公路地理环境较差，存在大量临水、临崖的弯道路段，车辆发生失稳或发生事故后，一旦冲向临水、临崖的弯道外侧，事故后果非常严重，弯路路段死亡事故形态中坠车和翻车事故占很大比例，说明弯道路段缺乏路侧防护设施。

二、防控对策

农村公路急弯路段的处置应综合考虑道路等级、资金状况、车辆组成、车辆行驶速度、路侧条件、事故记录等方面，宜采用以下一种或多种组合措施：

(1)线形改良：对农村公路上易发生事故的小半径弯道进行改造。调整平面线形是提高小半径弯道交通安全水平的最直接、最有效的方式。公路管理养护部门可根据事故或可能发生事故的严重程度对隐患或危险路段进行排序，线形改良工作可分期分批列入大修计划。

(2)设置急弯、慢行等警告标志。

(3)施画路面警告标线：在交通量较小、车辆全天保持自由流交通状态的情况下，可采用路面标志的方法向驾驶员提供道路信息。

(4)设置防护设施：在交通量较大、车辆运行速度较高的路段，在对弯道外侧进行路侧危险评估的基础上，设置与车辆组成、运行速度适应的、规范的路侧护栏。在交通量较小、以农用车、非机动车为主的村道，应因地制宜利用路侧及周边可用资源，设置路侧拦挡设施，对失控车辆起诱导、拦挡作用。

(5)设置视线诱导设施：视线诱导设施(线形诱导标、轮廓标、示警桩)设置在弯道外侧以指示或警告行驶方向的改变，引导驾驶员按照正确方向行驶。视线诱导设施可以使驾驶员在进入弯道前明确道路走向，做好进入弯道的驾驶准备，并且使驾驶员有时间采取各种措施，保障车辆安全运行。在视线诱导设施设置困难时，可通过在弯道处路面上施画导向箭头，进行交通引导。

(6)设置速度控制设施：

①设置限速标志：限速标志一般与弯路警告标志合并设置在弯道之前的路段上，连续急弯、事故多发弯道等限速值应根据实际情况适当降低。

②路面减速设施：

a. 设置减速标线：可利用薄层铺装等减速标线进行弯道路段的速度控制。

b. 应用块石路面或比利时路面：块石路面和比利时路面可使驾驶员感到车辆行驶颠簸，从而达到减速效果。

c. 应用减速丘：在弯道前方设置减速丘配合警告标志，强迫驾驶员减速。

(7)保证视距：车辆在弯道上行驶时，弯道内侧行车视线可能被树木、建筑物、路堑边坡或其他障碍物所遮挡，小半径曲线的弯道路段，常会有山体、树木、建筑物等阻挡，影响视距，不利于行车安全，易诱发交通事故。

农村公路视距不良路段的处置可以根据道路实际状况及经济状况，采用以下一种或几种措施组合：

①移除影响视距的障碍物、树木等，改善视距。

②障碍物移除困难时，可设置凸面镜、鸣喇叭标志。

③设置禁止超车标线。

表 6-1 列出急弯路段隐患识别，相应措施以及对措施的评述。

三、示例

(1)示例 1：实施“截弯取直”的线形改造工程。

急弯路段隐患识别及措施表 表 6-1

隐患识别	可选处置措施	安全效果	养护成本及内容	造价
曲线内侧山体或树木遮挡，导致视距不良	(1)通过修剪树木或消除山体开通视距，彻底消除安全隐患	★★★★☆	低。定期修剪弯道内侧树木，确保树木生长不影响视距	消除山体高，清理树木低
	(2)开通视距困难，可以在曲线外侧设置反光镜；设置禁止超车标线；鸣笛的警告标志；诱导设施。但并未彻底解决视线不良的问题	★★★☆☆	较高。反光镜丢损情况严重，更新维护频率较高	低
路侧险要（曲线外侧）	(1)车辆驶出路外可能造成严重后果的路段（如路侧是陡崖、深沟、水库等），需要设置相应等级的护栏，预防坠崖、落水等路侧重特大事故的发生	★★★★★	高	高
	(2)反之，设置诱导或警示设施，进行主动引导。警示驾驶员路侧危险，谨慎驾驶	★★★★☆	低	低
路面湿滑（山体阴面冬季路面易结薄冰路段或其他）	(1)设置"路面湿滑"的警告标志	★★★☆☆	低	低
	(2)面设置粗集料的薄层铺装	★★★★★	和交通量有关，交通量大、磨损严重，养护费用高	高
超高不足或反超高	(1)根据道路条件进行限速	★★★☆☆	低	低
	(2)工程改善超高	★★★★★	高	高
不良线形组合（连续下坡接弯道、凸曲线接弯道等）	(1)设置道路走向的警告标志及限速设施	★★★☆☆	低	低
	(2)通过工程改善道路条件	★★★★★	高	高

某农村公路曲线半径为 17m，常发生车辆失控侧翻的事故，见图 6-6，后被列入公路养护大修计划，并实施"截弯取直"的线形改造工程，并于路侧设置了波形梁护栏，如图 6-7 所示。

图 6-6 农村公路上经常发生交通事故的小半径弯道（改线前）

图 6-7　对农村公路小半径弯道进行平面线形的改造

(2)示例 2:在农村公路小半径弯道前设置急弯标志或连续弯道标志,预告前方道路线形,如图 6-8 所示;也可用示警桩结合警告标志增加警示效果,如图 6-9 所示。

图 6-8　设置急弯警告标志

图 6-9　急弯标志结合示警桩使用

(3)示例 3:在连续弯道前方设置连续弯道的警告标志,辅助驾驶员及时、全面了解前方道路状况,连续弯道警告标志至少预告连续弯道、长度两类信息,如图 6-10 所示。

图 6-10　连续弯道警告标志

(4)示例 4:某农村公路一弯道平曲线半径 150m,路基宽度 5m,弯道前方为山体,若设置路侧标志,其基础开挖较为困难,因此采用设置波浪形车行道边缘线,并在弯道前设置急弯的路面标志替代路侧标志,如图 6-11 所示。

(5)示例 5:某农村公路一弯道平曲线半径 170m,路基宽度 5m,路侧填方 3m,曾经发生过车辆驶出路侧的事故,事故后果多为轻微事故。通过采用路面警示标志结合路侧警告标志,提示驾驶员谨慎行驶，如图 6-12 所示。

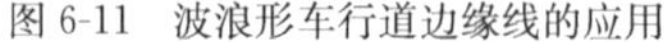

图 6-11　波浪形车行道边缘线的应用

图 6-12　弯路警告标志与路面标线组合使用

(6)示例 6：某连接国省干线的县道，车辆组成 80%为小客车，20%为三轮、二轮的农用车辆。与车辆组成特征适应，于路侧危险的小半径曲线外侧设置了规范的护栏，如图 6-13 所示。

图 6-13　规范的路侧防护设施

(7)示例 7：某县级公路，一小半径弯道路段前方右侧临崖，左侧傍山，路侧缺乏设置警告标志的空间，而且公路交通量小，平均日交通量为 90 辆/d，呈自由流状态，未发生过历史事故。采用路面施画导向箭头提示弯道信息，如图 6-14 所示。

图 6-14　采用导向箭头进行交通引导

(8)示例8:某农村公路事故多发的弯道处,采用强制降速方案,如图6-15所示。

图6-15　铺设块石路面控制车速

(9)示例9:视距不良路段移除弯道内侧的障碍物,保持视线通透是首选措施,如图6-16所示。在障碍物无法移除的情况下,在弯道外侧设置凸面镜,如图6-17所示。

a)改造前路况

b)改造后路况

图6-16　视距不良路段的处置前后对比

图6-17　设置在视距不良路段上的凸面镜

(10)示例10:视距不良路段综合处置示例,修剪树木、移除山体和土丘(图6-18)。增加警示标志,提前警告标志(图6-19)。

图 6-18　修剪树木、移除山体和土丘

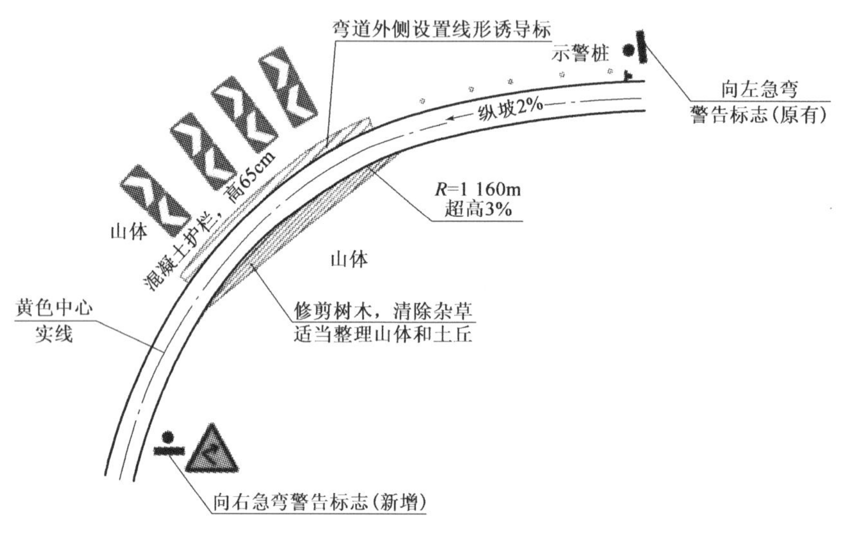

图 6-19　视距不良路段处置措施示意图

第二节　连续下坡路段防控对策研究

一、安全隐患

在农村公路交通安全调查中，连续下坡路段也是公路养护管理及相关人员反映事故比较突出的重点路段之一。

1. 事故分析

由于交警在事故现场勘查时只是着眼于局部线形，很少从路线整体情况考虑，因此交警部门获取的事故资料，事故地点分类中并没有连续下坡这一项，造成在统计分析中没有连续下坡路段事故的统计特征。根据第二章分析，急弯陡坡应为连续下坡路段上突出的事故隐患点，因此应对 156 起农村重特大事故中急弯陡坡路段上的事故形态进行分析。

急弯陡坡路段的事故以翻车为主，其比例达急弯陡坡路段事故的 40.0%，具体如图 6-20 所示。

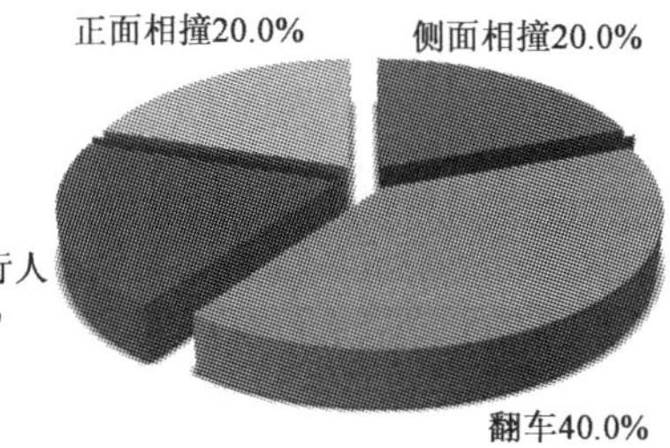

图 6-20　农村公路急弯陡坡路段事故形态分布

2. 案例分析

事实上，在农村公路上，有相当一部分发生在平直路段、急弯路段的事故也是由于驾驶员经历连续下坡路段行驶，易导致疲劳驾驶、超速以及无法对长下坡末端的路况作以正确判断而导致。但这些事故无法通过交警部门事故档案资料分析，因此课题组挑选典型连续下坡事故案例，从案例分析的角度分析连续下坡路段存在的安全隐患。

(1)农村连续下坡路段侧面相撞事故。

事故案例：2006 年 12 月 29 日 20 时，驾驶员 A 驾驶的大客车甲沿×县道行驶过程中，行驶至事故发生地点时，在交叉口处，遇驾驶员 B(男，41 岁)驾驶二轮摩托车乙搭乘乘客丙(女)从交叉口处左转弯，双方避让不及，大客车甲右前角与二轮摩托车乙前轮左侧相碰撞，造成驾驶员 B 当场死亡，乘车人 C 受伤的重大事故(图 6-21)。

图 6-21　连续下坡路段事故现场图

由事故相关卷宗资料可知，现场道路为南北走向的县道二级公路交叉口，由于事故路段处于长下坡末端，紧接着右转弯路段加交叉口。这样的设置概因地形所限，如此线形导致双方驾驶员在交叉口处不能及时对交通状况作出准确判断，从而发生事故。

(2)河南济源县道西寺线连续下坡特大事故。

事故案例：2003 年 5 月 6 日，驾驶员 A(女)驾驶宇通牌大客车，承载 35 人(核载 42 人)，从河南省济源王屋山风景区驶往小浪底风景区，行至县道西寺线 K38+200，连续下坡加急弯路段时，因超速行驶，手动制动失效，与 8 辆机动车先后发生碰撞，造成 12 人死亡、39 人受伤的特大事故。

根据事故现场调查，事故现场存在一连续下坡路段，平均纵坡 7%，最大纵坡 15%，超过标准规范的技术指标，坡底是村民的住宅。路面大修后导致车速提高，节假日大客车比例较高。事发当日是当地的庙会，大客车制动失灵撞向路侧，并导致多车相撞，冲向行人，最终导致该特大事故的发生。

3. 隐患分析

从连续下坡路段整体来看，虽然发生事故的地点多为连续下坡的底部、末端，但安全隐患是从坡顶就开始存在的，并随着下坡里程增长，隐患逐渐增大。根据车辆工作原理分析，车辆运行在连续下坡路段上时，速度受重力分力影响，有越来越快的趋势，驾驶员为了安全控制车辆会不断进行制动操作，在这个过程中，车辆的制动性能是在不断衰减的。从案例分析来看，连续下坡路段上的事故都与驾驶员操作不及时、驾驶员操作不当、制动失灵等有关。因此连续下坡路段安全运行隐患主要有两方面：

(1)越来越快的车速造成车辆转向、制动以及其他紧急避险操作困难性的增加，同时易造成驾驶员疲劳，驾驶员反应不及和发生误操作的风险增大。

(2)不断衰减的制动性能，造成车辆制动包括紧急制动失灵的风险性大大增加。

研究表明，连续下坡路段车辆制动性能衰减速度和程度与车辆质量密切相关，因此事故表现为以大型车居多的特点。另外由于受地形限制，山区公路连续下坡末端一般地势相对较为宽阔，当地村民常常利用此处作为集市、建设村落，也往往是重特大交通事故诱发因素。因此，在连续下坡路段除针对单个急弯、路侧危险实施局部治理措施外，还应针对路段整体实施安全防控措施。

图 6-22　标志设置示意

二、防控对策

连续下坡路段隐患识别及措施见表 6-2。

(1)设置警示标志(图 6-22)。

①针对线形特点，设置提示连续纵坡坡长的告示标志。

②设置限速标志，控制车辆速度。

③设置禁止超车标志(含解除)。

(2)增加路面摩擦因数。

(3)条件允许时，可设置避险车道。此时应配合设置避险车道预告标志。

连续下坡路段隐患识别及措施表　　表 6-2

隐患识别	可选处置措施	安全效果	养护成本及内容	造价
连续下坡设置末端，路侧设置村镇、居民建筑、集市	(1)设置警示标志	★★★☆☆	低	低
	(2)增加路面摩擦因数	★★★☆☆	中	较高
	(3)在连续下坡末端设置避险车道	★★★★☆	高。需对避险车道铺装层进行翻松养护	高
	(4)设置刚性防撞墙，使村庄建筑与公路隔离	★★★★☆	高	较高
	(5)改线或村庄拆迁使其远离公路	★★★★★		高
	(6)在弯道路段，设置减速设施控制车速	★★★★☆	较高	较高
	(7)有条件时，应选取适当地点在路侧开辟休息区，供驾驶员检查制动系统，休息	★★★★★	高	高
	(8)弯道部分中心线画实线	★★★☆☆	较低	较低

(4)增加防护。增加连续下坡路段路侧危险路段的防护设施，设置刚性防撞墙，使村庄建筑与公路隔离；根据路侧危险情况，设置相应防护等级的护栏。

(5)改线或村庄拆迁远离该公路。

(6)在弯道路段，设置减速设施，控制车速。建议在弯道前设置减速标线或薄层铺装，提示驾驶员减速。

(7)有条件时，应选取适当地点在路侧开辟休息区，供驾驶员检查制动系统，休息。

(8)弯道部分中心线画实线。

三、示例

示例：针对农村公路连续下坡末端设置村户的处置措施。

背景：某通往旅游风景区的县道，存在一连续下坡路段，平均纵坡 7%，最大纵坡 15%，超过标准规范的技术指标，坡底是村民的住宅，如图 6-23 所示。路面大修后导致车速提高，节假日大客车比例较高。在某次集会的日子，一辆大客车因制动失灵撞向路侧，导致 12 位行人死亡。

图 6-23　村庄位于大下坡坡底

远期采取处置措施：改线或将村落迁移。

近期采取处置措施：

(1)设置相关标志。

根据实地路况和设计经验，在相关路段设置相应的警告、禁令、指示、指路标志等，及时为驾驶员传递道路信息，引导驾驶员进行正确操作，如图 6-24 所示。

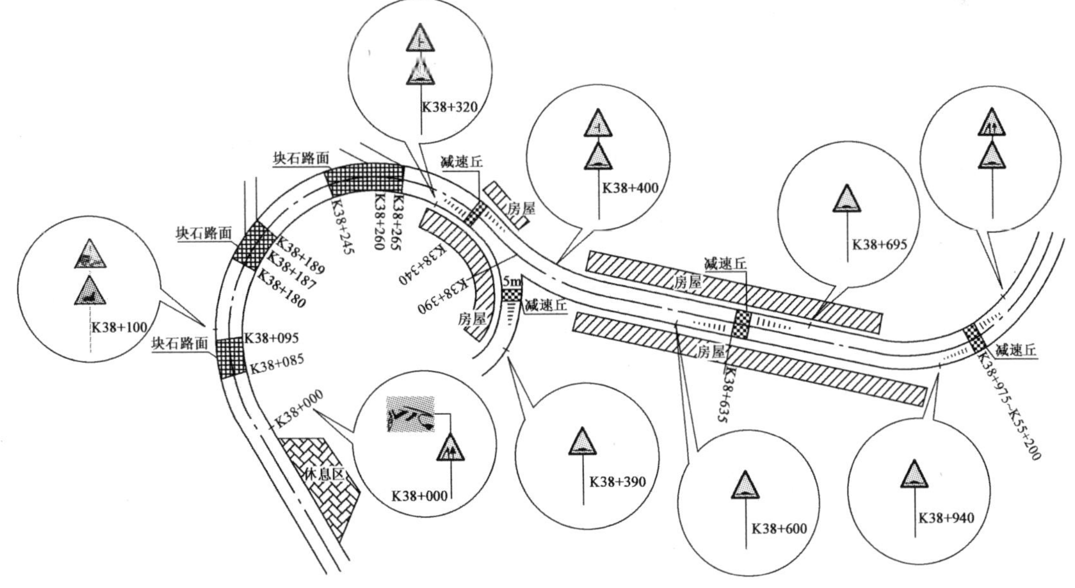

图 6-24　某农村公路大下坡路段标志设置案例

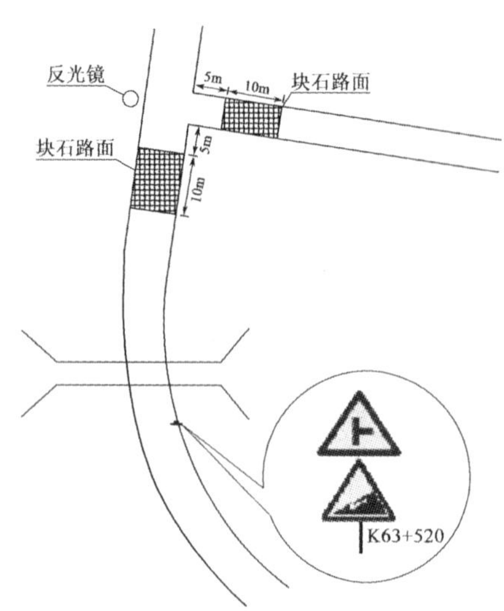

图 6-25　速度控制措施实施图

(2)进行速度控制。

在连续下坡交叉口容易发生事故的路段设置块石路面,降低车速,如图 6-25 所示。

(3)视线诱导。

在弯道路段设置线形诱导标、示警桩等线形诱导设施,进行路线线形诱导,可在示警桩上粘贴反光膜,在夜间达到诱导驾驶员视线的作用,如图 6-26 所示。

(4)设置防护设施。

在弯道外侧危险路段设置必要的防护设施,如波形梁护栏、混凝土护栏、砌石护栏等,在保证安全的前提下,因地制宜,灵活设置,如图 6-27 所示。

(5)整治弯道处边沟。

弯道处边沟较深,容易使车辆陷入或翻车,影响行车安全;将弯道外侧边沟改造为浅蝶形,消除车辆卡入、翻入边沟的危险,帮助失控车辆返回正确行驶方向,保障路侧安全,如图 6-28 所示。

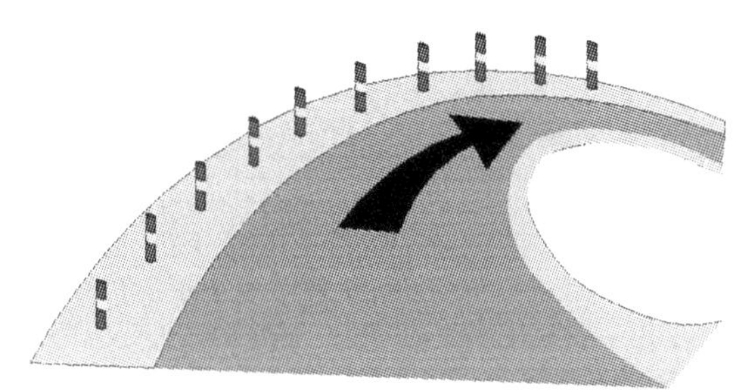
图 6-26　弯道上粘贴反光膜的示警桩

图 6-27　弯道地势险要,设置了混凝土护栏

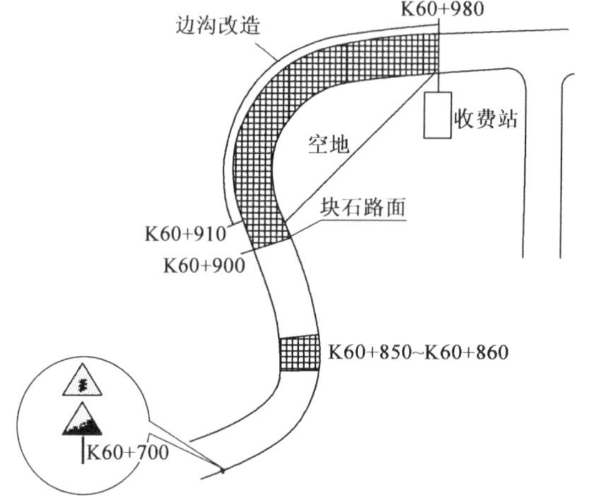

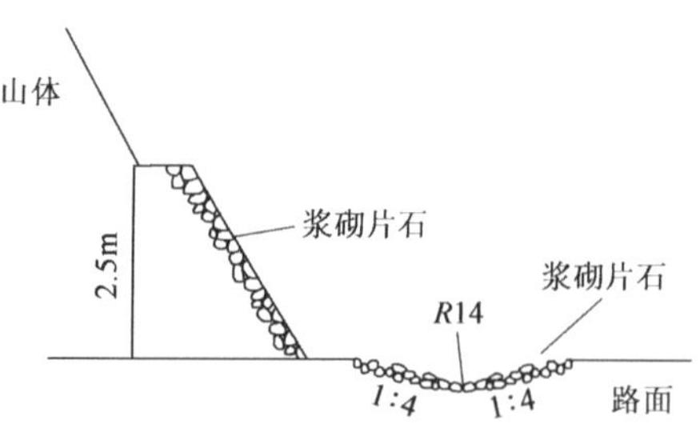

图 6-28　边沟整治实例图

(6)设置小型休息区或停车带。

在大下坡、连续下坡路段设置小型休息区,为驾驶员提供车辆检修、冷却制动和休息的场所。

第三节　路侧危险路段防控对策研究

一、安全隐患

1. 事故分析

在农村公路上,有许多路侧危险路段,如临水路段、临崖路段等。目前,农村公路普遍存在路侧防护差,道路线形复杂,设计标准较低等特征。特别是山区农村公路,由于受地形条件和当地经济条件的约束,道路线形极其复杂、路侧防护设施简陋甚至缺少防护。在道路线形和防护条件较差的路段,极易发生交通事故,而一旦发生交通事故,又极易造成群死群伤。

2007～2010 年一次死亡 10 人以上特大事故中坠车事故为造成群死群伤的主要事故,其比例占到事故总量的 76.0%。如图 6-29 所示。

2. 案例分析

事故案例:2005 年 2 月 3 日,驾驶员 A(男,42 岁)驾驶一辆大货车甲由贵麦格向卫城方向行驶,行至事故地点时,因观察不足,将车开翻下路坎而肇事,造成大货车甲受损,该车驾驶室内 B(男,29 岁)、C(男,28 岁)当场死亡,驾驶员 A 受伤的重大交通事故。

路段为简易矿山公路,有效路宽 3.45m,土石路面(图 6-30)。

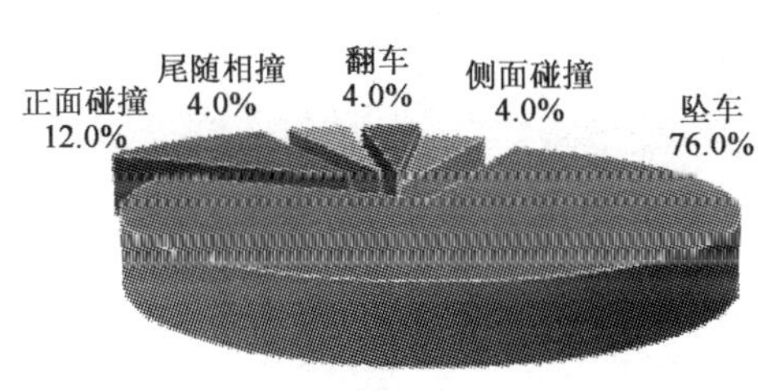

图 6-29　2007～2010 年农村公路一次死亡 10 人以上特大事故主要事故形态

图 6-30　农村公路路侧危险路段发生坠车现场图

事故认定书中记录,驾驶员 A 在路滑的条件下,行至事故地点时,因观察不足,将车开翻下路坎而肇事,这是引起本起事故的根本原因。

从事故现场图以及事故笔录中可以看出,驾驶员 A 驾驶大货车甲行驶时,行驶至事故路段时,遇路侧临崖危险路段无防护,加之路面的养护工作不及时,路面湿滑泥泞,车辆转弯时车尾打滑,乘车两人慌忙向车尾打滑方向跳车,车辆继续打滑,翻下路坎,最终导致两乘车人死亡,驾驶员受伤的事故。

3. 隐患分析

路侧险要路段存在的主要安全隐患是车辆驶出路外。由于路侧存在导致加重事故后果的因素，如临水、临崖等，车辆一旦驶出路外，驾乘人员生还希望较小，往往加重事故程度，甚至导致群死群伤事故，应利用交通安全设施加强车辆诱导，保持车辆在正常车道行驶，并加强防护，以减轻事故严重程度。

二、防控对策

针对此类危险路段提出的对策应既能有效地告知驾驶员已经驶入危险路段，提醒驾驶员减慢车速，注意观察，又可以标示公路路面的边界，帮助驾驶员判断车辆是否离路肩过近，保证车辆行驶在路面上，从而安全地通过此类路段，路侧危险路段隐患识别及措施见表 6-3。

主要对策有：

(1)设置路侧护栏。路侧护栏能够有效提高路侧危险路段的交通安全水平，但是其实施成本过高，适用于经济发展水平较高的地区。

(2)设置农村公路路侧护栏。针对农村公路建设养护水平及现状交通运行条件，具有足够的能力，实施成本较低，适用于有较高防护要求且经济条件受限的路段。

(3)设置连续的石砌挡墙或砖砌挡墙。优点是能够提供一定的防护效果，实施成本较低，但其防护能力相对较低，多水地区的砖砌挡墙易粉化。适用于经济欠发达地区，或对路侧防护能力要求不高的路段，同时注意其基础防水措施。

(4)设置石砌或砖砌防撞墩。设置这种防撞墩能够提供一定的防护，实施成本较低，但其防护能力较低。适用于低等级农村公路。

(5)设置干砌护栏、大块石、碎(石)土堆等。此法能够提供一定的防护，实施成本低，但其防护能力相对较低，路侧需要一定的设置空间。

(6)种植路树。种树能够提供一定的防护效果。但是路树对冲出路外的车辆也存在很大的危险性。此法适用于确实需要防护且没有条件设置其他设施的路段。

路侧危险路段隐患识别及措施表 表 6-3

隐患识别	可选处置措施	安全效果	养护成本及内容	造价
路侧危险路段防护力度不足或警示作用不足	(1)设置路侧护栏	★★★★☆	高	高
	(2)设置农村公路路侧护栏	★★★★☆	较低	较低
	(3)设置连续的石砌挡墙或砖砌挡墙	★★★☆☆	较低	较低
	(4)设置防撞墩	★★★☆☆	较低	较低
	(5)设置石堆、土堆等	★★★☆☆	低	低
	(6)种植路树	★★☆☆☆	较低	较低

三、示例

(1)示例 1：曲线临崖路段无防护路段处置示例。

如图 6-31 所示，某农村公路曲线半径为 17m，设计速度 20km/h，道路纵坡－5%，属于普通路段，由于路侧临崖路段无防护，曾发生过车辆翻车失控坠入山坡，造成 3 人死亡的重大事故。针对此处路段曲线半径较小，以及路侧临崖无防护的特征，考虑在路侧设置防撞墩、护栏等设施提高防护能力。

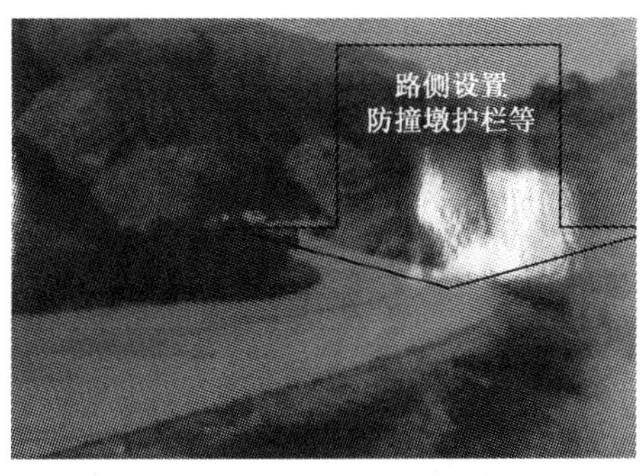

图 6-31　路侧危险路段无防护设施

图 6-32、图 6-33 和图 6-34 分别是农村公路临崖路段修建挡墙，摆放石堆和石块，以及种植道树作为防护措施的示意图。

图 6-32　路侧临崖路段上的石砌挡墙(左)、砖砌挡墙

图 6-33　路侧临崖路段的石堆和石块

在弯道外侧危险路段设置必要的防护设施，如波形梁护栏、混凝土护栏、砌石护栏等，在保证安全的前提下，因地制宜，灵活设置，如图 6-35 所示。

(2)示例 2：临水路段处置示例。

如图 6-36 所示，某农村公路上缺乏防护设施的临水路段，可根据实际需要在路侧设置示警桩、护栏等设施，增强对道路使用者的警示以及防护作用，如图 6-37、图 6-38 和图 6-39 所示。

图 6-34 路侧临崖路段的密植路树

图 6-35 路侧临崖路段设置护栏

图 6-36 农村公路上缺乏防护设施的临水路段

图 6-37 路侧临水路段的示警桩

图 6-38　路侧临水路段上的石砌挡墙(左)、砖砌挡墙

图 6-39　路侧临水路段植树

在弯道外侧危险路段设置必要的防护设施，如波形梁护栏、混凝土护栏、砌石护栏等，在保证安全的前提下，因地制宜，灵活设置(图 6-40)。

图 6-40　农村公路临水路段上的护栏

第四节　穿村路段防控对策研究

一、安全隐患

1. 事故分析

通过对 156 起农村重特大事故的事故形态和事故路段类型的交叉分析发现，穿村路段的

主要事故形态以刮撞行人(41.7%)、正面相撞(16.7%)、碾压(19.4%)为主。穿村路段事故形态分布如图 6-41 所示。

通过对 156 起农村重特大事故的主要肇事车型和事故路段类型的交叉分析发现,穿村路段的主要肇事车型以二轮摩托车(26.2%)、小型客车(19.6%)为主。穿村路段主要肇事车型分布如图 6-42 所示。

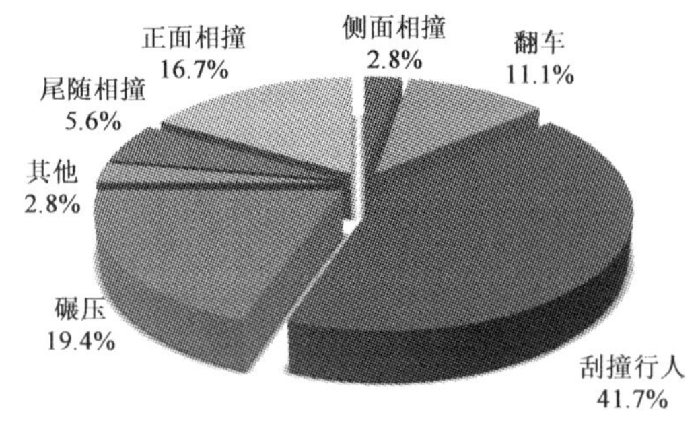

图 6-41 农村公路穿村路段事故形态分布

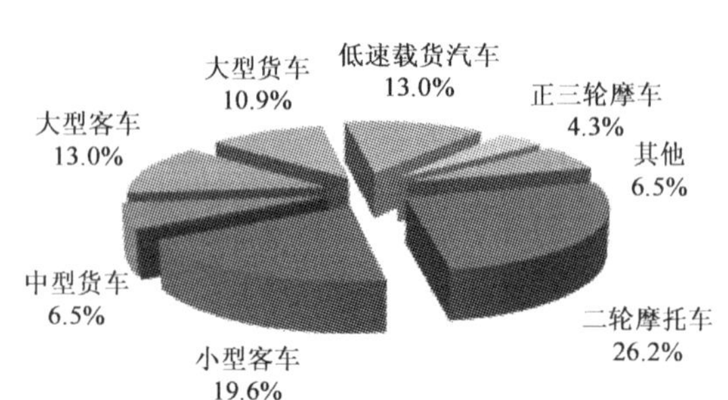

图 6-42 农村公路穿村路段肇事车型分布

2. 案例分析

(1)农村公路穿村路段刮撞行人事故。

事故案例:2007 年 12 月 11 日,驾驶员 A(女,44 岁)驾驶微型客车由扎佐往贵阳方向行驶,途径至扎佐镇三元村时,相撞行人 B(女,26 岁)、C(男,1 岁)。造成 B 当场死亡,C 受伤,甲车损坏的重大交通事故,如图 6-43 所示。

图 6-43 穿村路段刮撞行人事故现场图

事故地点位于修文县扎佐镇三元街上,道路南北走向,南往扎佐方向,北往贵阳方向。视线良好,道路东侧为民房,西侧为民房,路宽 7.5m,沥青路面,道路平直,一般坡道(纵坡值 −1%)。

从事故现场图来看,虽然行人 B 在横过公路时,存在对来往车辆观察不足的行为,但是驾驶员 A 在穿村路段驾驶不符合技术标准的车辆上路行驶,导致遇见行人 B、C 时无法及时采取安全措施保障行人安全。

(2)农村公路穿村路段正面相撞事故。

事故案例：2007 年 6 月 05 日，驾驶员 A(男，26 岁)，驾驶无牌二轮摩托车甲载乘客 B(女，28 岁)由扎佐行至扎佐镇黑山坝处时，与迎面驶来的 C(男，17 岁)驾驶的农用车相撞，造成 A 当场死亡，B 受伤，两车损坏的重大交通事故，如图 6-44 所示。

事故现场沥青路面，现场弯道半径 100m，路面干燥，视线一般。

图 6-44　穿村路段正面相撞事故现场图

从事故认定书来看，本起事故的原因是由于驾驶员甲占线行驶，导致在遇见对向来农用车乙时，两车无法闪避，最终导致正面相撞事故的发生。

3. 隐患分析

从肇事的车辆以及事故形态来看，二轮摩托车、小客车的比例多，刮撞行人、正面碰撞、碾压的事故多，在结合具体事故进行分析后得出，行人和二轮摩托车容易对快速行驶的车辆形成干扰，小客车行驶速度最快，货车驾驶员视线局限性大，因此最容易发生刮撞行人，甚至碾压的事故，同时车辆在采取紧急措施不当时，引起与对向车辆相撞的事故也非常常见。

因此，穿村路段存在的安全隐患主要是村镇复杂的混合交通环境对穿行车辆的干扰问题，行人、二轮摩托车都属于交通弱势参与者，往往是交通事故的受害者。因此，穿村路段防控对策应该从减少行人、摩托车对穿行车辆的干扰，行人保护和车辆速度控制入手。

二、防控对策

穿村路段隐患识别及措施见表 6-4。

(1)设置村庄警告及限速标志，限速数值在 40km/h 以下。

(2)设置人行横道标线。

(3)幼儿园、医院、养老院及学校门前设置人行横道。

(4)路宅分家：利用护栏、植物、花坛等设施将公路主线与路侧住户活动场所隔离，保障路侧居民的交通安全。

(5)设置减速丘。

(6)设置保护行人横穿的安全岛。

三、示例

(1)示例 1：在进入村镇路段前设置警告或禁令等标志，对驾驶员起警示作用，如图 6-45 所示，在一村镇入口前设置了警告和禁令标志，提醒驾驶员即将进入村庄，应该控制行车速度，小心驾驶；也可视情况，例如公路车辆以农用车为主，受车辆自身性能限制，运行速度小于40km/h 的道路，仅设置“村庄”警告标志，如图 6-46 所示。

穿村路段隐患识别及措施表 表 6-4

<table>
<tr><th>隐患识别</th><th colspan="2">可选处置措施</th><th>安全效果</th><th>养护成本及内容</th><th>造价</th></tr>
<tr><td rowspan="8">车速过快与行人碰撞</td><td colspan="2">(1)设置村庄警告及限速标志，限速数值在 40km/h 以下</td><td>★★☆☆☆</td><td>低</td><td>低</td></tr>
<tr><td colspan="2">(2)设置人行横道标线</td><td>★★★☆☆</td><td>中</td><td>低</td></tr>
<tr><td colspan="2">(3)幼儿园、校区横穿公路保护措施，特定时间的限速，设置人行横道</td><td>★★★☆☆</td><td>低</td><td>低</td></tr>
<tr><td colspan="2">(4)路宅分家：指利用护栏、植物、花坛等设施将公路主线与路侧住户活动场所隔离，保障路侧居民的交通安全</td><td>★★★★☆</td><td>高</td><td>较高</td></tr>
<tr><td colspan="2">(5)保护行人横穿的庇护区的设置</td><td>★★★★★</td><td>低</td><td>中</td></tr>
<tr><td rowspan="3">(6)通过路面变化降低速度</td><td>①缩减路面宽度</td><td>★★★★☆</td><td>低</td><td>高</td></tr>
<tr><td>②粗糙路面</td><td>★★★☆☆</td><td>低</td><td>高</td></tr>
<tr><td>③限速丘的设置</td><td>★★★★★</td><td>低</td><td>高</td></tr>
</table>

图 6-45 入村镇前路侧设置的警告和禁令标志

图 6-46 入村镇前路侧设置的警告标志

(2)示例 2：在穿村镇路段中，学校、幼儿园、医院、厂区等人员相对集中，及特殊时段人流较多的地方，应当采用安保措施保证弱势群体的交通安全。如在村镇公路幼儿园、学校附近公路设置注意儿童警告标志，如图 6-47 所示。

图 6-47 穿村镇公路上的注意儿童警告标志

(3)示例 3:在幼儿园、校区、医院、厂区设置减速丘控制车速,保护横穿公路行人的安全,如图 6-48 和图 6-49 所示。

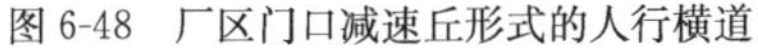

图 6-48　厂区门口减速丘形式的人行横道

图 6-49　幼儿园入口处设置减速丘

(4)示例 4:在较宽的道路中心设置安全岛,将人流、车流在时间、空间隔离,保护行人交通安全,如图 6-50 所示。

图 6-50　穿村镇公路设置安全岛保护交通弱势群体

第五节　支路口路段防护对策研究

一、安全隐患

1. 事故分析

通过对 156 起农村重特大事故的事故形态和事故路段类型的交叉分析发现,农村公路支路口路段的主要事故形态以刮撞行人(32.4%)、侧面相撞(29.7%)、正面相撞(18.9%)为主。穿村路段事故形态分布如图 6-51 所示。

通过对 156 起农村重特大事故的主要肇事车型和事故路段类型的交叉分析发现,支路口路段的主要肇事车型以二轮摩托车(41.6%)、小型客车(16.6%)为主。支路口路段主要肇事车型分布如图 6-52 所示。

2. 案例分析

事故案例:2006 年 12 月 10 日,驾驶员 A(男,31 岁)驾驶小型客车沿 488 县道由马山往上林方向行驶，行驶至事发地点时，由于超速行驶，遇行人B(女，71岁)从车行道向右横过公路时，未能采取有效措施避让，致使车辆与行人相撞，造成B当场死亡的重大事故。

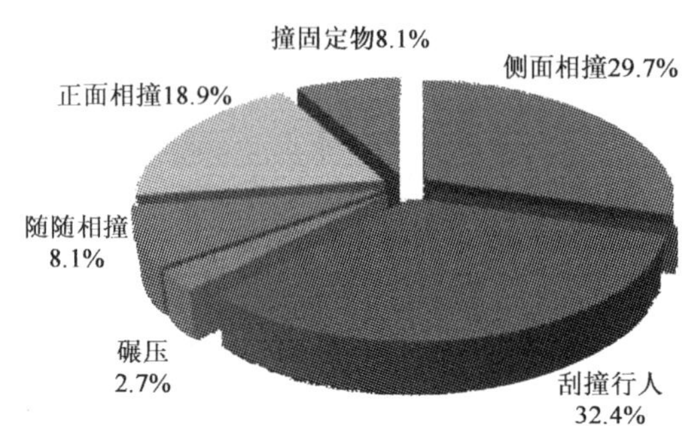

图6-51　农村公路支路口路段事故形态分布

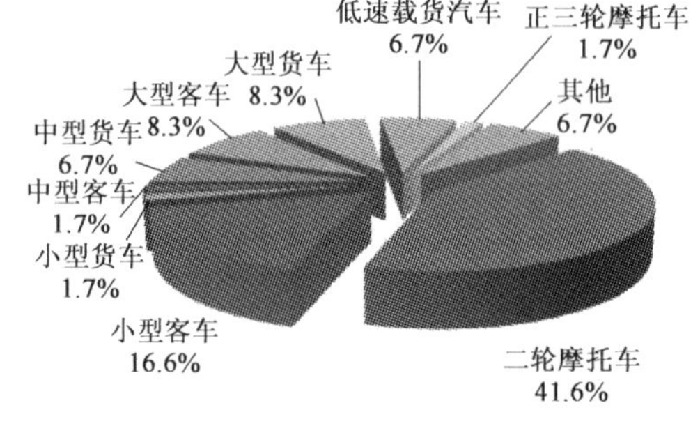

图6-52　农村公路支路口路段肇事车型分布

从事故现场图、事故笔录等资料来看，行人B在横过公路时，存在对来往车辆观察不足的行为，驾驶员A在支路口路段超速行驶，导致遇见行人B时无法及时采取制动保障安全，以上都是支路口发生事故的隐患。

3. 隐患分析

根据事故分析、案例分析以及农村公路交叉口实地踏勘分析，总结农村公路平交路口的主要安全隐患有：

(1)平交路口处支路坡度过大、交角过小，增加驾驶员操作难度。

(2)平交路口视距不良，影响农村公路平交路口视距主要因素包括：支路口上坡坡度及房屋、树木、农作物等。

(3)干线公路上的农村公路接入口过密。

(4)平交路口路权指示及交通警示设施设置不足。

二、防控对策

小支路口路段隐患识别及措施见表6-5。

小支路口路段隐患识别及措施表　　表6-5

隐患识别	可选处置措施	安全效果	养护成本及内容	造　价
未明确的道路优先权	设置"停""让"等指路标志或标线明确优先权	★★★☆☆	低	低
控制支路口车速	支路口采用块石路面或限速丘降低车速	★★★★★	低	较高
缺乏夜间交叉口警示设施	设置警示设施或警告标志	★★★☆☆	低	低
指路标志信息不全	更换标志	★★★☆☆	低	低
视距不良	对于灌木、土堆等造成的视距不良的路口，采用移除影响视线通透的障碍物，如清除或修剪视距三角形内的树木或农作物等	★★★☆☆	低	较高

(1)设置"停""让"等指路标志或标线,明确优先权。

(2)支路口采用块石路面或限速丘,降低车速。

(3)设置警示设施或警告标志。

(4)更换标志。

(5)对于灌木、土堆等造成的视距不良的路口,采用移除影响视线通透的障碍物,如清除或修剪视距三角形内的树木或农作物等。

三、示例

(1)示例 1:支路坡度过大造成视距不良。

道路条件:如图 6-53 所示,此处为两条四级农村公路相交形成的平交路口,一条为乡道,一条为村道。乡道在平交路口处的纵坡坡度为 11%,村道则以纵坡坡度为 11%的上陡坡进入路口。两条相交的公路之间,在由各自停车视距所组成的三角区内,由于坡度影响,不可通视。

事故形态:主线车辆由于忽视路口存在,与支路车辆发生冲撞事故。

图 6-53　农村公路平交路口处的陡坡

处置措施:

①在主线支路口处设置警示桩(贴反光膜)。

②在支路口前设置支路口的警告标志。

③支路口设置停车让行的标志。

注意问题:交叉口处线形诱导设施形式应与道口桩有明显区别,避免警示桩与路口、道口桩混淆,如图 6-54。

(2)示例 2:如图 6-55 所示,此处是农村公路挖方后以下陡坡方式接入其他公路,农村公路两侧的山石土壁遮挡视线。在这类平交路口上,更容易发生交通事故。图 6-55 所示平交路口,就发生过一名老年人骑三轮车从村道冲进县道后被车撞死的事故。

处置措施:

①消除土质山体,保障平交口在停车视距范围内的视线通透。

②设置显著的警示标志。

③在接近路口附近(50m 处)设置 5cm 厚的碎石路面,以缓冲支路下坡车辆速度。

a)

b)

图 6-54 示警桩同时作为线形诱导标、道口桩，驾驶员很难识别支路口存在

图 6-55 受土壁遮挡视距不良的平交路口

第七章　山区农村公路安保设施效果评价

第一节　安保设施实施效果评价

一、评价范围及方法

1. 评价范围

为总结示范工程实施经验，通过实际工程检验课题所提出的防控对策在农村公路实际应用中的适用性，从而完善课题研究成果，课题组通过前后对比示范工程实施前后的车辆运行情况，对安保设施实施效果进行了评价。为了丰富课题成果及适用性，实施效果评价并不局限于本课题实施的示范工程，将课题同期实施或之前实施的工程项目也纳入了观测和评价范围。

2. 评价方法

设施实施效果评价最直接、最易操作的方法就是从设施实施前后机动车运行状态来评价。而机动车运行状态的评价则可以从机动车运行速度、运行轨迹等角度评价分析。因此，本部分主要针对相关设施实施前后机动车运行速度及轨迹的分析和评价，定量描述设施实施前后的变化趋势及规律，给出设施实施效果的分析结论。

课题组采用 MC200 交通调查仪进行车辆行驶速度的调查，交调仪自动记录车型、车速等信息，研究人员对原始数据进行统计分析，得到平均车速、运行速度、运行速度差等特性，从而对观测点车辆速度特性变化进行比较评价。

车辆运行轨迹采用人工观测，在路面上垂直于车辆行驶方向标记网格，从道路中心开始，以 50cm 间距向两侧标记，调查人员记录车辆左前轮(摩托车为前轮)行驶所在网格，通过行驶网格变化，比较设施实施前后车辆行驶轨迹的变化。

二、设施适用效果评价

1. 交叉口减速标线

交叉口减速标线应用于交叉口路段附近，用于警示和提醒主路车辆交叉口的接入。课题组对比分析了贵州省关岭县某农村公路(三级)交叉口减速标线实施前后车辆行驶特性，并评价交叉口减速标线实施效果。在现场观测期间，在交叉口一侧设 3 个 MC 终端，分别对 3 个断面进行了行驶速度的观测，如图 7-1 所示。

1)行驶速度分析

课题组在交叉口减速标线的一端设置 3 个 MC 终端，记录车辆驶入、驶出交叉口减速标线

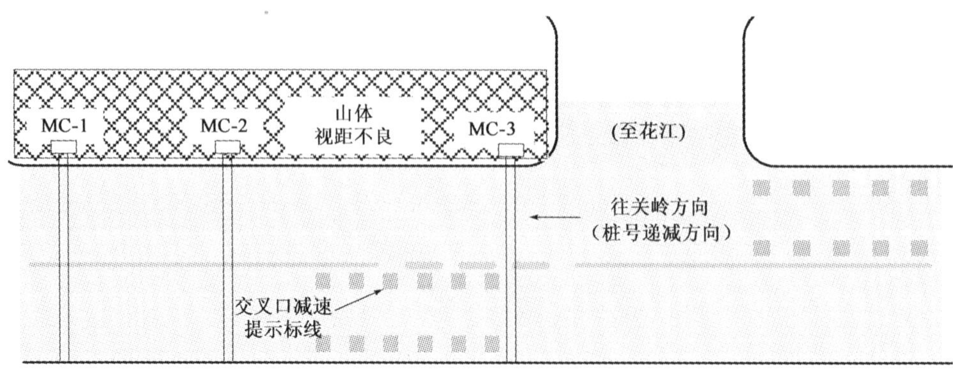

图 7-1　交叉口减速标线实施效果观测现场图

过程中的速度特性。交叉口减速标线实施前后交通调查数据表明，小客车和摩托车是该路段的主要交通组成部分，为此，主要从小客车和摩托车两方面进行交叉口减速标线实施效果的评价。实施前后各观测断面主要速度指标见表 7-1。实施前后路段速度指标对比见表 7-2。

实施前后各观测断面速度指标对比(km/h)　　表 7-1

类型			v_{15}	平均速度	v_{85}	标准差	$v_{85}-v_{15}$
断面 1	摩托车	实施前	36.0	45.0	54.1	8.0	18.1
		实施后	30.7	42.2	52.7	10.5	22.0
	小客车	实施前	39.3	52.7	63.8	12.4	24.5
		实施后	33.4	45.4	56.6	12.1	23.2
	所有车型	实施前	37.5	49.8	61.8	11.2	24.3
		实施后	30.3	45.0	56.7	12.6	26.4
		变化量	↓7.2	↓4.8	↓5.1	↑1.4	↑2.1
断面 2	摩托车	实施前	34.6	43.5	51.6	8.5	17.0
		实施后	26.7	34.9	46.5	10.1	19.8
	小客车	实施前	35.7	50.2	64.3	13.2	28.6
		实施后	30.5	40.4	48.0	8.8	17.5
	所有车型	实施前	35.2	47.6	60.6	12.0	25.4
		实施后	27.0	39.2	49.3	10.3	22.3
		变化量	↓8.2	↓8.4	↓11.3	↓1.7	↓3.0
断面 3	摩托车	实施前	33.4	43.2	52.6	9.2	19.2
		实施后	28.9	38.6	45.5	9.4	16.6
	小客车	实施前	36.5	48.8	62.4	12.5	25.9
		实施后	33.8	41.8	52.2	9.9	18.4
	所有车型	实施前	33.9	46.5	61.4	12.2	27.5
		实施后	33.4	40.8	49.3	9.5	15.9
		变化量	↓0.5	↓5.7	↓12.1	↓2.7	↓11.6

实施前后路段速度指标对比(km/h)　　表 7-2

类　型		平均速度	v_{85}
摩托车	实施前	1.80	1.50
	实施后	3.60	7.20
小客车	实施前	3.90	1.40
	实施后	3.60	4.40
所有车型	实施前	3.30	0.40
	实施后	4.20	7.40

注:路段指标变化量为断面 3 与 1 断面相应指标的差。

由表 7-1 和表 7-2 所示的统计数据表明:

(1)断面 1(标线进入视野断面附近)处交叉口减速标线实施后运行速度略有降低,机动车运行速度由设置该标线前的 61.8km/h 减小至 56.7km/h,平均速度也减小 4.8km/h;断面 2 处(驶入标线路段前)运行速度和平均速度降低明显,分别下降 11.3km/h 和 8.4km/h;断面 3 处运行速度和平均速度分别下降 12.1km/h 和 5.7km/h。此外,断面 3 速度观测值标准差也由实施前的 12.2km/h 减小为 9.5km/h,这说明标线实施后该断面处机动车运行速度更趋一致。上述数据都表明,减速提示标线路段起点断面机动车运行速度下降约 11km/h,终点断面机动车运行速度下降约 12km/h。

(2)从整个观测路段来看,设置交叉口减速标线后,机动车在通过该路段中,v_{85} 变化量较明显(实施前 0.4km/h,实施后 7.4km/h)。这说明减速提示标线实施后,机动车在接近交叉口过程中运行速度比设置该标线前明显减小。

(3)从车型来看,摩托车和小客车运行速度降低分别为:断面 1 处 1.4km/h 和 7.2km/h,断面 2 处 5.1km/h 和 16.3km/h,断面 3 处 7.1km/h 和 10.2km/h。可见减速提示标线对小客车的影响较对摩托车的影响显著。

为直观表述交叉口减速标线实施前后机动车速度变化,项目组对各断面机动车运行速度分布进行了对比分析,如图 7-2～图 7-4 所示。

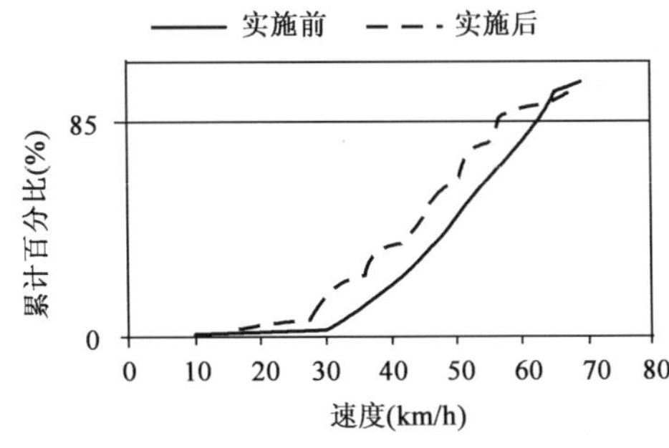

图 7-2　实施前后断面 1 处机动车速度累计比例分布

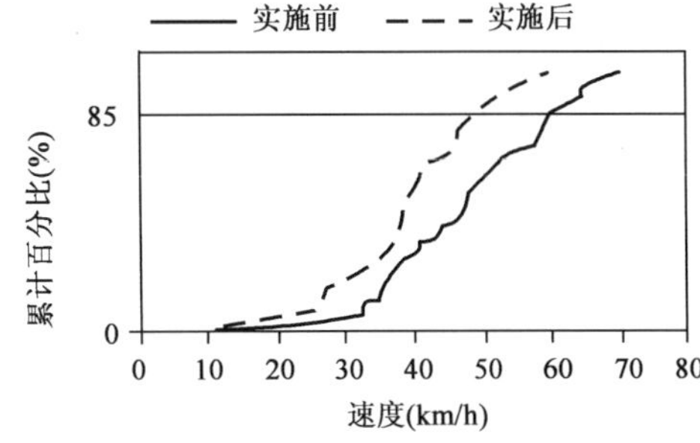

图 7-3　实施前后断面 2 处机动车速度累计比例分布

从图 7-2～图 7-4 可以看出,实施后各断面机动车运行速度 v_{85} 有明显降低。断面 1、断面 2 处速度在 30km/h 的机动车比例有所提高。各断面行驶速度较高的机动车比例,特别是速度在 60km/h 以上的机动车比例有所降低。此外,实施前后 25km/h 行驶车辆的比例变化不大,这表明交叉口减速标线对低速车辆影响不大。

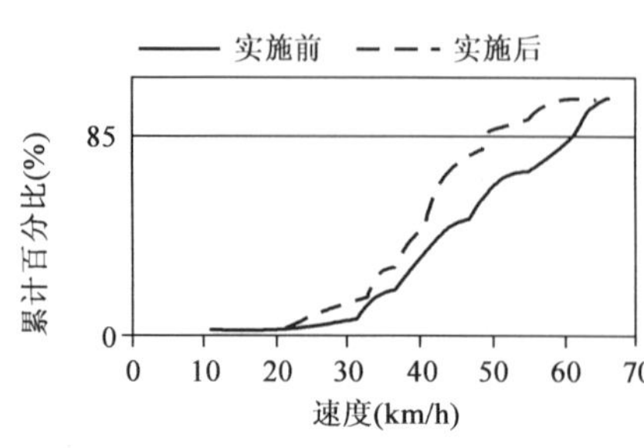

图 7-4　实施前后断面 3 处机动车速度累计比例分布

2)行驶轨迹分析

图 7-5 为 K2287+200 处交叉口减速标线实施前后小客车和摩托车的行驶轨迹分布。

从图 7-5a)可以看出,实施前小客车左前轮轨迹在 2、3 分区的居多,占用对向车道的情况较少。减速提示标线实施后小客车左前轮在 1、2 分区的居多,个别小客车存在占用对向车道的情况。但总体上看,实施后小客车行驶轨迹变化不大。

从图 7-5b)可以看出,摩托车行驶轨迹在减速提示标线实施后变得较为集中,集中行驶于车道的中心,基本不存在驶向对向车道的情况。

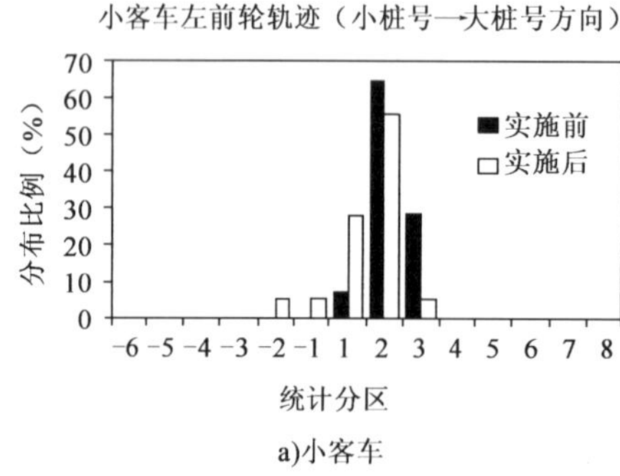

a)小客车

摩托车前轮轨迹（小桩号—大桩号方向）
分布比例（%）
实施前
实施后
-6 -5 -4 -3 -2 -1 1 2 3 4 5 6 7 8
统计分区

b)摩托车

图 7-5　交叉口减速标线实施前后,车辆行驶轨迹分布对比

3)主要结论

交叉口减速标线主要以交通量较大的小客车和摩托车为例进行了分析,得到以下主要结论:

(1)交叉口减速标线实施前后两次交通调查观测数据表明,交叉口减速标线实施后,路段平均速度和运行速度下降 5~10km/h。其中,减速提示标线路段起点断面机动车运行速度下降约 11km/h,终点断面机动车运行速度下降约 12km/h。该标线对提示机动车驾驶员注意路口、减速慢行有一定的作用。

(2)交叉口减速标线对摩托车的行驶轨迹影响比对小客车的行驶轨迹影响相对明显。

(3)交叉口减速标线实施后,摩托车行驶轨迹有靠近车道中心的趋势,但小客车行驶轨迹变化不大。

综上,交叉口减速标线对靠近交叉口的机动车行驶速度有较为明显的减速所用。推荐应用于视距受阻的交叉口主路。

2. 减速丘

《公路安全保障工程实施技术指南》中给出了减速丘的设计标准,如图 7-6 所示。针对该减速丘在农村公路上的应用效果,课题组分别在农村公路的穿村路段和事故多发路段进行了车速观测。

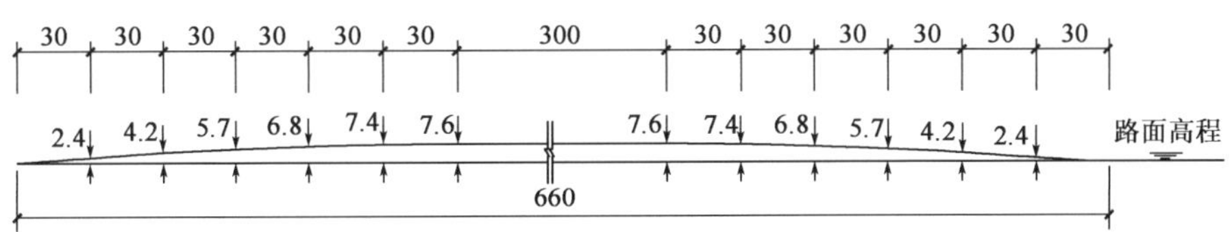

图 7-6　减速丘断面尺寸图(尺寸单位:mm)

1)穿村路段减速丘

在农村公路进入村庄前一减速丘附近开展穿村路段减速丘减速效果的现场观测,5 道气压管速度检测传感器分别布设于减速丘前 105m、减速丘前 25m、减速丘顶面、减速丘后 25m 和减速丘后 65m(前后方向以村外向村内方向为准),如图 7-7 和图 7-8 所示。

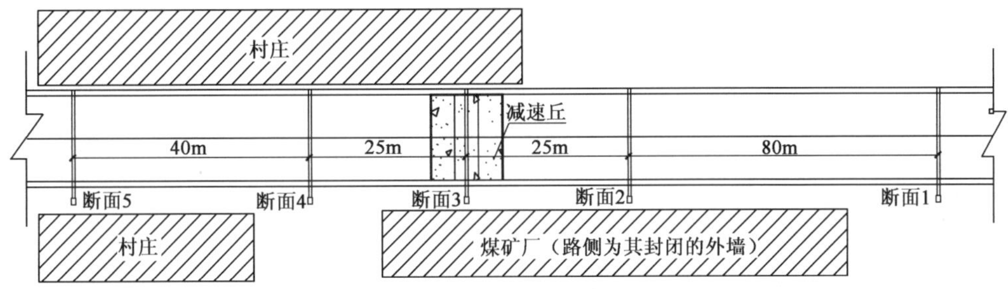

图 7-7　数据采集断面布设示意图

a)进村方向

b)出村方向

图 7-8　观测现场

为了深入把握减速丘对各种车型不同的影响关系,分析中将农村公路车辆分为摩托车类、小型车类和大型车类等三大类。摩托车类包括轴距小于 1.7m 的摩托车、电动车等;小型车类包括轴距在 1.7～3.2m 之间的小客车、小货车以及小型农用车等;大型车类包括轴距大于 3.2m的各类大客车、大货车等。

(1)进村方向速度变化分析。

进村方向三大类车型经过减速丘时的速度如表 7-3 和图 7-9 所示,在图 7-9 中,横坐标为负值的表示尚未通过减速丘。从图 7-9 中可以看出,不同车型在各断面处的平均车速差异性较大,但各类车型在经过减速丘时车速的变化趋势基本一致:接近减速丘时,车速下降,并且越接近减速丘,车辆的减速度越大,通过减速丘后,车速有一定程度的反弹。减速丘的设置起到了明显的减速效果。

进村方向机动车平均车速表(km/h)　　表 7-3

类　型	断面 1	断面 2	断面 3	断面 4	断面 5
摩托车类	28.12	24.6	18.62	19.73	22.97
小型车类	39	29.37	19.29	21.52	26.22
大型车类	30.23	22.02	13.64	14.29	20.2

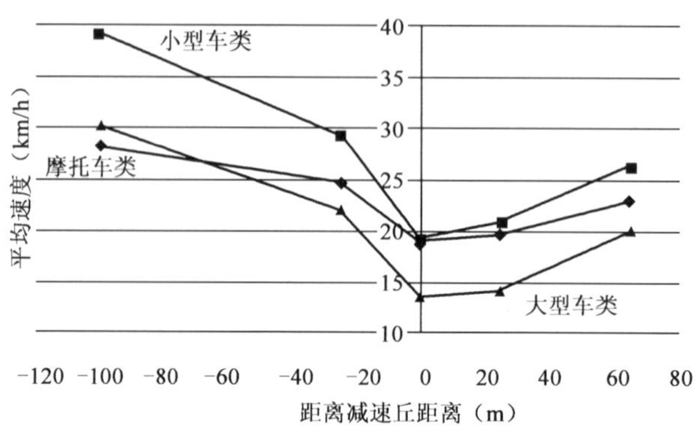

图 7-9　进村方向机动车平均车速变化图

进一步分析各车型在接近减速丘和离开减速丘的车速变化情况，如表 7-4 所示。从表 7-4 中可以看出，由于车辆不同的轴距尺寸以及不同车辆驶过减速丘时不同的驾乘感觉，减速丘对小型车类和大型车类的车辆影响较大(车速下降幅度大)，对摩托车类的影响相对较小。结合表 7-4 和图 7-9 还可以发现，通过减速丘时，大型车类车辆的速度明显地低于摩托车类和小型车类的车速，摩托车类和小型车类的速度相差无几。

进村方向机动车车速变化表　　表 7-4

类　型	到达减速丘时的降低量(km/h)	越过减速丘后的增加量(km/h)	到达减速丘时的降幅(%)	越过减速丘后的升幅(%)
摩托车类	9.5	4.35	33.78	23.36
小型车类	19.71	6.93	50.54	35.93
大型车类	16.59	6.56	54.88	48.09

通过上述分析可知，机动车辆在通过减速丘进村后，速度反弹较快。针对该现象，为了遏制车辆速度进一步增大，应考虑在村内增设减速丘，设置间距可根据穿村路段小型车类通过减速丘后的 85%运行车速的增长趋势以及限速值进行确定。

(2)出村方向速度变化分析。

出村方向三大类车型经过减速丘时的速度情况如表 7-5 和图 7-10 所示，图 7-10 中横坐标为负值的表示尚未通过减速丘。从图 7-10 中可以看出，不同车型在各断面处的平均车速差异性较大，但各类车型在经过减速丘时车速的变化趋势基本一致：接近减速丘时，车速下降，通过减速丘后车速有反弹明显。减速丘的设置起到了明显的减速效果。

出村方向机动车平均车速表(km/h)　　表 7-5

类　　型	断面 5	断面 4	断面 3	断面 2	断面 1
摩托车类	22.04	21.53	16.39	19.23	24.19
小型车类	28.01	23.76	17.3	22.13	32.09
大型车类	24.18	21.02	13.78	16.86	27.19

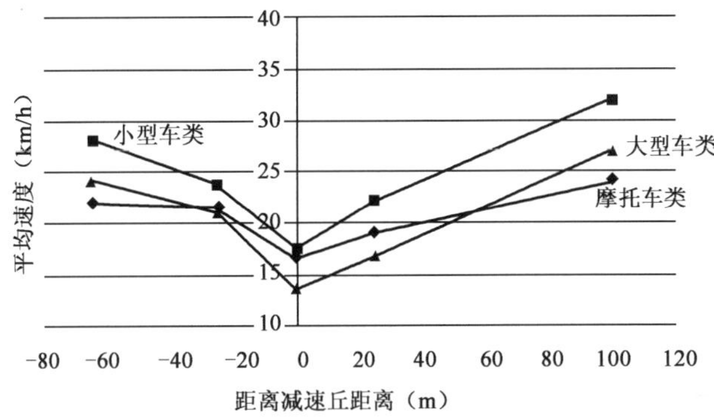

图 7-10　出村方向机动车平均车速变化图

进一步分析各车型在接近减速丘和离开减速丘的车速变化情况，如表 7-6 所示。从表 7-6 中可以看出，由于车辆不同的轴距尺寸以及不同车辆驶过减速丘时不同的驾乘感觉，减速丘对小型车类和大型车类的车辆影响较大(车速下降幅度大)，对摩托车类的影响相对较小。结合表 7-6 和图 7-10 还可以发现，通过减速丘时，大型车类车辆的速度明显地低于摩托车类和小型车类的车速，摩托车类和小型车类的速度相差较小。

出村方向机动车平均车速变化表　　表 7-6

类　　型	到达减速丘时的降低量(km/h)	越过减速丘后的增加量(km/h)	到达减速丘时的降幅(%)	越过减速丘后的升幅(%)
摩托车类	5.65	7.0	25.64	47.59
小型车类	10.71	14.79	38.24	85.49
大型车类	10.4	13.41	43.01	97.31

通过上述分析可知，穿村路段减速设施的设置明显地降低了过往各类车辆的行驶车速，有利于穿村路段的交通安全。鉴于机动车辆在通过减速丘进村后，速度反弹较快。针对该现象，为了遏制车辆速度进一步增大，应考虑在村内增设减速丘，设置间距可根据穿村路段小型车类通过减速丘后的 85%运行车速的增长趋势以及限速值进行确定。

2)事故多发路段减速丘

事故多发段减速丘效果观测选择在一陡坡为 4%、两个半径分别为 27m 和 36m 的反向曲线路段，反向曲线间直线较短，平曲线 1 的弯道内侧被山体遮挡，视距不良。减速丘位于反向圆曲线间直线上靠近曲线 1 的中点处，5 道气压管速度检测传感器分别布设于减速丘前 60m、减速丘前 30m、减速丘顶面、减速丘后 30m 和减速丘后 60m(前后方向以下坡方向为准)，如图 7-11～图 7-13 所示。

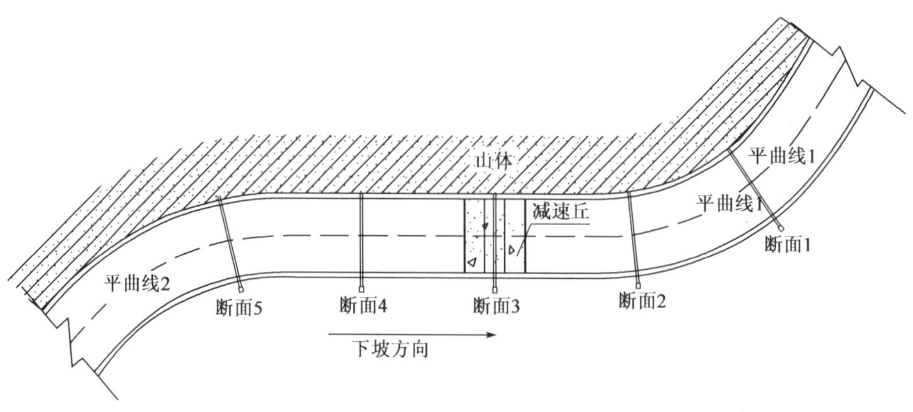

图 7-11　数据采集断面布设示意图

注：以断面 3 为中心，间隔 30m 布管。

a)上坡方向

b)下坡方向

图 7-12　观测现场

图 7-13　减速丘

将农村公路车辆分为摩托车类和除摩托外的其他机动车两大类。

(1)上坡方向速度变化分析。

上坡方向各车型经过减速丘时的速度情况如表 7-7 和图 7-14 所示，图 7-14 中横坐标为负值的表示尚未通过减速丘。从图 7-14 中可以看出，不同车型在各断面处的平均车速差异性较大，但各类车型在经过减速丘时车速的变化趋势基本一致：接近减速丘时，车速下降，通过减速丘后车速反弹。减速丘的设置起到了明显的减速效果。

上坡方向机动车平均车速表(km/h)　　表 7-7

类　　型	断面 1	断面 2	断面 3	断面 4	断面 5
摩托车类	26.01	23.38	20.76	26.56	28.62
其他机动车类	31.02	26.61	21.41	24.36	27.06

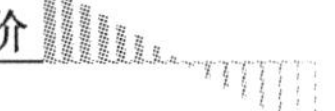

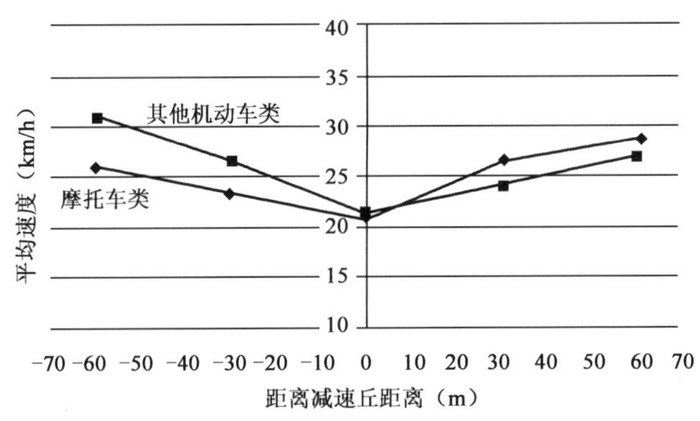

图 7-14　上坡方向机动车平均车速变化图

进一步分析各车型在接近减速丘和离开减速丘的车速变化情况，如表 7-8 所示。从表 7-8 可以看出，减速丘对对摩托车类的影响相对较小，这与摩托车的轴距较小有关。

上坡方向机动车平均车速变化　　表 7-8

类　型	到达减速丘时的降低量(km/h)	越过减速丘后的增加量(km/h)	到达减速丘时的降幅(%)	越过减速丘后的升幅(%)
摩托车类	5.25	7.86	20.18	37.86
其他机动车类	9.61	5.65	30.98	26.39

(2)下坡方向速度变化分析。

下坡方向各类车型经过减速丘时的速度情况如表 7-9 和图 7-15 所示，图 7-15 中横坐标为负值的表示尚未通过减速丘。从图 7-15 中可以看出，各类车型在经过减速丘时车速的变化趋势基本一致：接近减速丘时，车速下降，而且越是接近，车辆减速度越大，通过减速丘后车速开始增大。减速丘的设置起到了明显的减速效果。

下坡方向机动车平均车速表(km/h)　　表 7-9

类　型	断面 5	断面 4	断面 3	断面 2	断面 1
摩托车类	29.94	28.67	22.34	23.97	24.55
其他机动车类	34.07	32.41	20.77	22.37	25.45

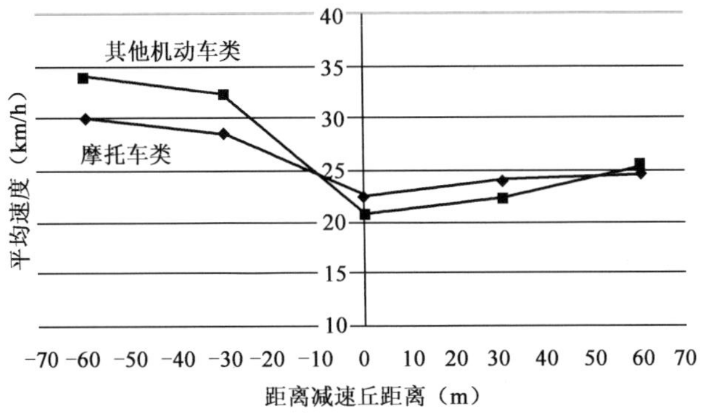

图 7-15　下坡方向机动车平均车速变化图

进一步分析各车型在接近减速丘和离开减速丘的车速变化情况，如表7-10所示。从表7-10中可以看出，由于平曲线1的半径较小且弯道内侧被山体遮挡，车辆越过减速丘后的升幅远小于到达减速丘时的车速降幅。减速丘的设置有效地降低了车辆到达危险点的车速。

下坡方向机动车平均车速变化表 表7-10

类　型	到达减速丘时的降低量(km/h)	越过减速丘后的增加量(km/h)	到达减速丘时的降幅(%)	越过减速丘后的升幅(%)
摩托车类	7.6	2.21	25.38	9.89
其他机动车类	13.3	4.68	39.04	22.53

通过上述分析可以看出，各类车辆在经过减速丘时，车速有所减低，车速的减低为驾驶员观测道路线形的变化以及其他各种异常情况赢得了充足的时间，因此，在事故多发路段设置减速丘是降低交通事故发生率的有效措施。

(3)主要结论。

受减速丘设置位置的影响。不同车辆在接近减速丘时的减速效果以及越过减速丘后的速度反弹程度均有所差异，但无论是在穿村路段，还是在事故多发路段，减速丘都表现出了较好的减速效果。因此，减速丘可以应用于农村公路上各类需要减速的路段。

3. *块石路面*

块石路面属于物理减速路面的一种，设置块石路面的路段应设置路面不平的警告标志，如图7-16所示。

图7-16　块石路面及其警告标志

块石路面的减速效果观测在一半径为33m、纵坡度为6%的急弯陡坡且视距不良路段进行。该路段在弯道区域内间隔40m设置了3道块石路面，每块宽10m。5道气压管检测设备的布设如图7-17所示，第一道块石路面前后分别布设3号和4号设备(前后方向按下坡方向为准)，3号设备前40m和80m分别布设2号设备和1号设备，4号设备后30m布设5号设备。观测现场如图7-18所示。

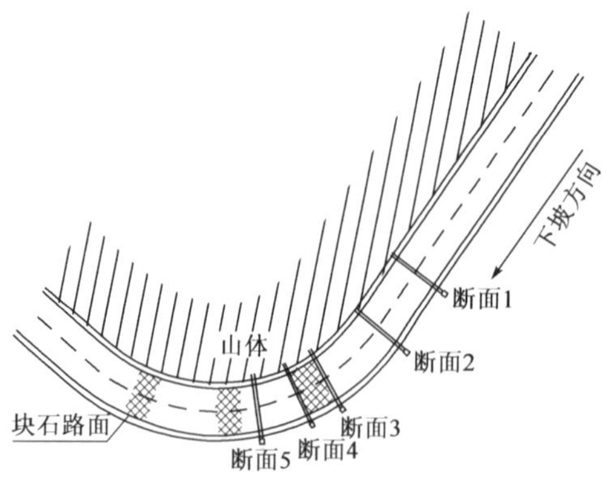

图7-17　数据采集断面布设示意图

以下分析中，将断面3作为分析坐标原点，检测块石路面位于断面3与断面4之间。

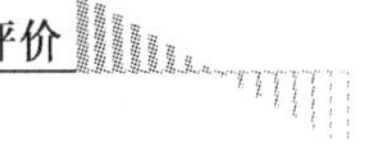

a)上坡方向

b)下坡方向

图 7-18　观测现场

(1)上坡方向速度变化分析。

上坡方向进入检测块石路面时已经经过两道块石路面。各类车型经过检测块石路面时的速度情况如表 7-11 和图 7-19 所示,图 7-19 中横坐标为负值的表示尚未通过块石路面。从图 7-19中可以看出,各类车型在经过块石路面时车速的变化趋势基本一致:接近块石路面时,车速下降,在块石路面内缓慢行驶,通过块石路面后车速开始增大。块石路面的设置起到了明显的减速效果。

上坡方向机动车平均车速表(km/h)　　表 7-11

类　型	断面 5	断面 4	断面 3	断面 2	断面 1
摩托车类	23.27	22.22	18.93	26.12	28.47
其他机动车类	23.11	19.67	18	23.68	25.95

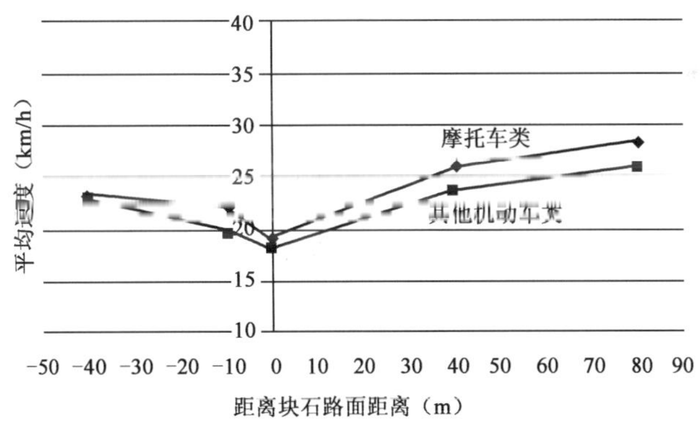

图 7-19　上坡方向机动车平均车速变化图

(2)下坡方向速度变化分析。

块石路面设置的最主要目的是为了减低下坡方向进入急弯陡坡的车速。表 7-12 和图 7-20表示了下坡方向 5 个断面上车速的变化情况,从图 7-20 中可以看出,进入急弯陡坡路段前,80m 的距离内,车速降低了约 16km/h。块石路面的设置有效且可行。

下坡方向机动车平均车速表(km/h)　　表 7-12

类　型	断面 1	断面 2	断面 3	断面 4	断面 5
摩托车类	36.5	32.31	20.73	18.04	19.86
其他机动车类	36.28	30.19	19.15	14.73	18.75

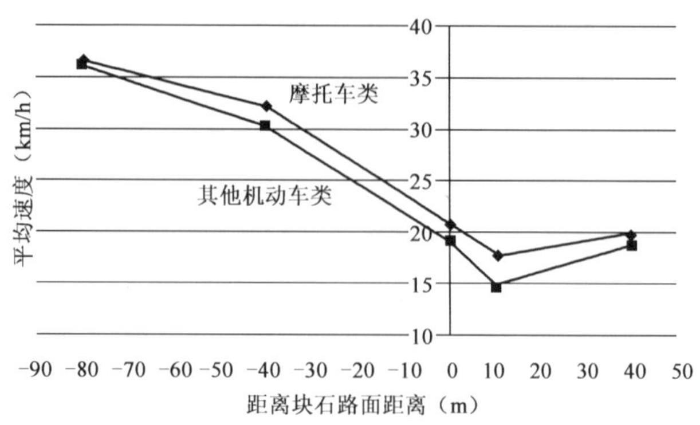

图 7-20　下坡方向机动车平均车速变化图

(3)主要结论。

块石路面的设置有效地降低了急弯陡坡路段的车速。因此，在农村公路上，一些需要减速的路段可以考虑设置块石路面。

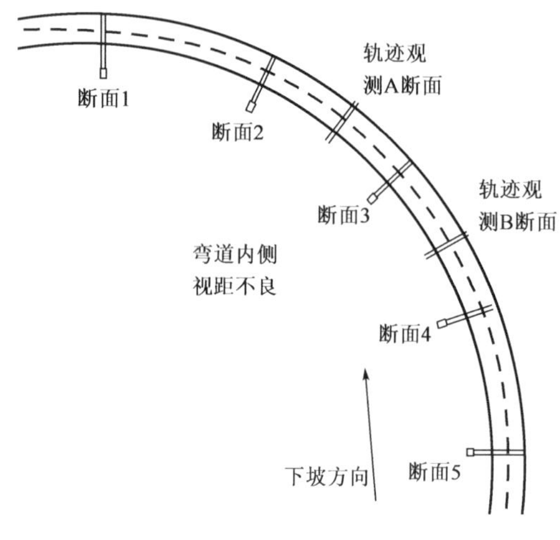

图 7-21　数据采集断面示意图

4. 中心单黄实线

中心单黄实线是最常用的一种安全保障措施之一。为了试验中心单黄实线在交通安全方面的实际效果，课题组选取了山区农村公路上一半径约为 125m、纵坡坡度为 5%、视距较差且无路侧支路口干扰的急弯陡坡路段作为试验路段，观测项目为速度观测和轨迹观测。5 道气压管速度检测传感器分别布设于弯道的直缓点、缓圆点、圆曲线中、圆缓点以及缓直点(分别编号断面 1～5)，轨迹观测点位于两个缓和曲线的中点处，数据采集断面示意图如图 7-21 所示。

轨迹观测时，先进行约两小时的观测，然后在断面 2 和断面 4 之间原有中心黄虚线的基础上粘贴中心黄色标线带，最后再进行两小时同样项目的观测，现场图如图 7-22 和图 7-23 所示。

图 7-22　下坡方向粘贴标线带的前后对比

图 7-23　上坡方向粘贴标线带的前后对比

1)速度数据分析

(1)弯道内侧上坡方向。

断面 1 至断面 5 为急弯陡坡路段的弯道内侧上坡方向,速度的观测结果如表 7-13 和图 7-24所示,其中,速度为观测时段内所有机动车辆的平均速度。

弯道内侧上坡方向的平均速度观测结果(km/h)　　表 7-13

类　型	断面 1	断面 2	断面 3	断面 4	断面 5
设置前	50.08	44.21	42.41	40.76	36.14
设置后	49.92	43.01	40.84	36.56	36.09
速度降低量	0.16	1.2	1.57	4.2	0.05

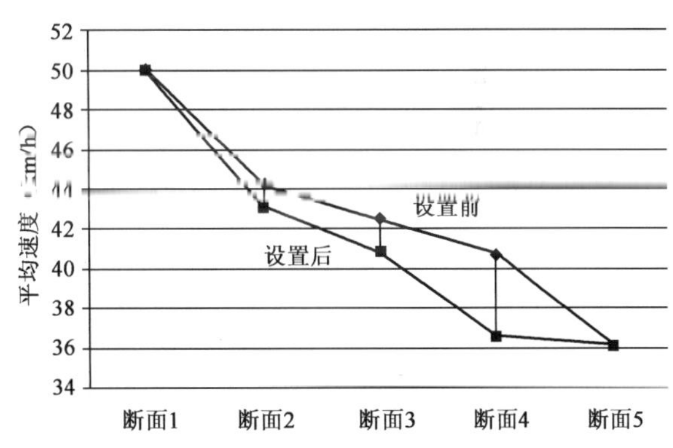

图 7-24　设置中心单黄实线前后弯道内侧上坡方向的平均速度变化图

从图 7-24 中可以看出,在急弯陡坡路段的上坡方向上设置中心黄色实线标线带前后的速度变化趋势基本一致:随着离坡顶距离的减小,车速也呈现不断下降的趋势。设置标线带后,断面 1 和 5 的速度基本没有变化,但圆曲线路段上各观测断面的平均速度较设置前均有所下降,5 个观测断面的平均速度降低量约为 1.44km/h。

(2)弯道外侧下坡方向。

断面 5 至断面 1 为急弯陡坡路段的弯道外侧下坡方向,速度的观测结果如表 7-14 和图 7-25 所示,其中,速度为观测时段内所有机动车辆的平均速度。

弯道外侧下坡方向的平均速度观测结果(km/h) 表 7-14

类　型	断面 5	断面 4	断面 3	断面 2	断面 1
设置标线带前	51	47.55	43.9	48.13	47.98
设置标线带后	48.26	45.43	41.17	44.76	44.44
速度降低量	2.74	2.12	2.73	3.37	3.54

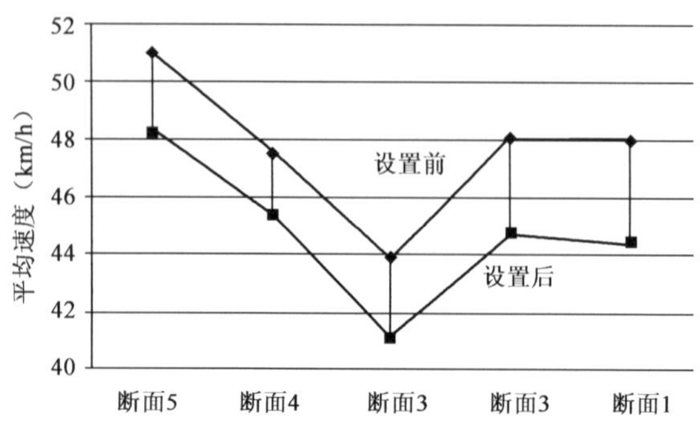

图 7-25　设置中心单黄实线前后弯道外侧下坡方向的平均速度变化图

从图 7-25 中可以看出，在急弯陡坡路段的下坡方向上设置中心黄色实线标线带前后的速度变化趋势基本一致：速度曲线呈现凹形，在圆曲线中心位置处，平均速度最低。设置后各观测断面的平均速度较设置前均有所下降，5 个观测断面的平均速度降低量约为 2.9km/h。

(3)速度数据分析结论。

从速度变化的角度上看，无论是上坡方向还是下坡方向，在急弯陡坡路段设置中心黄色实线后，速度都略有降低，因此在急弯陡坡路段设置中心黄色实线对于急弯陡坡路段的交通安全是有利并且是有效的，如表 7-15 所示。

实施前后路段速度指标对比(km/h) 表 7-15

类　型		平均速度	v_{85}
摩托车	实施前	−1.8	−1.5
	实施后	−3.6	−7.2
小客车	实施前	−3.9	−1.4
	实施后	−3.6	−4.4
所有车型	实施前	−3.3	−0.4
	实施后	−4.2	−7.4

注：路段指标变化量为断面 3 与断面 1 相应指标的差。

2)轨迹数据分析

(1)弯道内侧上坡方向。

①A 断面轨迹变化情况。

图 7-26 为设置中心单黄实线前后弯道内侧上坡方向的 A 断面轨迹变化图，图中横坐标表示车辆左前轮外边缘距离中心线距离，正值表示正常行驶，负值表示越线行驶，用正态分布拟合其分布规律。从图 7-26 中可以看出，设置中心单黄实线后，前后轨迹变化情况不明显：在越

线率方面，设置前的越线率约为 7.41%，设置后约为 7.14%，越线率略有降低；正态分布函数值的最大值几乎没有偏移。

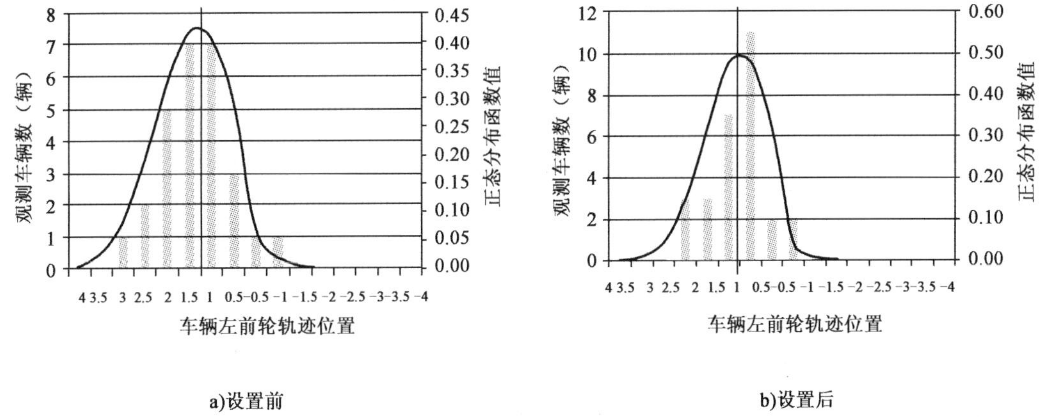

图 7-26　设置中心单黄实线前后弯道内侧上坡方向的 A 断面轨迹变化图

②B 断面轨迹变化情况。

图 7-27 为设置中心单黄实线前后弯道内侧上坡方向的 B 断面轨迹变化图。从图 7-27 中可以看出，尽管设置中心单黄实线前后的越线率均为 0%，但正态分布函数值的最大值略有偏移，即设置中心单黄色实线后，弯道内侧的车辆轨迹中心发生了偏移，偏移量约为 0.25m。通过设置中心单黄色实线前的观测可知，一些车辆在发现前方为视距较差的弯道后，驾驶员会略微远离中心线行驶，以免与对向来车发生冲突，但设置中心黄色实线后，上下行的路权范围更加明显，弯道内侧的驾驶员敢于在自己的行车道内行驶。

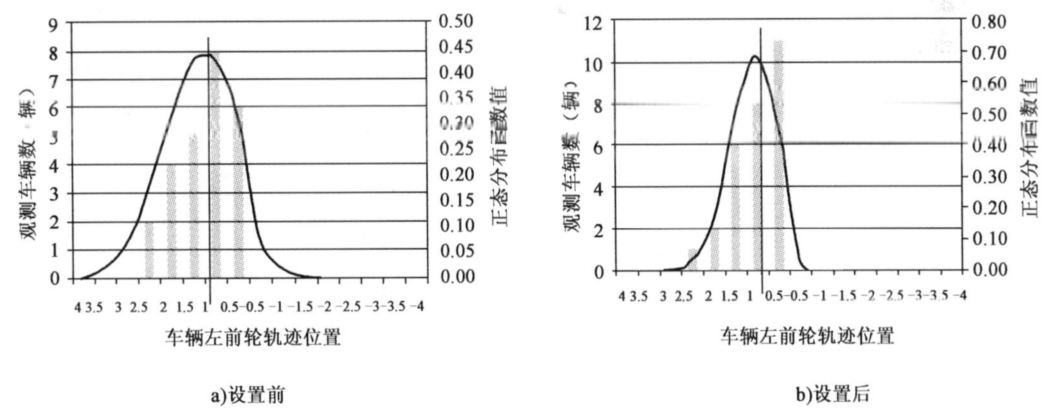

图 7-27　设置中心单黄实线前后弯道内侧上坡方向 B 断面的轨迹变化图

(2)弯道外侧下坡方向。

①A 断面轨迹变化情况。

图 7-28 为设置中心单黄实线前后弯道外侧下坡方向 A 断面的轨迹变化图。从图 7-28 中可以看出，设置前后均有一定的越线率，设置前为 10%，设置后为 8.82%，设置后比设置前略减小一些；从正态分布函数值最大值方面来看，设置前后车辆的左前轮基本位于距离中心线 0.5～1m 的轨迹线上。

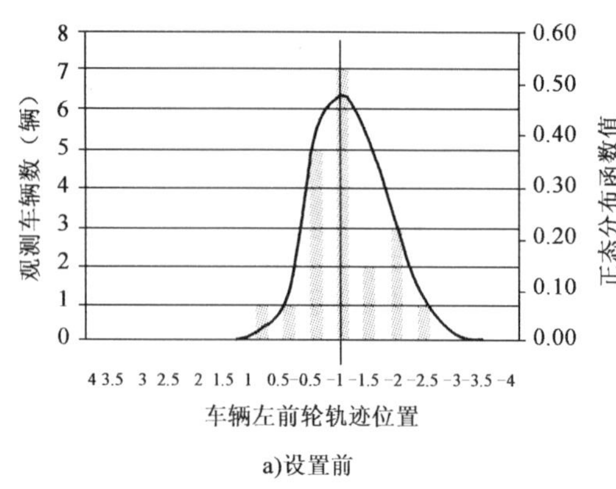

a)设置前

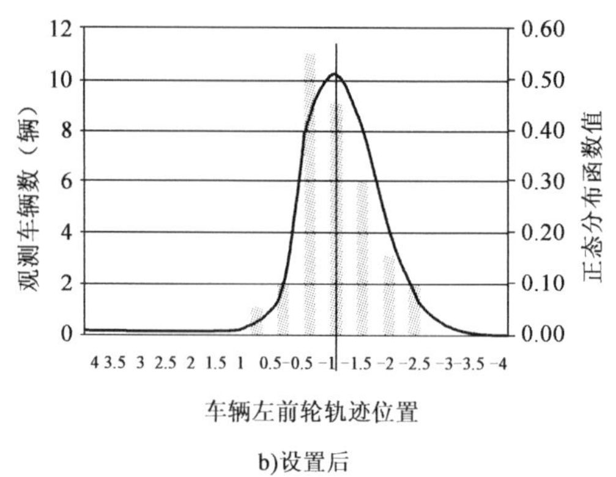

b)设置后

图 7-28 设置中心单黄实线前后弯道外侧下坡方向 A 断面的轨迹变化图

②断面轨迹变化情况。

图 7-29 为设置中心单黄实线前后弯道外侧下坡方向的 B 断面轨迹变化图。从图 7-29 中可以看出，设置中心单黄实线前车辆的越线率约为 19.05%，设置之后约为 10.81%，越线率下降 8.24%。从正态分布函数值变化上看，设置中心单黄实线后弯道外侧车辆平均偏离中心约 0.4m。

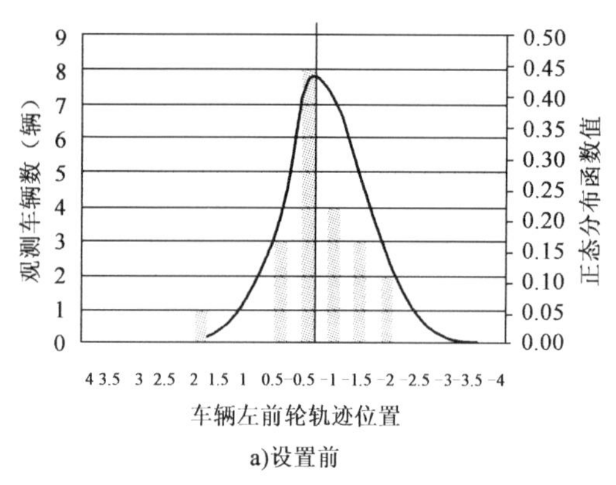

a)设置前

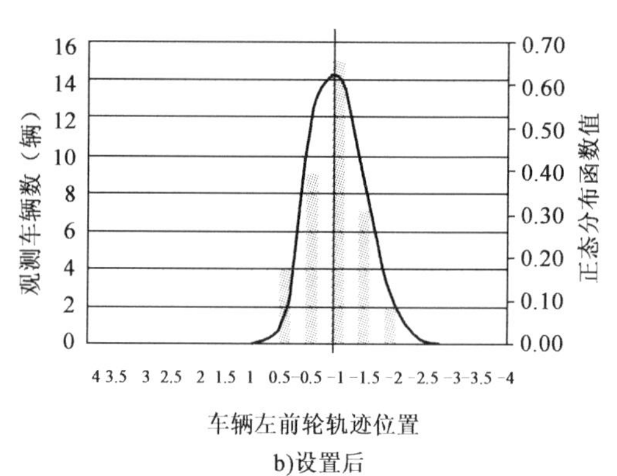

b)设置后

图 7-29 设置中心单黄实线前后弯道外侧下坡方向的 B 断面轨迹变化图

(3)轨迹数据分析结论。

通过上述分析可知，A 断面的轨迹变化不明显，但其越线率略有降低；B 断面的轨迹略有偏移，越线率也有降低。因此，在急弯陡坡路段设置中心黄色实线对于急弯陡坡路段的交通安全是有利的，但对轨迹和越线率的影响作用并不是特别明显。

需要说明的是，轨迹的分布与交通量的大小也有一定关系，交通量较大时，轨迹的越线率偏小，反之，交通量较小时，轨迹的越线率偏大。在本次试验观测中，观测点处的交通量较小，车辆行驶具有较大的随意性，导致观测中越线率较大。另外，轨迹数据是包括摩托车在内的所有机动车的轨迹数据，摩托车轨迹按照前轮左外缘位置计算。

3)主要结论

通过对设置中心单黄实线前后的速度和轨迹的变化情况对比可知，在急弯陡坡路段设置中心黄色实线后，速度和越线率都略有降低，但与其他设施的效果相比，其影响作用并不明显，建议综合辅助其他安保措施。

5. 振动减速标线

图 7-30　振动减速标线

振动减速标线(图 7-30)实施效果的评价在贵州省关岭县农村公路(三级)两振动减速标线示范点(以下简称 A、B 点)进行，观测点 A、B 现场如图 7-31 和图 7-32 所示。上述两点均在长直线路段上，设施实施前后观测时间间隔为 1 年，观测交通环境等条件相似，可以认为影响驾驶行为的主要因素为振动减速标线。速度观测位置分别位于振动减速标线前、振动减速标线中和振动减速标线后三处。

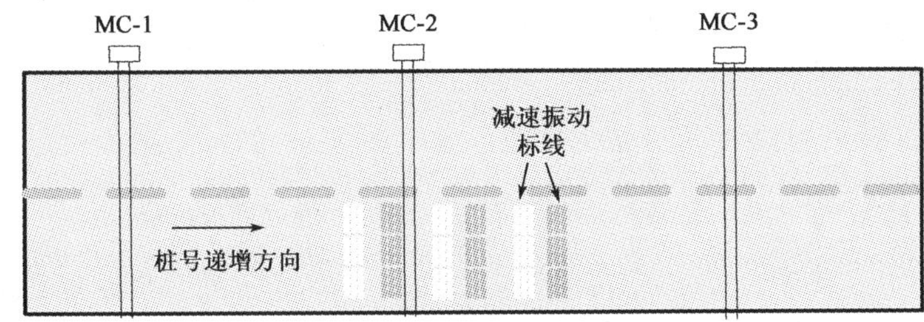

图 7-31　观测点 A 现场

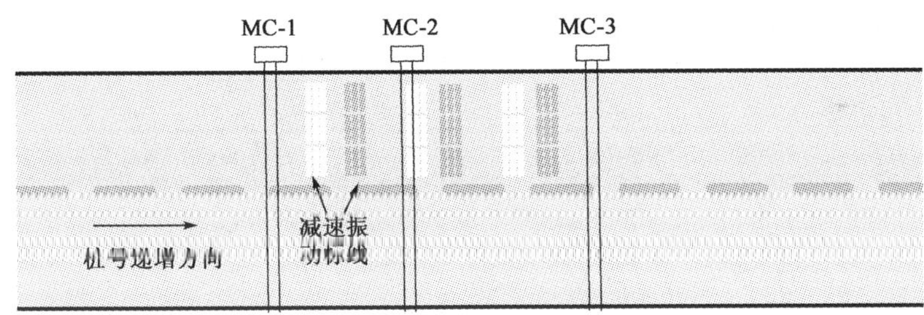

图 7-32　观测点 B 现场

1)行驶速度分析

A、B 附近路段振动减速标线实施前后交通调查数据表明，小客车和摩托车是路段的主要交通组成部分，为此，主要从小客车和摩托车两方面进行实施效果的评价。对以上两点振动减速标线实施前后的三个断面的车辆行驶速度进行统计分析，运行速度、平均速度以及速度差计算结果见表 7-16～表 7-19。

A 点实施前后观测断面速度指标对比(km/h)　　表 7-16

类　型			v_{15}	平均速度	v_{85}	标准差	$v_{85}-v_{15}$
断面 1	摩托车	实施前	36.0	45.0	54.1	8.0	18.1
		实施后	30.7	42.2	52.7	10.5	22.0
	小客车	实施前	39.3	52.7	63.8	12.4	24.5
		实施后	33.4	45.4	56.6	12.1	23.2

续上表

类型			v_{15}	平均速度	v_{85}	标准差	$v_{85}-v_{15}$
断面1	所有车型	实施前	37.5	49.8	61.8	11.2	24.3
		实施后	30.3	45.0	56.7	12.6	26.4
		变化量	↓7.2	↓4.8	↓5.1	↑1.4	↑2.1
断面2	摩托车	实施前	34.6	43.5	51.6	8.5	17.0
		实施后	26.7	34.9	46.5	10.1	19.8
	小客车	实施前	35.7	50.2	64.3	13.2	28.6
		实施后	30.5	40.4	48.0	8.8	17.5
	所有车型	实施前	35.2	47.6	60.6	12.0	25.4
		实施后	27.0	39.2	49.3	10.3	22.3
		变化量	↓8.3	↓8.3	↓11.2	↓1.7	↓2.9
断面3	摩托车	实施前	33.4	43.2	52.6	9.2	19.2
		实施后	28.9	38.6	45.5	9.4	16.6
	小客车	实施前	36.5	48.8	62.4	12.5	25.9
		实施后	33.8	41.8	52.2	9.9	18.4
	所有车型	实施前	33.9	46.5	61.4	12.2	27.5
		实施后	33.4	40.8	49.3	9.5	15.9
		变化量	↓0.5	↓5.7	↓12.1	↓2.7	↓11.6

A点实施前后路段速度指标对比(km/h)　　表7-17

类型		平均速度	v_{85}
摩托车	实施前	−1.8	−1.5
	实施后	−3.6	−7.2
小客车	实施前	−3.9	−1.4
	实施后	−3.6	−4.4
所有车型	实施前	−3.3	−0.4
	实施后	−4.2	−7.4

注:路段指标变化量为断面3与断面1相应指标的差。

B点实施前后观测断面速度指标对比(km/h)　　表7-18

类型			v_{15}	平均速度	v_{85}	标准差	$v_{85}-v_{15}$
断面1	摩托车	实施前	29.8	37.4	45.2	9.3	15.4
		实施后	21.0	33.4	46.4	11.1	25.4
	小客车	实施前	31.1	46.5	58.7	11.5	27.6
		实施后	21.7	34.3	50.3	11.5	28.6
	所有车型	实施前	28.3	40.0	49.5	11.0	21.2
		实施后	21.4	34.6	47.5	11.5	26.1
		变化量	↓6.9	↓5.4	↓2.0	↑0.6	↑4.9

续上表

类　型			v_{15}	平均速度	v_{85}	标准差	$v_{85}-v_{15}$
断面 2	摩托车	实施前	29.0	37.3	46.2	9.8	17.2
		实施后	18.3	28.7	38.2	9.5	19.9
	小客车	实施前	31.7	46.8	58.2	11.8	26.5
		实施后	16.6	27.4	37.8	9.0	21.2
	所有车型	实施前	28.9	40.0	49.4	11.5	20.5
		实施后	18.3	29.2	40.4	9.9	22.1
		变化量	↓10.6	↓10.7	↓9.0	↓1.5	↑1.6
断面 3	摩托车	实施前	28.2	37.4	45.3	9.6	17.1
		实施后	23.5	33.1	40.5	8.5	17.0
	小客车	实施前	28.2	45.1	57.8	13.4	29.6
		实施后	26.9	36.9	45.9	8.3	19.0
	所有车型	实施前	27.9	39.6	48.9	11.7	21.0
		实施后	25.4	35.1	44.1	9.5	18.7
		变化量	↓2.5	↓4.5	↓4.8	↓2.1	↓2.3

B 点实施前后路段速度指标对比(km/h)　　表 7-19

类　型		平均速度	v_{85}
摩托车	实施前	0	0.1
	实施后	−0.3	−5.9
小客车	实施前	−1.4	−0.9
	实施后	2.6	−4.4
所有车型	实施前	−0.4	−0.6
	实施后	[illegible]	[illegible]

注:路段指标变化量为断面 3 与断面 1 相应指标的差。

可以看出,A、B 两点处振动减速标线实施后,各观测断面观测样本的平均速度、运行速度和速度标准差都有很显著的下降。其中两观测点断面 2(振动标线中部)观测数据都表明,标线中部机动车减速效果最为明显,运行速度减小幅度在 10km/h 左右。

此外,两观测点各断面的统计数据均表明,小客车运行速度的下降幅度高于摩托车。这说明振动减速标线对摩托车的影响比小客车小。

为直观表述交叉口减速标线实施前后机动车速度变化,项目组对各断面机动车运行速度分布进行了对比分析,如图 7-33 和图 7-34 所示。

从图 7-33 及图 7-34 也可以看出:

(1)振动减速标线实施后,路段机动车运行速度有所下降,其中,标线路段中部(断面 2)运行速度变化最显著,平均速度和运行速度降幅在 10km/h 左右。

(2)驶入标线路段(图 7-33 断面 1 和图 7-34 断面 3)处,实施前后运行速度小于 30km/h 的机动车比例变化不大,这说明该标线对速度小于 30km/h 的机动车速度影响较小。

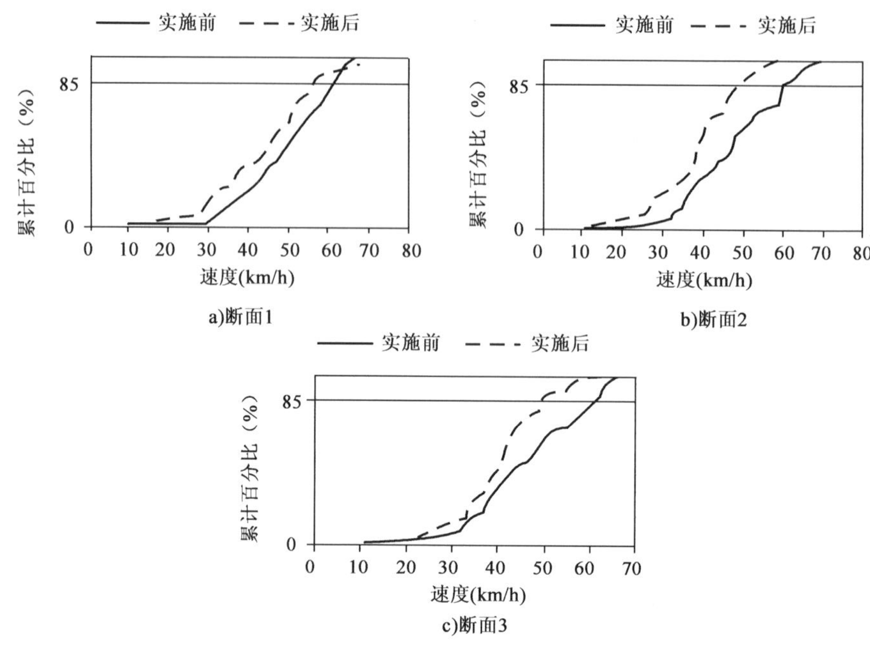

图 7-33　A 点实施前后各断面机动车速度累计比例分布

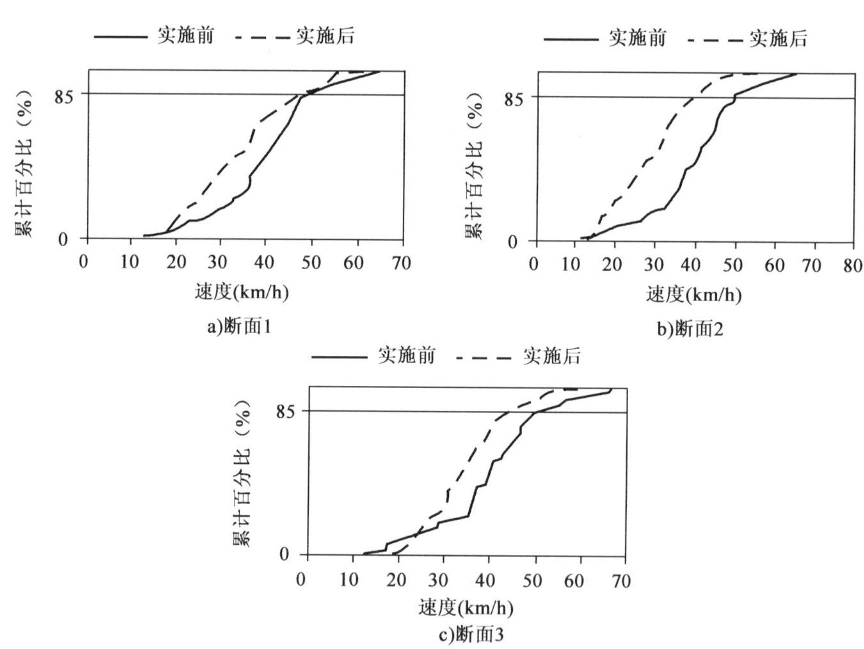

图 7-34　B 点实施前后各断面机动车速度累计比例分布

(3)从车型来看，各断面无论是平均速度还是运行速度指标，小客车下降幅度都高于摩托车相应指标下降幅度，这说明振动减速标线对小客车的影响比对摩托车的影响显著。

由以上分析结果可见，振动减速标线的实施对高速行驶的车辆有明显的速度降低作用，其对高于平均速度行驶的车辆的作用更明显，有利于减小速度差；振动减速标线对小客车的作用大于对摩托车的作用，中间断面的降速作用最强。

2)主要结论

振动减速标线对机动车行驶速度有较大程度影响，车辆在振动减速标线中间断面速度降低最多，下降约 10km/h；在驶出振动减速标线时会加速；高于平均速度行驶的车辆减速更明显；小客车的减速幅度明显大于摩托车。

振动减速标线适用于有减速需求的路段，推荐使用于村庄路段。

6.道路边缘线

道路白色边缘线一方面起到线形诱导的作用，一方面又起到警示的作用。以凤冈县 X352 线 K16＋560(曲线路段)和 K7＋900(直线路段)两点道路边缘线实施前后的车辆行驶轨迹分布的变化情况，评价道路边缘线实施效果。

1)行驶轨迹分析。

(1)K7＋900 直线路段。

图 7-35 和图 7-36 分别为路侧边缘线设置前后 K7＋900 双方向行驶轨迹分布。从图中可以看出，路侧边缘线实施前后小客车与摩托车行驶轨迹变化较小。

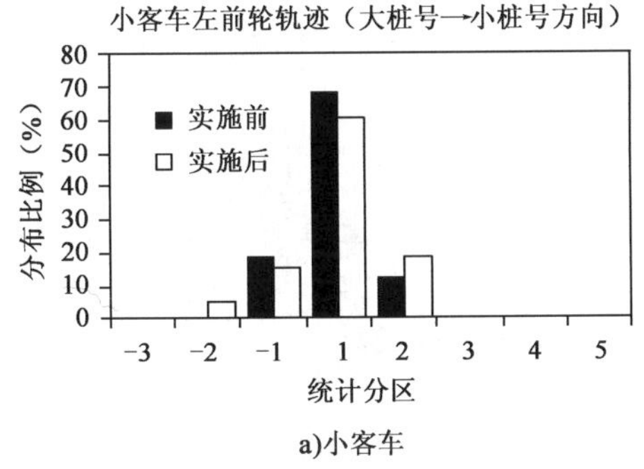

a)小客车

摩托车前轮轨迹（大桩号→桩号方向）

b)摩托车

图 7-35　路侧边缘线设置前后小客车和摩托车行驶轨迹分布

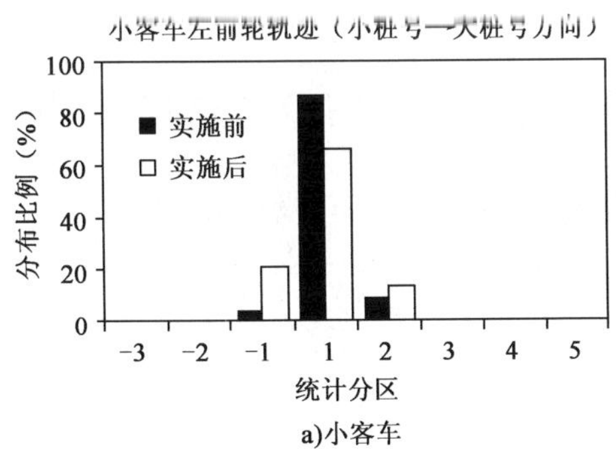

a)小客车

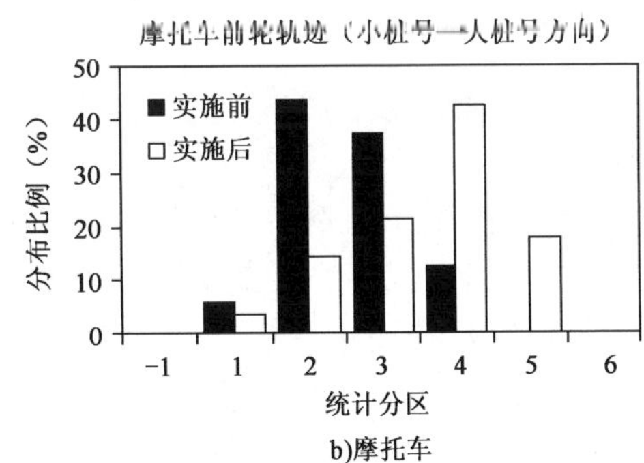

b)摩托车

图 7-36　路侧边缘线设置前后小客车和摩托车行驶轨迹分布

(2)K16＋560 曲线路段。

图 7-37a)、b)分别为 K16＋560 处曲线内侧行驶方向小客车和摩托车的行驶轨迹分布对比。从图 7-37 可以看出，施画道路边缘线后，小客车行驶轨迹更靠近道路中心；摩托车行驶轨迹则表现出偏离道路中心的趋势。

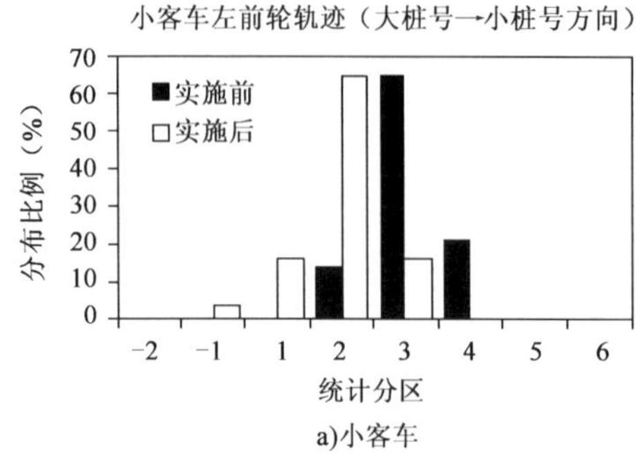

a)小客车

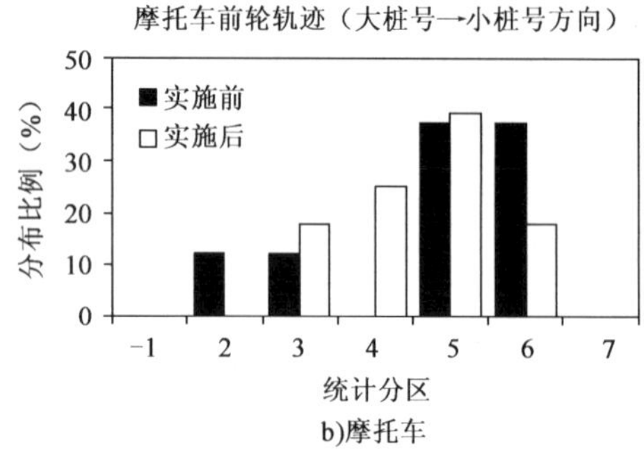

b)摩托车

图 7-37　路侧边缘线设置前后小客车和摩托车行驶轨迹分布(曲线内侧行驶方向)

图 7-38a)、b)为 K16＋560 处曲线外侧行驶方向小客车和摩托车的行驶轨迹分布对比。从图 7-38 可以看出，施画道路边缘线后，小客车行驶轨迹更偏离道路中心，侵占对向车道现象减少；摩托车行驶轨迹则变化不大，有靠近路肩行驶的趋势。

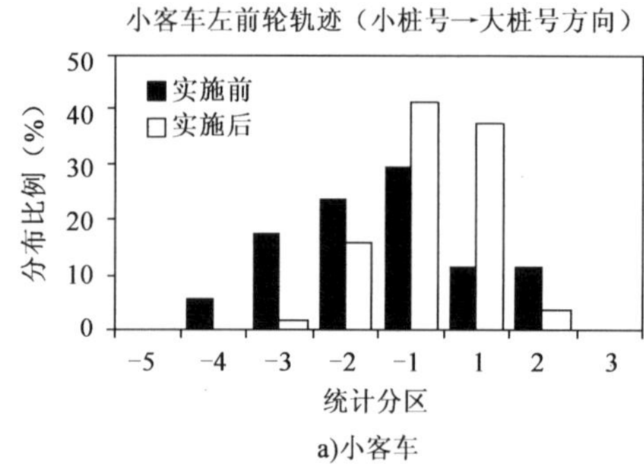

a)小客车

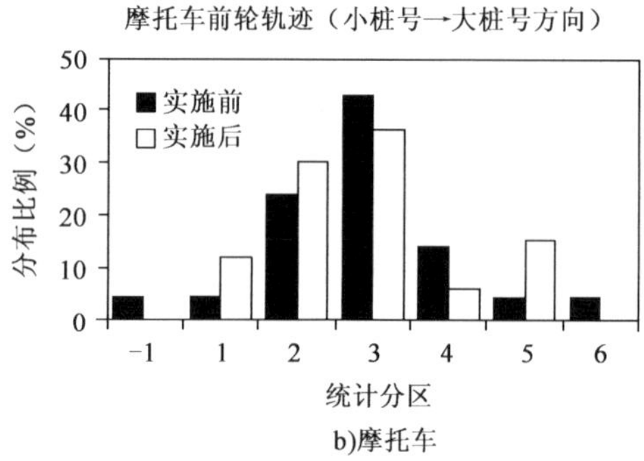

b)摩托车

图 7-38　路侧边缘线设置前后小客车和摩托车行驶轨迹分布(曲线外侧行驶方向)

2)主要结论

(1)直线路段路侧边缘线对机动车行驶轨迹的影响不大，实施前后机动车行驶轨迹分布基本无变化。

(2)曲线路段在施画路侧边缘线后，曲线内侧行驶小客车趋向于靠近道路中心线行驶，曲线外侧行驶小客车则表现出偏离道路中心线行驶的趋势。

(3)曲线路段摩托车行驶轨迹分布变化不大，边缘线对摩托车影响较小。

综上，道路边缘线对曲线路段机动车行驶轨迹有所影响。

7. 视距清理

贵州省凤冈县 X352 线 K22＋000 处为半径 83.4m 的弯道，其一侧为山体及附属植被，弯道视距不良，示范工程在该处进行了视距清理工作，使弯道两侧车辆可以及时发现对向来车情况。视距清理施工前后课题组进行了车辆运行速度和形式轨迹的观测，以评价视距清理措施的实施效果，观测均选择桩号递减行驶方向，观测终端 MC-1 和 MC-2 自曲线中点处沿桩号递增方向顺序布设，如图 7-39 所示。

图 7-39　K22+000 处观测现场示意

1)行驶速度分析

表 7-20～表 7-23 为视距清理实施前后双方向各观测断面速度指标变化情况。

实施前后弯道内侧各观测断面速度指标对比(km/h)　　表 7-20

类　型			v_{15}	平均速度	v_{85}	标准差	$v_{85}-v_{15}$
断面 1	摩托车	实施前	21.3	30.0	38.2	8.1	16.9
		实施后	20.3	31.3	42.9	9.6	22.6
	小客车	实施前	23.9	36.3	44.4	10.2	20.5
		实施后	26.9	37.7	46.4	9.2	19.5
	所有车型	实施前	22.1	34.7	43.7	10.8	21.6
		实施后	23.5	35.7	45.5	9.8	22.0
		变化量	↑1.4	↑1.0	↑1.8	↓1.0	↑0.4
断面 2	摩托车	实施前	21.7	31.0	38.4	8.1	16.7
		实施后	21.6	30.8	40.7	8.2	19.1
	小客车	实施前	18.1	34.9	47.7	12.4	29.6
		实施后	26.1	36.3	45.5	9.2	19.4
	所有车型	实施前	17.0	33.7	46.2	12.0	29.2
		实施后	23.5	34.4	44.5	9.5	21.0
		变化量	↑6.5	↑0.7	↓1.7	↓2.6	↓8.2

实施前后弯道内侧速度指标对比(km/h) 表 7-21

类型		平均速度	v_{85}
摩托车	实施前	1	0.2
	实施后	−0.5	−2.2
小客车	实施前	−1.4	3.3
	实施后	−1.4	−0.9
所有车型	实施前	−1	2.5
	实施后	−1.3	−1

注:路段指标变化量为断面 2 与断面 1 相应指标的差。

实施前后弯道外侧各观测断面速度指标对比 (km/h) 表 7-22

类型			v_{15}	平均速度	v_{85}	标准差	$v_{85}-v_{15}$
断面 1	摩托车	实施前	20.7	27.6	36.8	7.3	16.1
		实施后	22.8	28.8	34.3	5.8	11.5
	小客车	实施前	21.8	31.8	39.6	7.6	17.8
		实施后	29.2	35.3	40.3	5.9	11.1
	所有车型	实施前	21.5	30.8	39.4	7.6	17.9
		实施后	26.2	32.9	39.6	6.7	13.4
		变化量	↑4.8	↑2.1	↑0.3	↓1.0	↓4.5
断面 2	摩托车	实施前	23.2	28.4	35.6	6.9	12.4
		实施后	20.2	27.9	32.6	6.9	12.4
	小客车	实施前	24.5	33.7	41.2	8.0	16.7
		实施后	28.1	35.0	40.0	5.5	11.9
	所有车型	实施前	22.5	31.7	40.8	8.0	18.3
		实施后	25.6	32.3	38.8	6.9	13.2
		变化量	↑3.1	↑0.5	↓2.0	↓1.1	↓5.1

实施前后弯道内侧速度指标对比(km/h) 表 7-23

类型		平均速度	v_{85}
摩托车	实施前	0.8	−1.2
	实施后	−0.9	−1.7
小客车	实施前	1.9	1.6
	实施后	−0.3	−0.3
所有车型	实施前	0.9	1.4
	实施后	−0.6	−0.8

注:路段指标变化量为断面 2 与断面 1 相应指标的差。

从表 7-20～表 7-23 所示数据可以看出:视距清理后,双方向断面 1、2 处机动车 v_{15} 及平均速度变化趋势不一致,变化幅度也有所差异且在 3km/h 以内居多。可见,视距清理对路段机动车各速度指标影响不大；图 7-40、图 7-41 为视距清理后，路段各断面机动车速度累计比例分布。两图也表明视距清理前后机动车速度指标变化不大。

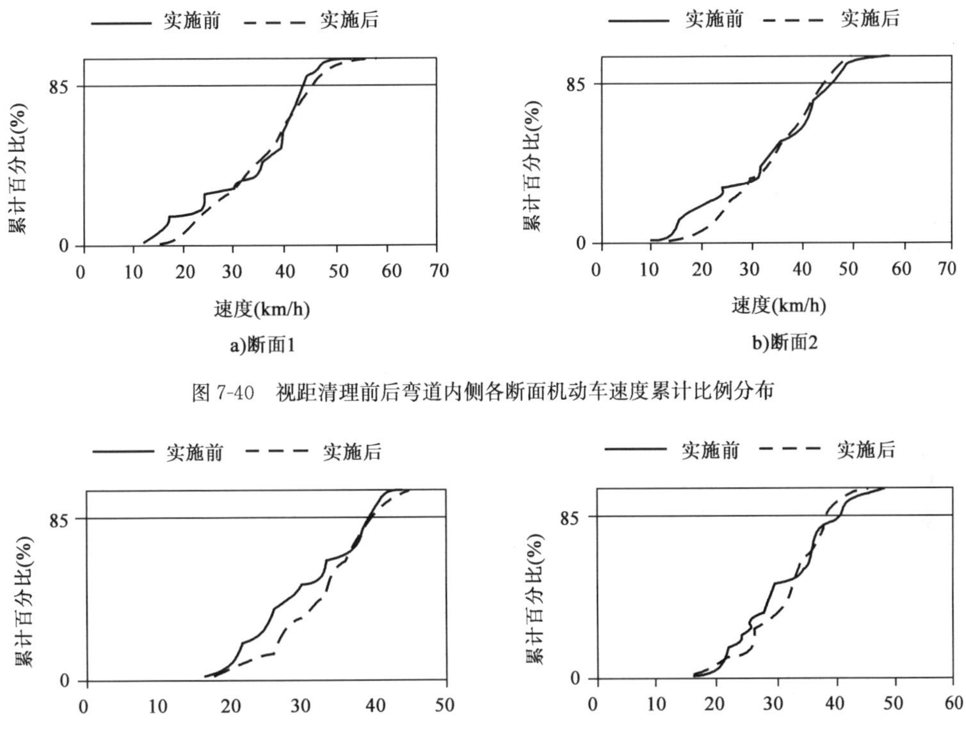

图 7-40 视距清理前后弯道内侧各断面机动车速度累计比例分布

图 7-41 视距清理前后弯道外侧各断面机动车速度累计比例分布

2)行驶轨迹分析

图 7-42a)、b)分别为清理视距障碍前后，K88+000 处大桩号→小桩号方向小客车和摩托车在曲线路段处行驶轨迹的分布。可以看出，视距清理前小客车左前轮主要分布在第 1 观测分区内，视距障碍清理后，小客车轨迹则主要分布在第 2 观测分区内。实施后小客车行驶轨迹更为分散，有靠近道路中心行驶的趋势。

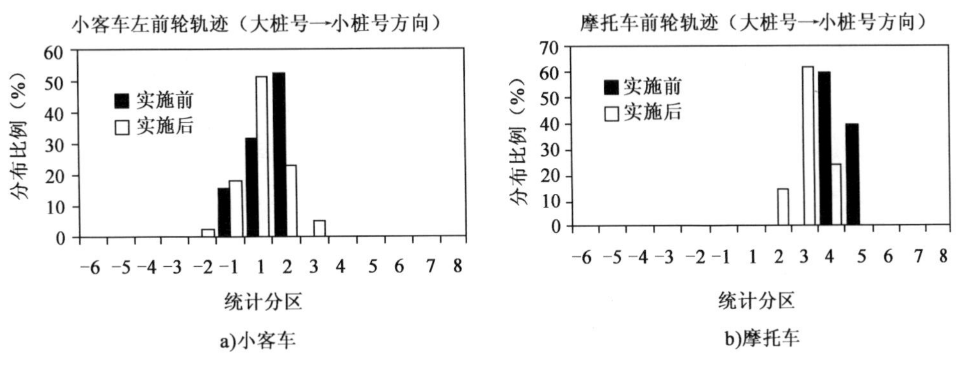

图 7-42 清除视距障碍前后弯道处车辆行驶轨迹分布

图 7-42b)说明摩托车行驶轨迹与小客车行驶轨迹有同样的变化规律，即实施后较靠近道路中心。左前轮行驶轨迹分布由实施前的第 4 分区变化为第 3 分区。

在视距障碍清理前，为保证安全，车辆往往选择靠曲线外侧行驶，以获得最好的视线。而在视距障碍被清理后，为获得较高的行驶速度和舒适性，行驶轨迹则较靠近道路中心。可见，视距清理对弯道行车轨迹影响较大。

3)主要结论

从运行速度和行驶轨迹两角度分析视距不良弯道处视距清理措施对机动车行驶特征的影响，得到以下结论：

(1)视距清理前后机动车平均速度和运行速度变化不大，但速度统计值标准差有所下降，即视距清理后机动车行驶速度有趋于一致的趋势。

(2)在视距障碍清理前，为保证安全，车辆往往选择靠曲线外侧行驶，以获得最好的视线。而在视距障碍被清理后，为获得较高的行驶速度和舒适性，行驶轨迹则较靠近道路中心。可见，视距清理对弯道行车轨迹影响较大。

8. 示警桩

示警桩设置于路侧，在起到警示作用的同时，还起到诱导道路线形作用。考虑到不同线形处示警桩的作用及效果的差异性。示警桩实施效果评价现场观测阶段分别选择了直线路段和曲线路段进行车辆行驶速度的观测。

直线路段示警桩实施效果观测点位于贵州省凤冈县某农村公路(以下简称 A 点)。该路段为长直线路段，两侧均为鱼塘，路堤较高。示范工程实施前，该路段仅一侧有行道树，一侧则没有任何防护。示警桩实施后观测现场如图 7-43 所示。

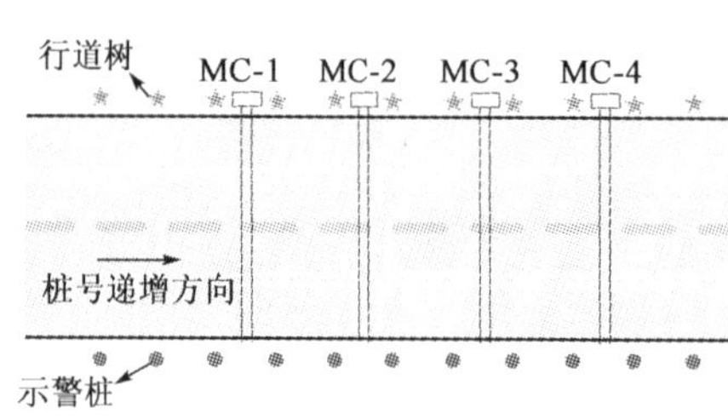

图 7-43　X352 线 K18+845 观测现场示意

曲线路段示警桩实施效果观测点位于贵州省凤冈县某农村公路(以下简称 B 点)。该路段为急弯路段，考虑在曲线外侧设置示警桩。为掌握设置示警桩后双方向车辆行驶速度的变化趋势，在现场观测时，曲线路段中点两侧均设有观测断面。观测现场如图 7-44 所示。

示警桩
MC-4
MC-3
MC-2
MC-1
桩号递增方向

图 7-44　X352 线 K7+260 示警桩实施效果观测现场

1)直线路段

(1)行驶速度分析。

项目组统计分析了示警桩实施前后，观测路段各断面车辆行驶速度，运行速度、平均速度等速度指标，见表 7-24 和表 7-25。

实施前后设置示警桩一侧各观测断面速度指标对比(km/h)　　表 7-24

类型			v_{15}	平均速度	v_{85}	标准差	$v_{85}-v_{15}$
断面 1	摩托车	实施前	21.3	30.0	38.2	8.1	16.9
		实施后	20.3	31.3	42.9	9.6	22.6
	小客车	实施前	23.9	36.3	44.4	10.2	20.5
		实施后	26.9	37.7	46.4	9.2	19.5
	所有车型	实施前	22.1	34.7	43.7	10.8	21.6
		实施后	23.5	35.7	45.5	9.8	22.0
		变化量	↑1.4	↑1.0	↑1.8	↓1.0	↑0.4
断面 2	摩托车	实施前	21.7	31.0	38.4	8.1	16.7
		实施后	21.6	30.8	40.7	8.2	19.1
	小客车	实施前	18.1	34.9	47.7	12.4	29.6
		实施后	26.1	36.3	45.5	9.2	19.4
	所有车型	实施前	17.0	33.7	46.2	12.0	29.2
		实施后	23.5	34.4	44.5	9.5	21.0
		变化量	↑6.5	↑0.7	↓1.7	↓2.6	↓8.2
断面 3	摩托车	实施前	24.4	31.5	38.9	8.3	14.5
		实施后	23.6	30.5	39.9	6.8	16.3
	小客车	实施前	17.9	36.7	49.5	13.8	31.6
		实施后	27.1	36.0	44.2	8.4	17.1
	所有车型	实施前	17.8	35.5	48.4	13.2	30.6
		实施后	24.2	34.2	42.8	8.5	18.6
		变化量	↑6.4	↓1.3	↓5.6	↓4.8	↓12.0
断面 4	摩托车	实施前	24.1	42.9	51.3	25.9	27.2
		实施后	22.6	29.0	30.3	5.9	13.7
	小客车	实施前	19.0	30.7	40.7	18.1	30.4
		实施后	25.1	33.1	40.7	7.5	15.6
	所有车型	实施前	18.4	38.5	48.1	19.2	29.7
		实施后	24.1	31.8	39.0	7.3	14.9
		变化量	↑5.6	↓6.8	↓9.1	↓11.9	↓14.7

实施前后路段速度指标对比(km/h)　　表 7-25

类型		平均速度	v_{85}
摩托车	实施前	12.9	13.1
	实施后	−2.3	−6.6
小客车	实施前	2.4	4.3
	实施后	−4.6	−5.7
所有车型	实施前	3.8	4.4
	实施后	−3.9	−6.5

注：路段指标变化量为断面 4 与断面 1 相应指标的差。

从表 7-24 和表 7-25 可以看出：双方向各断面 v_{15} 和平均速度均有小幅变化幅度，变化幅度在 3km/h 以内。示警桩设置之后，机动车运行速度变化不明显。图 7-45 也反映出该特点。

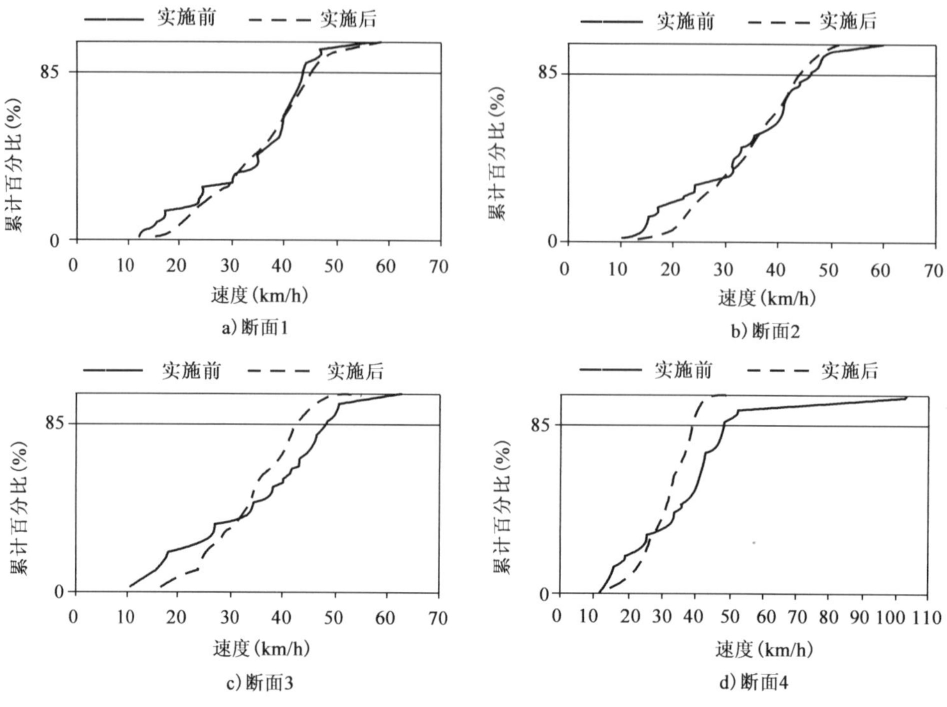

图 7-45 实施前后设置示警桩一侧各断面机动车速度累计比例分布

(2)行驶轨迹分析。

因上述观测点仅一侧设置示警桩，故该点行驶轨迹的分析仅从该方向入手。

小桩号→大桩号方向为设置示警桩一侧方向。图 7-46a)表明示警桩设置前后小客车行驶轨迹分布变化较小。设置示警桩之后小客车驶向对向车道的情况有所减少，小客车行驶轨迹离道路中心距离变大。

从图 7-46b)看出，该方向设置示警桩前摩托车行驶轨迹较集中，70%左右的摩托车行驶轨迹集中在 3 分区内。设置示警桩之后摩托车行驶轨迹分布则变化较大，断面各位置均有分布。

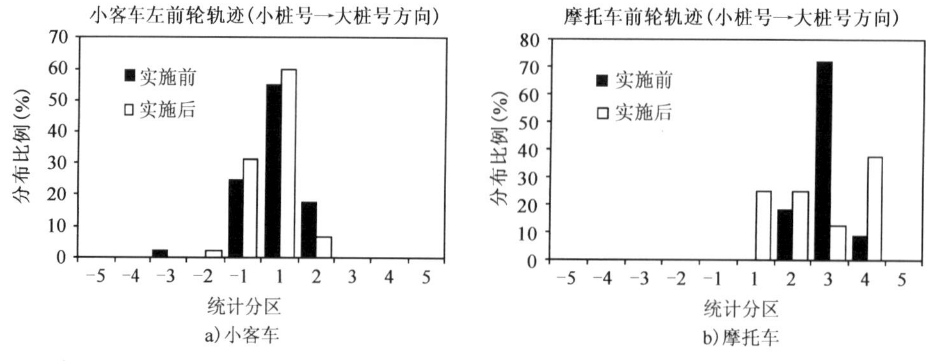

图 7-46 示警桩实施前后行驶轨迹分布

2)曲线路段

(1)行驶速度分析。

表 7-26 和表 7-27 为示警桩实施前后路段速度特征变化情况，可以看出示警桩实施后，平均速度和运行速度均有所提高，运行速度涨幅在 7km/h 以内，平均速度涨幅在 5km/h 以内，运行速度比平均速度提高得多，实施示警桩一侧比未实施示警桩一侧提高得多。同时，速度差也有所升高。

实施前后设示警桩一侧各观测断面速度指标对比(km/h)　　表 7-26

类型			v_{15}	平均速度	v_{85}	标准差	$v_{85}-v_{15}$
断面 1	摩托车	实施前	21.7	25.9	30.5	5.5	8.8
		实施后	26.6	35.3	43.0	9.0	16.4
	小客车	实施前	33.3	41.1	49.7	8.6	16.4
		实施后	32.7	44.6	53.4	10.2	20.7
	所有车型	实施前	28.1	38.5	47.7	9.7	19.6
		实施后	30.1	41.5	52.3	10.6	22.2
		变化量	↑2.0	↑3.0	↑4.7	↑1.0	↑2.7
断面 2	摩托车	实施前	19.3	24.0	28.3	5.5	9.0
		实施后	25.1	33.6	42.6	9.2	17.5
	小客车	实施前	31.2	38.1	45.2	7.6	14.0
		实施后	30.2	43.3	51.6	10.1	21.4
	所有车型	实施前	25.3	35.6	43.5	8.7	18.2
		实施后	27.7	39.9	50.8	10.7	23.1
		变化量	↑2.4	↑4.3	↑7.3	↑2.0	↑4.9
断面 3	摩托车	实施前	19.1	25.8	31.7	6.8	12.6
		实施后	24.3	34.1	42.7	9.4	18.4
	小客车	实施前	32.7	39.5	47.7	8.2	15.0
		实施后	32.0	44.6	53.2	9.9	21.2
	所有车型	实施前	27.1	37.0	46.4	9.2	19.3
		实施后	27.6	40.9	52.4	10.8	24.8
		变化量	↑0.5	↑3.9	↑6.0	↑1.6	↑5.5
断面 4	摩托车	实施前	18.9	28.7	39.5	8.9	20.6
		实施后	26.1	39.9	49.1	11.4	23.0
	小客车	实施前	37.7	45.8	55.7	10.2	18.0
		实施后	33.9	49.2	61.6	12.9	27.7
	所有车型	实施前	30.8	43.1	54.9	11.4	24.1
		实施后	29.3	45.9	59.4	13.1	30.1
		变化量	↓1.5	↑2.8	↑4.5	↑1.7	↑6.0

实施前后路段速度指标对比(km/h)　　表 7-27

类型		平均速度	v_{85}
摩托车	实施前	2.8	9
	实施后	4.6	6.1
小客车	实施前	4.7	6
	实施后	4.6	8.2
全部	实施前	4.6	7.2
	实施后	4.4	7.1

注:路段指标变化量为断面 4 与断面 1 相应指标的差。

图 7-47 为该路段双方向各断面机动车速度累计比例分布。

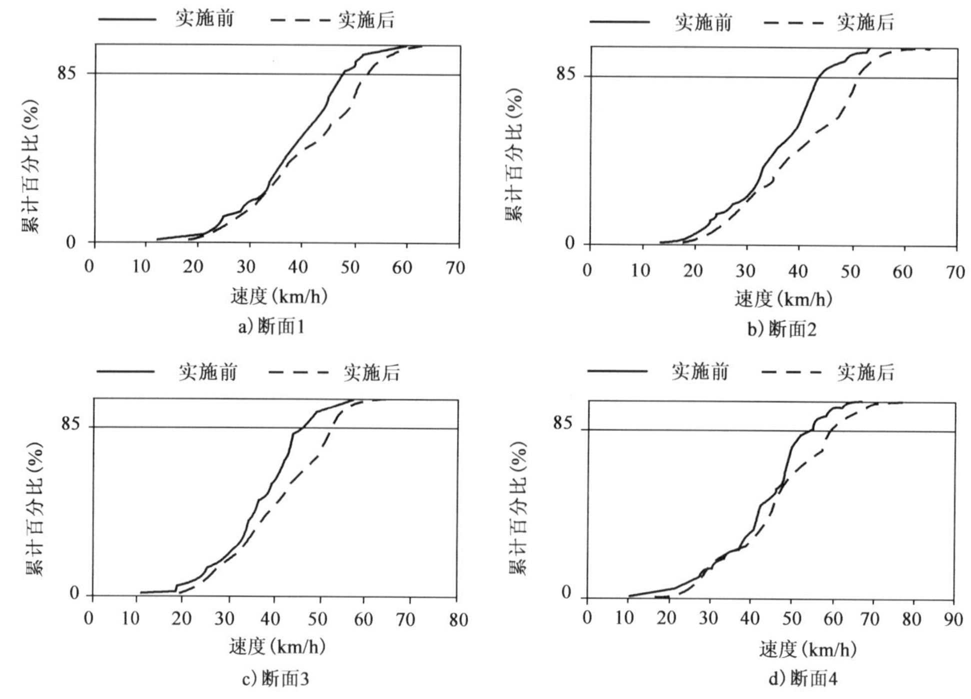

图 7-47　实施前后设示警桩一侧各断面机动车速度累计比例分布

可见,曲线路段在实施示警桩后路段车辆运行速度有所提高,处于高速运行的车辆的比例有所增加。这可能与示警桩在曲线路段的线形诱导作用有关。

(2)行驶轨迹分析。

图 7-48a)、b)为一侧示警桩设置前后小客车和摩托车行驶轨迹变化的分布。从图 7-48a)可以看出,设置之前小客车左前轮行驶轨迹主要集中在第 2 分区,设置示警桩之后左前轮轨迹则分布在第 1 分区。可见设置示警桩之后,小客车左前轮轨迹距道路中心距离较设置之前近。

摩托车行驶轨迹的观测对比结果表明,摩托车同小客车一样,在示警桩设置之后,其行驶轨迹有靠近道路中心的趋势,见图 7-48b)。

3)主要结论

针对机动车行驶速度分布和行驶轨迹分布两角度,对示警桩实施效果进行了分析,主要得

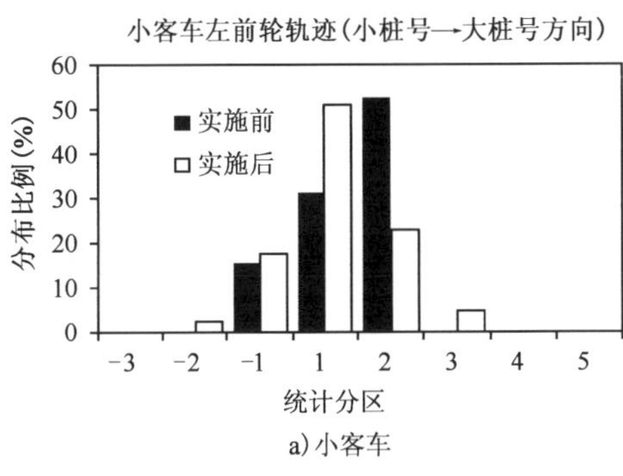

a)小客车

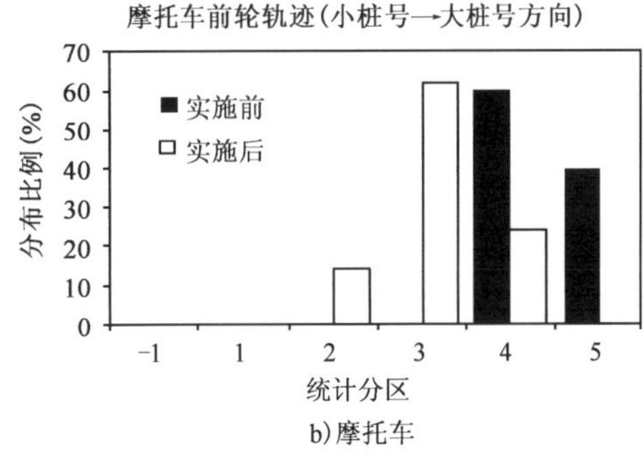

b)摩托车

图 7-48 示警桩设置前后行驶轨迹分布

到以下结论：

(1)示警桩设置对机动车行驶速度影响的变化趋势尚不明确。

(2)示警桩对机动车行驶轨迹的影响程度受路侧环境、路段线形、路基宽度等因素的影响，其效果需要进一步观测。

考虑到示警桩线形诱导的作用，推荐在路侧险要但条件受限无法设置路侧防护的路段使用示警桩。

9. 波形梁护栏

波形梁护栏在示范路主要应用于路侧险要路段，本研究以凤冈县 X352 线 K15＋700 处路段为例，分析波形梁护栏实施前后路段车辆运行速度变化趋势。X352 线 K15＋700 处附近路段一侧路堤较高，且为临河路段，示范工程实施前该侧已设有示警桩。考虑到该路段路侧险要，需要在该路段加设波形梁护栏(图 7-49)。

a)实施前

b)实施后

图 7-49 波形梁护栏实施路段概况

波形梁护栏示范点调研中设 3 个观测断面进行观测，其中断面 2 靠近曲线中点位置，断面 1、3 则在曲线中点两侧适当位置布设。

1)行驶速度分析

表 7-28 和表 7-29 为该路段设波形梁护栏前后路段速度统计指标的对比。从表所示的各路段速度指标对比可以看出，各路段实施前后速度指标变化趋势并不一致，速度指标变化幅度也较小。未设波形梁护栏一侧运行速度和平均速度变化基本在 2km/h 以内，设波形梁护栏一

侧基本在 5km/h 以内。这反映出波形梁护栏实施对路段机动车速度指标的影响很小。

实施前后设波形梁护栏一侧各观测断面速度指标对比(km/h) 表 7-28

类型			v_{15}	平均速度	v_{85}	标准差	$v_{85}-v_{15}$
断面 1	摩托车	实施前	26.5	33.5	41.4	8.9	14.9
		实施后	25.9	33.7	40.7	8.1	14.8
	小客车	实施前	32.5	42.7	51.3	8.8	18.8
		实施后	28.9	40.4	50.5	9.5	21.6
	所有车型	实施前	27.7	39.5	50.0	9.9	22.3
		实施后	26.6	37.0	47.5	9.5	20.9
		变化量	↓1.1	↓2.5	↓2.5	↓0.4	↓1.4
断面 2	摩托车	实施前	22.8	30.6	38.5	8.2	15.7
		实施后	22.6	31.2	40.0	8.6	17.4
	小客车	实施前	32.2	38.8	46.2	6.4	14.0
		实施后	28.0	39.4	49.2	9.1	21.2
	所有车型	实施前	27.5	35.9	44.8	8.2	17.3
		实施后	24.4	35.4	46.5	9.7	22.1
		变化量	↓3.1	↓0.5	↑1.7	↑1.5	↑4.8
断面 3	摩托车	实施前	25.6	37.9	48.9	10.8	23.3
		实施后	26.8	36.3	46.8	10.0	20.0
	小客车	实施前	39.1	50.1	59.8	9.5	20.7
		实施后	32.6	46.3	58.0	11.2	25.4
	所有车型	实施前	34.1	46.1	59.1	11.4	25.0
		实施后	29.5	41.3	54.5	11.7	25.0
		变化量	↓4.6	↓4.8	↓4.6	↑0.3	↓0.0

实施前后路段速度指标对比(km/h) 表 7-29

类型		平均速度	v_{85}
摩托车	实施前	4.4	7.5
	实施后	2.6	6.1
小客车	实施前	7.4	8.5
	实施后	5.9	7.5
所有车型	实施前	6.6	9.1
	实施后	4.3	7

注:路段指标变化量为断面 3 与断面 1 相应指标的差。

实施前后设波梁形护栏一侧各断面机动车速度累计比例分布如图 7-50 所示。

2)行驶轨迹分析

该路段为设置波形梁护栏的曲线路段,因此波形梁护栏对行驶轨迹分布的影响需要从曲线内侧行驶方向来分析。

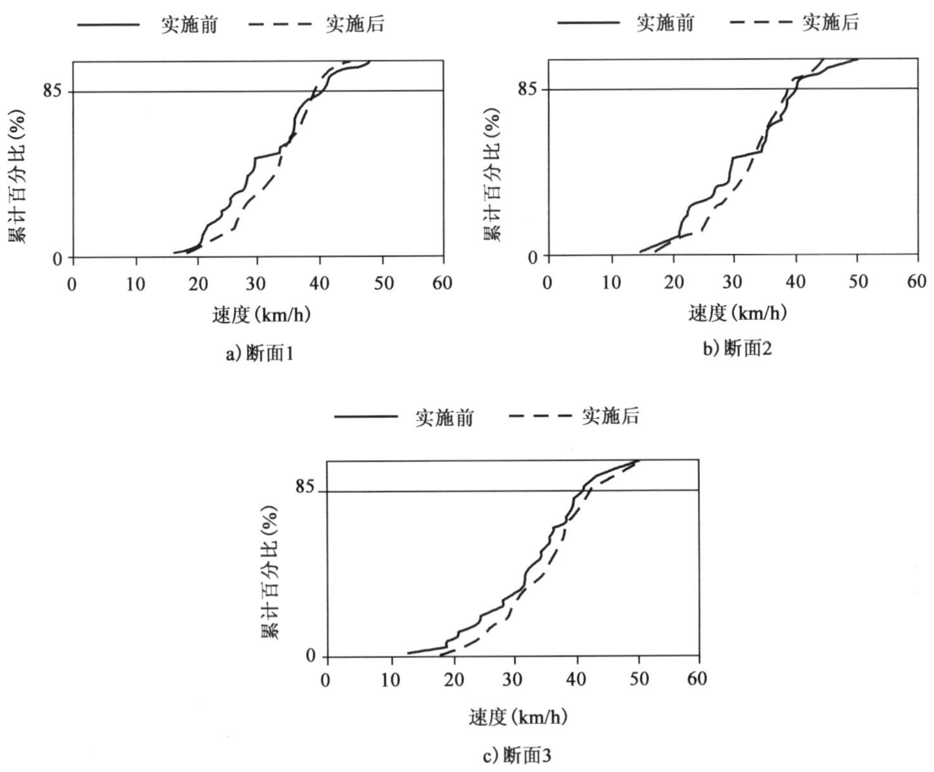

图 7-50　实施前后设波形梁护栏一侧各断面机动车速度累计比例分布

图 7-51a)、b)分别为波形梁护栏设置前后曲线内侧行驶方向小客车和摩托车行驶轨迹分布。从图 7-51 中可以看出，波形梁护栏在实施后小客车和摩托车行驶轨迹都表现出偏离道路中心的趋势。

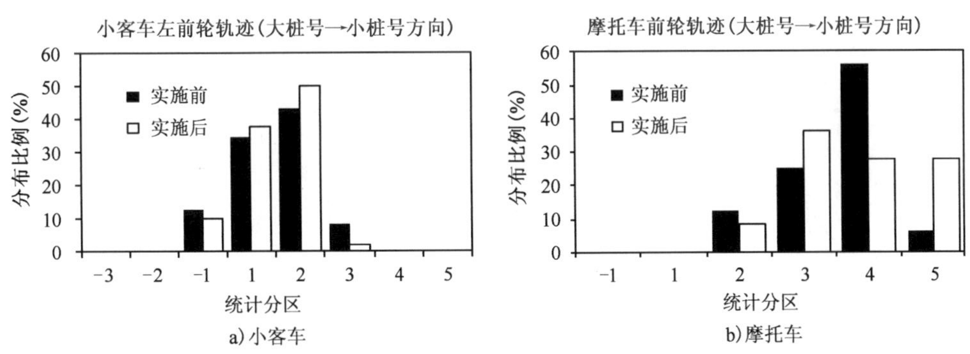

图 7-51　波形梁护栏设置前后小客车和摩托车行驶轨迹分布(曲线内侧行驶方向)

3)主要结论

波形梁护栏实施前后机动车行驶行为的变化规律表明：

(1)波形梁护栏实施后对机动车速度影响变化没有明显的规律性，波形梁护栏对机动车速度影响不大。

(2)波形梁护栏实施后小客车和摩托车行驶轨迹变化较小,各车型行驶轨迹表现出偏离道路中心的特点。

10. 混凝土护栏

示范线路 G320 线关岭县境内 K2248+700 处为混凝土护栏示范点。该处沿桩号递增方向布设于弯道外侧,如图 7-52 和图 7-53 所示。

图 7-52 弯道外侧的混凝土护栏

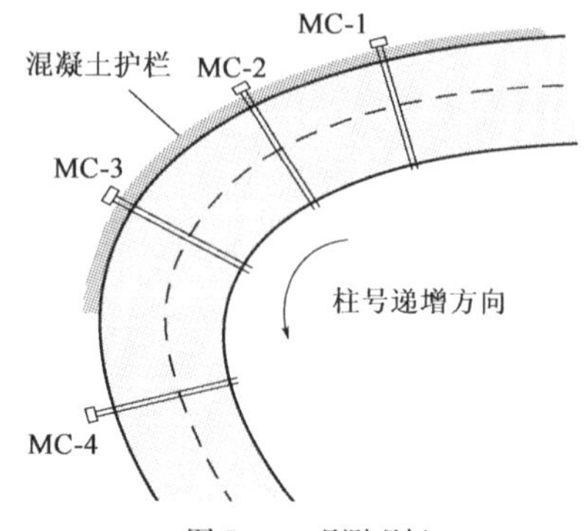

图 7-53 观测现场

1)行驶速度分析

项目组统计分析了示警桩实施前后,观测路段混凝土护栏一侧各断面车辆行驶速度,运行速度、平均速度等速度指标,见表 7-30 和表 7-31。表 7-30 和表 7-31 中数据表明,设置混凝土护栏后,各观测断面机动车速度统计指标变化趋势并不一致,指标变化幅度较小,各断面平均速度变化幅度在 2.5km/h 以内,运行速度变化幅度在 4km/h 以内。

实施前后各观测断面速度指标对比(km/h) 表 7-30

类型			v_{15}	平均速度	v_{85}	标准差	$v_{85}-v_{15}$
断面 1	摩托车	实施前	33.4	43.7	54.0	10.0	20.6
		实施后	36.7	49.6	62.3	10.6	25.6
	小客车	实施前	38.5	50.6	62.9	12.0	24.4
		实施后	37.4	53.1	68.3	14.7	30.9
	所有车型	实施前	36.8	49.6	61.5	11.8	24.7
		实施后	37.0	51.8	65.3	13.5	28.3
		变化量	↑0.1	↑2.2	↑3.8	↑1.8	↑3.7
断面 2	摩托车	实施前	29.5	39.6	48.3	8.9	18.8
		实施后	30.7	40.0	50.6	9.2	19.9
	小客车	实施前	34.3	46.2	56.8	11.4	22.5
		实施后	32.3	45.1	57.2	11.7	24.9
	所有车型	实施前	33.9	45.6	56.2	11.2	22.3
		实施后	31.7	43.7	54.7	11.0	23.0
		变化量	↓2.2	↓1.9	↓1.5	↓0.2	↑0.7
断面 3	摩托车	实施前	32.3	38.0	46.7	7.2	14.4
		实施后	31.1	38.4	49.8	9.1	18.7

续上表

类型			v_{15}	平均速度	v_{85}	标准差	$v_{85}-v_{15}$
断面3	小客车	实施前	33.7	44.3	55.2	10.6	21.5
		实施后	31.2	45.5	59.0	11.9	27.8
	所有车型	实施前	32.6	43.7	53.7	10.4	21.1
		实施后	31.2	43.6	55.5	11.4	24.3
		变化量	↓1.4	↓0.1	↑1.8	↑1.0	↑3.2
断面4	摩托车	实施前	31.6	37.8	48.3	7.6	16.7
		实施后	26.7	36.0	48.9	9.7	22.2
	小客车	实施前	32.9	44.7	56.6	11.2	23.7
		实施后	31.1	45.9	60.5	13.9	29.4
	所有车型	实施前	32.4	44.1	54.5	11.0	22.1
		实施后	29.6	43.2	56.7	13.3	27.1
		变化量	↓2.8	↓0.9	↑2.2	↑2.3	↑5.0

实施前后路段速度指标对比(km/h)　　表7-31

类型		平均速度	v_{85}
摩托车	实施前	−5.9	−5.7
	实施后	−13.6	−13.4
小客车	实施前	−5.9	−6.3
	实施后	−7.2	−7.8
所有车型	实施前	−5.5	−7
	实施后	−8.6	−8.6

注：路段指标变化量为断面4与断面1相应指标的差。

从图7-54所示的各断面速度累计比例分布图可以看出，各断面实施前后观测的速度分布非常接近，这也表明混凝土护栏的实施对于机动车速度影响较小。

2)行驶轨迹分析

混凝土护栏实施前后对机动车行驶轨迹影响的评价以凤冈县X352线K1+500附近混凝土护栏路段为例。

图7-55a)、b)分别为该观测点处设置混凝土护栏一侧实施前后小客车和摩托车行驶轨迹的分布。两图均表明，混凝土护栏实施后小客车和摩托车行驶轨迹更靠近道路中心。其中小客车行驶轨迹变化最为明显，施工后小客车左前轮轨迹在道路中心附近的比例有所提高。

3)主要结论

混凝土护栏实施前后的车辆运行速度对比分析表明：

(1)混凝土护栏实施后，路段车速无明显变化规律，速度指标变化幅度均较小。

(2)混凝土护栏施工后机动车行驶轨迹趋向于靠近道路中心。

11. 中心黄色实折线

在《道路交通标志和标线》(GB 5768—2009)中一种白色实折线以提醒注意前方路面状况

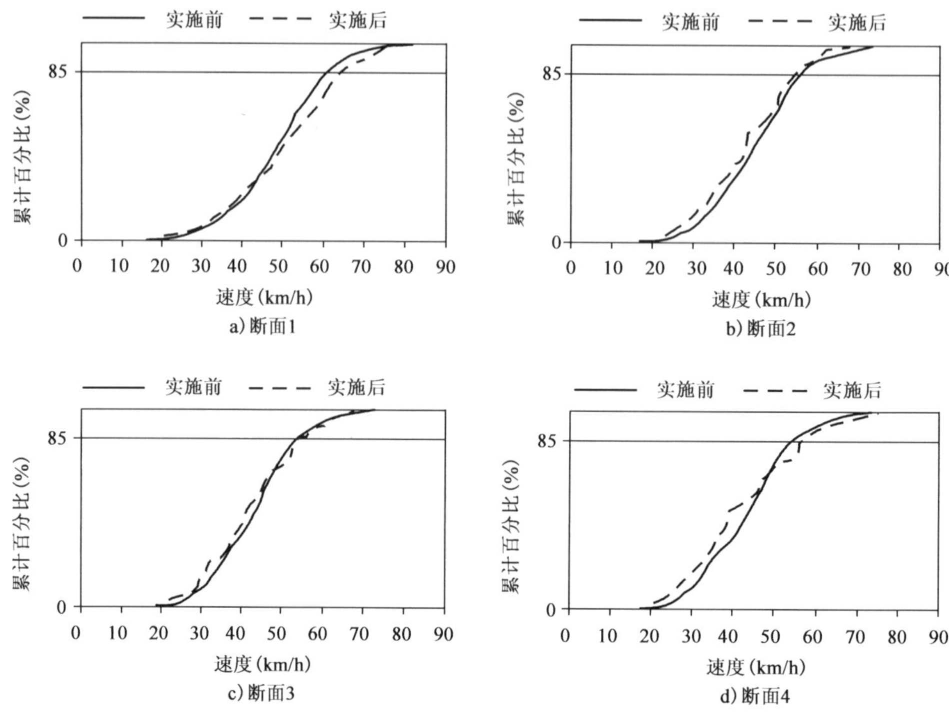

图 7-54　实施前后各断面机动车速度累计比例分布

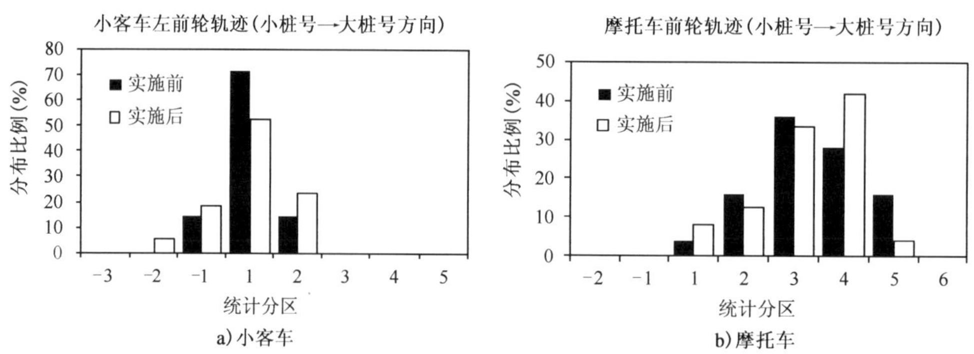

图 7-55　混凝土护栏设置前后小客车和摩托车行驶轨迹分布

的标记,如图 7-56 所示。该标记主要应用于不易发现前方路面状况发生变化的路段,以提醒驾驶员注意并尽早采取措施。借鉴该标记的设置形式,课题组在农村公路的一些视距不良的弯道路段前设置了中心黄色实折线,折线顶角 60°,线宽 15cm,折线宽约 40cm,如图 7-57 所示。

针对中心黄色实折线的应用效果,课题组进行了车速和轨迹两方面的前后对比观测。5 道气压管速度检测传感器分别布设于直线路段上进入弯道前距直缓点 60m、40m 处以及弯道的直缓点、缓圆点、缓直点(分别编号断面 1～5),轨迹观测点位于进入弯道的缓和曲线中点处,数据采集断面示意图如图 7-58 所示。观测路段弯道外侧宽为 4.6m,内侧宽为 4m。

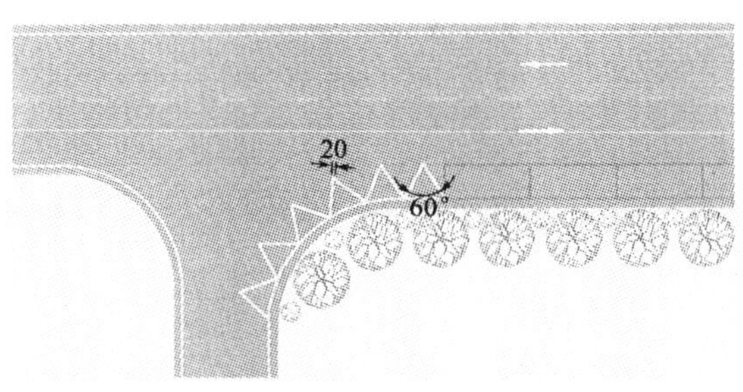

图 7-56　注意前方路面状况标记

图 7-57　中心黄色实折线

在轨迹观测时，先进行约两小时的观测，然后在断面 2 和断面 4 之间原有已磨损的中心单黄实线的基础上粘贴中心黄色实折线标线带，最后再进行两小时同样项目的观测，施画中心黄色实折线的前后对比如图 7-59 所示。需要说明的是，观测路段弯道上存在两个小支路口的干扰，尽管支路口中的交通量很小，但也需要在数据观测时将进出支路口的车辆排除在外。

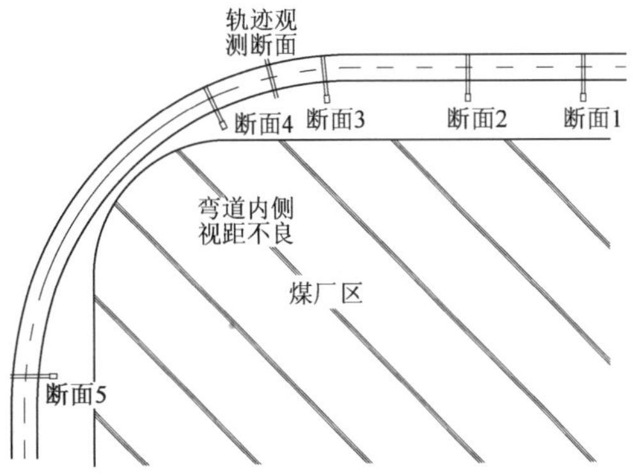

图 7-58　数据采集断面示意图

1)行驶速度分析

(1)弯道内侧。

①摩托车车速变化分析。

图 7-59　施画中心黄色实折线的前后对比图

表 7-32 和图 7-60 为观测路段弯道内侧摩托车的速度变化情况，从中可以看出，设置中心黄色实折线后，摩托车速度略有增大，但不明显。

弯道内侧的摩托车平均速度观测结果　　表 7-32

类　型	断面 5	断面 4	断面 3	断面 2	断面 1
设置前(km/h)	22.36	17.19	18.92	22.06	23.47
设置后(km/h)	23.8	17.71	18.85	23.7	24.42
速度降低量(km/h)	−1.44	−0.52	−0.87	0	−0.95

②其他机动车车速变化分析。

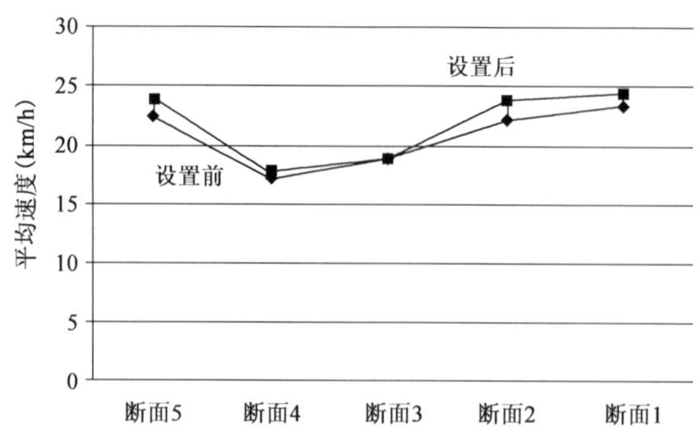

图 7-60　设置中心黄色实折线前后弯道内侧摩托车的平均速度变化图

表 7-33 和图 7-61 为观测路段弯道内侧除摩托车以外车辆的速度变化情况，从中可以看出，设置中心黄色实折线后，除摩托车以外机动车辆速度略有下降，但不明显。

弯道内侧除摩托车以外车辆平均速度观测结果　　表 7-33

类　型	断面 5	断面 4	断面 3	断面 2	断面 1
设置前(km/h)	28.16	20.28	21.75	27.68	28.78
设置后(km/h)	27.83	19.52	19.95	25.79	27.35
速度降低量(km/h)	0.33	0.76	1.8	1.89	1.43

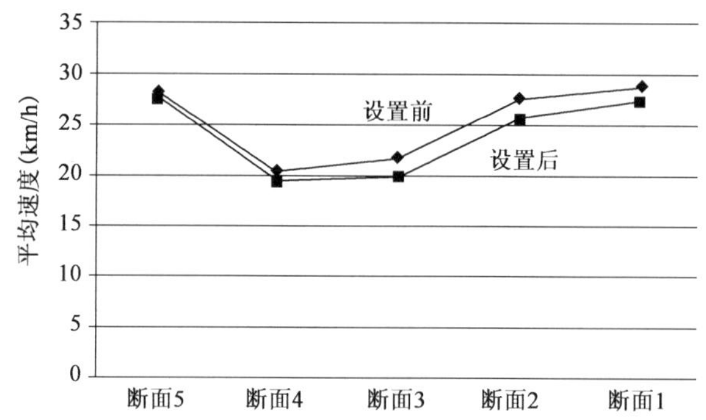

图 7-61　设置中心黄色实折线前后弯道内侧除摩托车以外车辆平均速度变化图

(2)弯道外侧。

①摩托车车速变化分析。

表 7-34 和图 7-62 所示为观测路段弯道外侧车辆的速度变化情况，从中可以看出，设置中心黄色实折线前后，摩托车速度的变化趋势一致，设置后速度略有增大，但不明显。

弯道外侧的摩托车平均速度观测结果　　表 7-34

类　型	断面 1	断面 2	断面 3	断面 4	断面 5
设置前(km/h)	25.65	23.98	18.85	17.64	20.78
设置后(km/h)	26.12	24.19	19.72	17.64	23.07
速度降低量(km/h)	−0.47	−0.21	−0.87	0	−2.29

②除摩托车外的其他机动车车速变化分析。

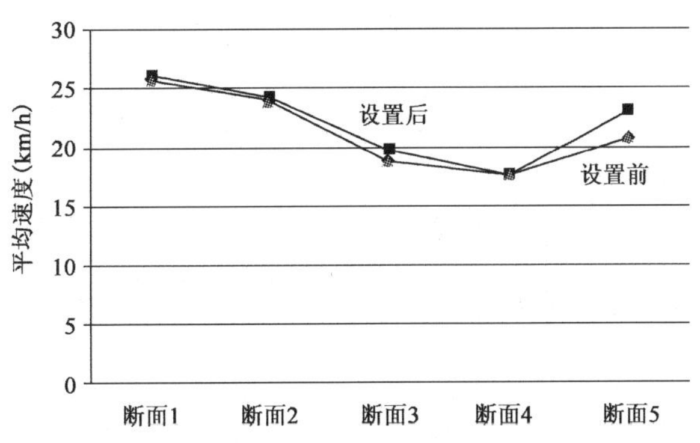

图 7-62　设置中心黄色实折线前后弯道外侧摩托车的平均速度变化图

表 7-35 和图 7-63 所示为观测路段弯道外侧除摩托车以外车辆速度变化情况，从中可以看出，设置中心黄色实折线前后，除摩托车以外机动车辆速度的变化趋势一致，设置后速度略有增大，但不明显。

弯道外侧摩托车以外机动车辆平均速度观测结果　　表 7-35

类　型	断面 1	断面 2	断面 3	断面 4	断面 5
设置前(km/h)	34.54	30.79	25.02	22.61	27.75
设置后(km/h)	37.32	32.7	25.41	23.4	26.75
速度降低量(km/h)	−2.78	−1.91	−0.39	−0.79	1

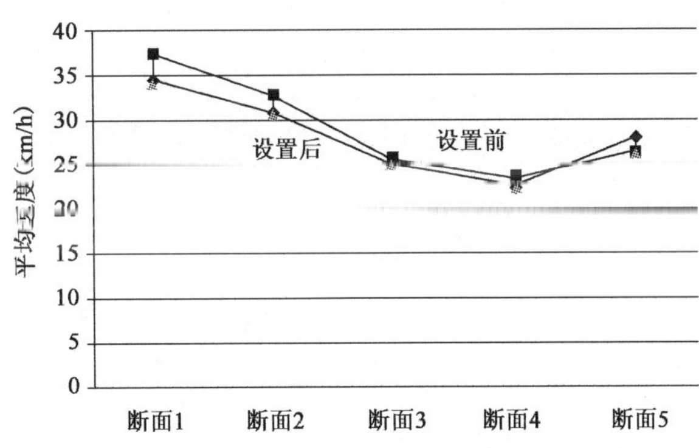

图 7-63　设置中心黄色实折线前后弯道外侧除摩托外机动车辆平均速度变化图

通过上述针对摩托车和除摩托车以外的机动车辆车速的分析可知，中心黄色实折线的设置对机动车辆的车速几乎没有影响，除摩托车以外的机动车辆车速比摩托车车速略高。

2)行驶轨迹分析

(1)弯道内侧。

①摩托车轨迹变化分析。

图 7-64 为设置中心黄色实折线前后弯道内侧摩托车轨迹变化图，用正态分布拟合其车辆前轮左边缘的轨迹分布情况，从中可以看出，设置前后均没有越线情况。但从正态分布函数值最大值方面来看，设置后摩托车的轨迹线平均远离中心线约 0.4m。

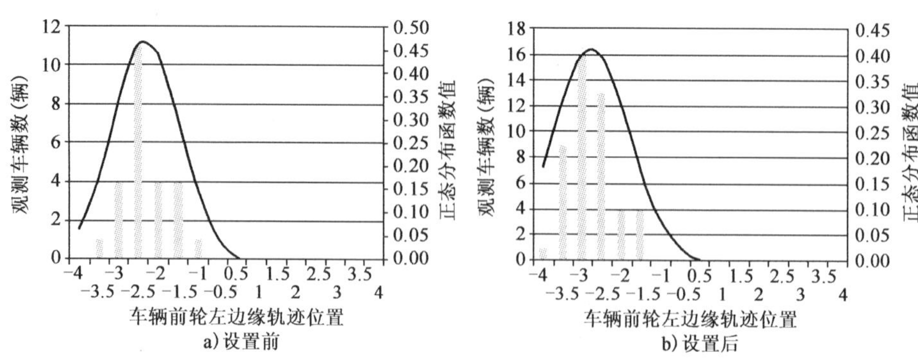

图 7-64　设置中心黄色实折线前后弯道内侧摩托车轨迹变化图

②其他机动车轨迹变化分析。

图 7-65 为设置中心黄色实折线前后弯道内侧除摩托车外其他机动车轨迹变化图，用正态分布拟合其车辆左前轮的轨迹分布情况。从中可以看出，设置前车辆的越线率高达 25%，设置后仅为 2.33%；从正态分布函数值最大值方面来看，设置后除摩托车外机动车的轨迹线远离中心线约 0.3m。

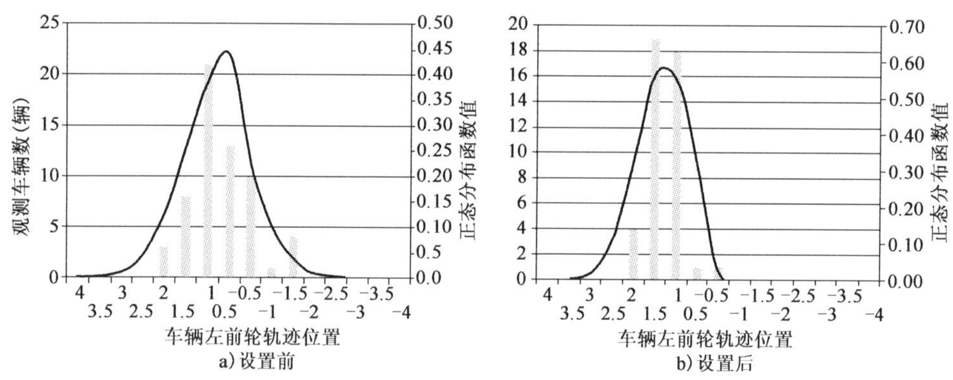

图 7-65　设置中心黄色实折线前后弯道内侧除摩托车外的机动车轨迹变化图

(2)弯道外侧。

①摩托车轨迹变化分析。

图 7-66 为设置中心黄色实折线前后弯道外侧摩托车轨迹变化图，用正态分布拟合其车辆前轮左边缘的轨迹分布情况。从中可以看出，设置前后均有一定的越线率，设置前后分别为 4%和 4.08%，几乎没有变化。但从正态分布函数值最大值方面来看，设置后摩托车轨迹线平均远离中心线约 0.3m。

②其他机动车轨迹变化分析。

图 7-67 为设置中心黄色实折线前后弯道外侧除摩托车外其他机动车轨迹变化图，用正态分布拟合其车辆左前轮的轨迹分布情况。从中可以看出，设置前车辆的越线率为 20.90%，设置后为 19.67%；从正态分布函数值最大值方面来看，设置后除摩托车外机动车的轨迹线远离中心线约 0.3m。

设置中心黄色实折线前后轨迹变化情况，如表 7-36 所示。

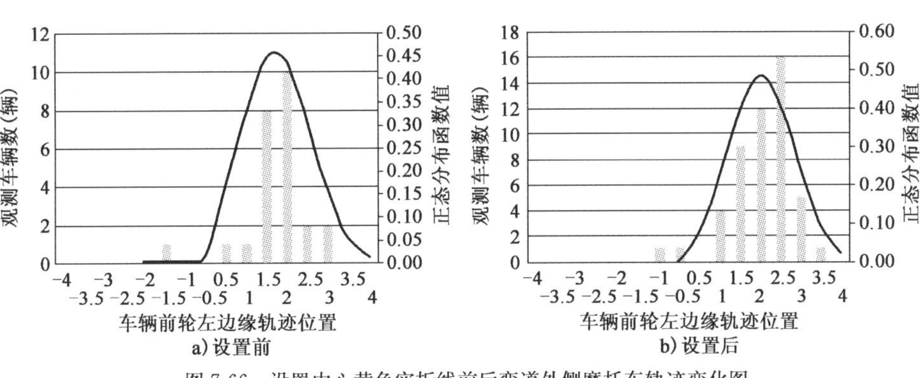

图 7-66　设置中心黄色实折线前后弯道外侧摩托车轨迹变化图

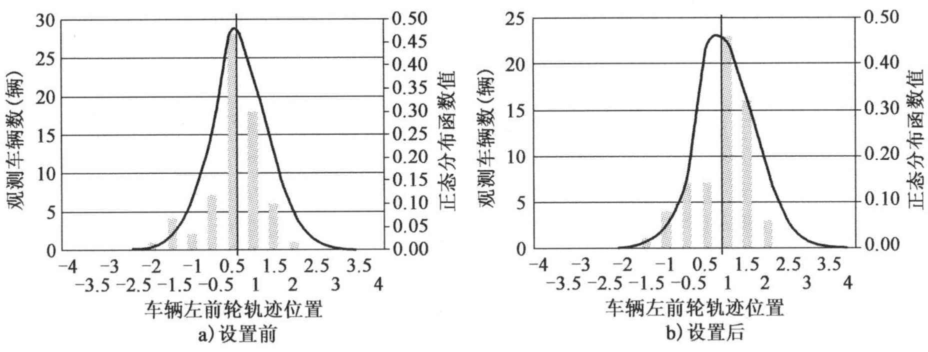

图 7-67　设置中心黄色实折线前后弯道外侧除摩托车外的机动车轨迹变化图

设置中心黄色实折线前后越线率和轨迹正态分布最大值变化表　　表 7-36

车　型	弯道内侧			弯道外侧		
	设置前	设置后	偏移量	设置前	设置后	偏移量
摩托车	0/2.3	0/2.7	0/0.4	4/1.7	4.08/2	0.08/0.3
其他机动车	25/0.5	2.33/1.3	22.67/0.8	20.90/0.6	19.67/0.7	1.23/0.1

注：表中数据格式为“越线率(%)/轨迹正态分布最大值(m)”。

从表 7-36 中可以看出，中心黄色实折线的设置对弯道内侧除摩托车外机动车轨迹的影响最大，越线率降低 22.67%，正态分布函数值最大值向弯道内侧偏移 0.8m，如图 7-68 所示。对于弯道外侧除摩托车外机动车，设置中心黄色实折线后仍然存在骑线压线的情况，如图 7-69 所示。另外，中心黄色实折线的设置对摩托车的影响也较小。

图 7-68　设置中心黄色实折线后弯道内侧车辆规范行驶

图 7-69　设置中心黄色实折线仍然存在骑线压线的情况

3）主要结论

通过上述分析，中心黄色实折线的设置对机动车辆的车速几乎没有影响，对弯道外车辆以及弯道内侧摩托车的行驶轨迹影响较小，对弯道内侧除摩托车外机动车的行驶轨迹影响较大。

推荐应用于视距不良的急弯路段以及正面相撞事故多发点（尤其是因弯道内侧车辆越线引起的交通事故），以加强规范驾驶员的越线行驶行为。

12. 禁止超车视错觉标线

课题组以贵州省某农村公路设置的禁止超车视错觉标线为研究对象，对其实施效果进行分析评价。观测现场如图 7-70 所示，禁止超车视错觉标线如图 7-71 所示。

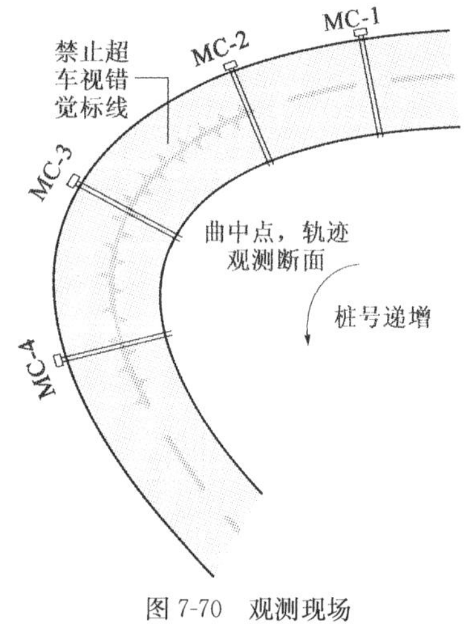

图 7-70　观测现场

图 7-71　禁止超车视错觉标线

1）行驶速度分析

统计分析禁止超车视错觉标线实施前后，观测驶入标线断面、标线中间断面以及驶出标线断面的车辆行驶速度，运行速度、平均速度以及速度差计算结果如表 7-37～表 7-40 所示。

实施前后弯道外侧各观测断面速度指标对比（km/h）　　表 7-37

车　型			v_{15}	平均速度	v_{85}	标准差	$v_{85}-v_{15}$
断面 1	摩托车	实施前	38.7	44.0	47.9	5.7	9.2
		实施后	33.1	39.5	44.1	4.4	11.0

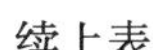

续上表

车　型			v_{15}	平均速度	v_{85}	标准差	$v_{85}-v_{15}$
断面1	小客车	实施前	42.2	53.8	64.3	11.5	22.1
		实施后	46.5	52.8	62.6	8.0	16.1
	所有车型	实施前	40.0	51.0	61.0	11.1	21.0
		实施后	37.9	47.5	57.5	9.4	19.6
		变化量	↓2.1	↓3.5	↓3.5	↓1.7	↓1.4
断面2	摩托车	实施前	37.5	42.0	46.6	6.4	9.1
		实施后	36.4	43.8	48.6	6.2	12.2
	小客车	实施前	35.7	49.2	62.8	12.0	27.1
		实施后	49.6	56.8	66.2	9.6	16.6
	所有车型	实施前	36.2	47.1	59.9	11.0	23.7
		实施后	40.0	51.4	61.5	10.8	21.5
		变化量	↑3.8	↑4.3	↑1.6	↓0.2	↓2.2
断面3	摩托车	实施前	23.9	32.3	37.9	6.6	14.0
		实施后	25.4	34.6	40.7	6.8	15.3
	小客车	实施前	31.9	40.3	48.8	9.1	16.9
		实施后	39.7	44.1	49.5	6.1	9.8
	所有车型	实施前	29.9	38.3	46.9	9.1	17.0
		实施后	29.7	40.0	47.8	8.0	18.1
		变化量	↓0.2	↑1.7	↑0.9	↓1.1	↑1.1
断面4	摩托车	实施前	31.2	39.4	45.2	7.5	14.0
		实施后	30.7	40.1	48.7	7.9	18.0
	小客车	实施前	37.1	47.6	56.7	11.5	19.6
		实施后	44.9	50.9	58.9	8.4	14.0
	所有车型	实施前	35.9	45.6	55.8	10.9	19.9
		实施后	32.5	46.3	56.3	9.8	23.8
		变化量	↓3.4	↑0.7	↑0.5	↓1.1	↑3.9

实施前后路段速度指标对比(km/h)　　表7-38

车　型		平均速度	v_{85}
摩托车	实施前	−4.6	−2.7
	实施后	0.6	4.6
小客车	实施前	−6.2	−7.6
	实施后	−1.9	−3.7
所有车型	实施前	−5.4	−5.2
	实施后	−1.2	−1.2

注:路段指标变化量为断面4与断面1相应指标的差。

实施前后弯道内侧各观测断面速度指标对比(km/h)　　表7-39

车型			v_{15}	平均速度	v_{85}	标准差	$v_{85}-v_{15}$
断面1	摩托车	实施前	40.7	47.0	55.7	7.2	15.0
		实施后	49.6	57.3	65.0	10.2	15.4
	小客车	实施前	34.4	45.9	58.9	12.2	24.5
		实施后	35.2	51.3	66.8	14.0	31.6
	所有车型	实施前	34.4	45.0	57.9	11.6	23.5
		实施后	44.5	55.2	66.8	12.1	22.3
		变化量	↑10.1	↑10.2	↑8.8	↑0.5	↓1.3
断面2	摩托车	实施前	40.5	45.3	51.6	6.2	11.1
		实施后	43.6	49.5	53.9	6.9	10.3
	小客车	实施前	36.1	45.8	58.1	10.7	22.0
		实施后	35.6	45.6	55.8	9.5	20.2
	所有车型	实施前	36.4	44.7	54.9	10.1	19.5
		实施后	40.2	48.0	55.8	8.2	15.6
		变化量	↑3.8	↑3.4	↓0.1	↓1.9	↓3.9
断面3	摩托车	实施前	34.3	42.3	51.6	7.6	17.3
		实施后	36.0	43.5	49.9	7.8	13.9
	小客车	实施前	34.6	43.9	55.3	11.2	20.7
		实施后	30.2	41.8	54.3	9.2	24.1
	所有车型	实施前	34.1	42.5	53.9	10.9	19.8
		实施后	35.1	43.0	51.8	8.4	16.7
		变化量	↑1.0	↑0.5	↓2.1	↓2.5	↓3.1
断面4	摩托车	实施前	38.8	47.9	55.7	7.5	16.9
		实施后	37.1	45.0	50.4	8.8	13.3
	小客车	实施前	36.3	48.2	59.5	12.5	23.2
		实施后	33.1	44.3	56.5	9.9	23.4
	所有车型	实施前	38.0	47.2	58.9	11.3	20.9
		实施后	35.6	45.1	53.0	9.1	17.4
		变化量	↓2.4	↓2.0	↓5.9	↓2.2	↓3.5

实施前后路段速度指标对比(km/h)　　表7-40

车型		平均速度	v_{85}
摩托车	实施前	0.9	0
	实施后	−12.3	−14.6
小客车	实施前	2.3	0.6
	实施后	−7	−10.3
所有车型	实施前	2.2	1
	实施后	−10.1	−13.8

注:路段指标变化量为断面4与断面1相应指标的差。

从表 7-37～表 7-40 可以看出，禁止超车视错觉标线实施前后各断面速度指标变化趋势都不尽相同，且大部分断面的平均速度和运行速度 v_{85} 观测值变化幅度基本在 2～3km/h 之间。因此，可以认为禁止超车视错觉标线对于机动车速度指标的影响较小。

此外，图 7-72 和图 7-73 为实施前后各断面机动车速度累计比例分布。从中可以看出，各断面实施前后机动车速度分布变化不大。这也表明禁止超车视错觉标线对机动车速度指标影响较小。

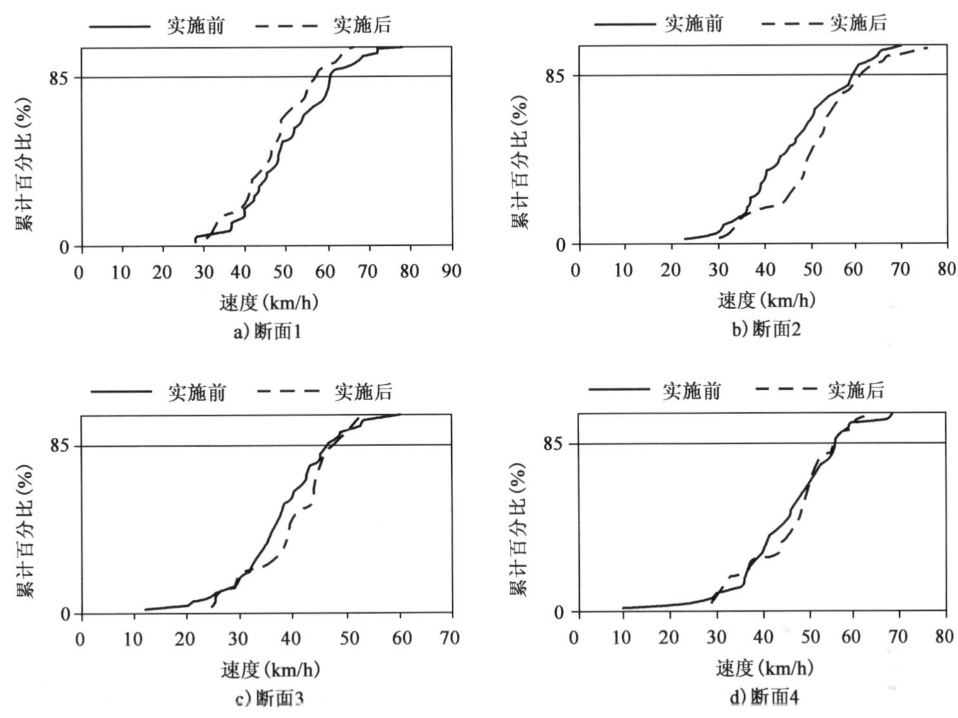

图 7-72　实施前后曲线外侧各断面机动车速度累计比例分布

2)行驶轨迹分析

图 7-74 和图 7-75 为禁止超车视错觉标线实施前后，车辆行驶轨迹的变化情况。禁止超车视错觉标线实施后，曲线内侧的小客车和摩托车均表现出偏离道路中心的趋势，侵占对向车道行驶的情况基本不存在，摩托车更靠近路侧行驶。曲线外侧的小客车更倾向于靠近道路中心行驶，而摩托车的行驶轨迹变化不大。

3)主要结论

禁止超车视错觉标线实施前后的观测结果表明：

(1)禁止超车视错觉标线对车辆速度的影响不大。

(2)禁止超车视错觉标线对曲线路段内侧车辆行驶轨迹有较大影响，曲线内侧行驶方向在该标线实施后侵占对向车道行驶的情况明显减少；曲线外侧行驶方向在该标线实施后机动车行驶轨迹变化较小。

推荐应用于视距不良的急弯路段以及正面相撞事故多发点(尤其是因弯道内侧车辆越线引起的交通事故)，以加强规范驾驶员的越线行驶行为。

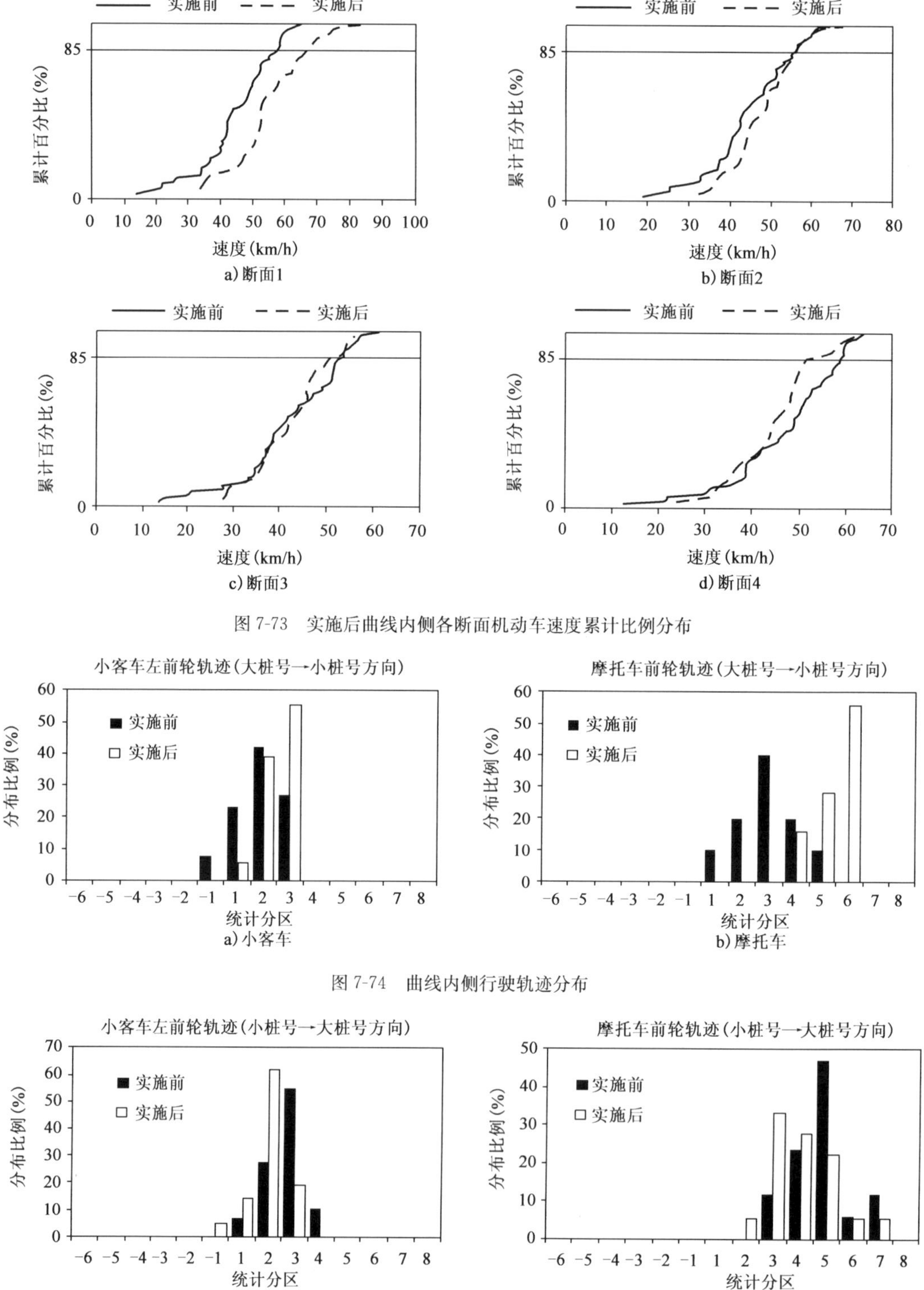

图 7-73 实施后曲线内侧各断面机动车速度累计比例分布

图 7-74 曲线内侧行驶轨迹分布

图 7-75 曲线外侧行驶轨迹分布

第二节　各类设施实施效果评价及适用性分析

一、各设施实施效果评价

总结上述各类设施实施效果，得到实施效果评价汇总表，见表7-41。

各类设施实施效果评价总结　　表7-41

序　号	设施名称	对运行速度的影响效果	对行驶轨迹的影响效果	结　论
1	交叉口减速标线	交叉口减速标线实施前后两次交通调查观测数据表明，交叉口减速标线实施后，路段平均速度降低约6km/h，运行速度下降5～10km/h。其中，减速提示标线路段起点断面机动车运行速度下降约11km/h，终点断面机动车运行速度下降约12km/h。该标线对提示机动车驾驶员注意路口、减速慢行有一定的作用	(1)交叉口减速标线对摩托车的行驶轨迹影响比对小客车的行驶轨迹影响相对明显； (2)交叉口减速标线实施后，摩托车行驶轨迹有靠近车道中心的趋势，但小客车行驶轨迹变化不大	交叉口减速标线对靠近交叉口的机动车行驶速度有较为明显的减速所用。推荐应用于视距受阻的交叉口主路
2	减速丘	无论是在穿村路段还是在事故多发路段，减速丘都表现出了较好的减速效果，平均速度降低约15km/h		减速丘可以应用于农村公路上各类需要减速的路段，舒适性好于块石路面
3	块石路面	块石路面的设置有效地降低了急弯陡坡路段的车速，平均速度降低约16km/h		需要减速的路段可以设置块石路面
4	中心单黄实线	在急弯陡坡路段设置中心黄色实线后，速度略有降低	在急弯陡坡路段设置中心黄色实线后，越线率略有降低	与其他设施的效果相比，其影响作用并不明显，建议综合采取辅助薄层铺装等其他安保措施
5	减速振动标线	振动减速标线对机动车行驶速度有较大程度影响，车辆在振动减速标线中间断面速度降低最多，下降约10km/h，平均速度减低约8km/h；在驶出振动减速标线时会加速；高于平均速度行驶的车辆减速更明显；小客车的减速幅度明显大于摩托车		振动减速标线适用于有减速需求的路段，推荐用于村庄路段
6	道路边缘线		(1)直线路段路侧边缘线对机动车行驶轨迹的影响不大； (2)曲线路段，曲线内侧行驶小客车趋向于靠近道路中心线行驶，曲线外侧行驶小客车则表现出偏离道路中心线行驶的趋势； (3)曲线路段摩托车行驶轨迹分布变化不大，这说明边缘线对摩托车影响较小	道路边缘线对曲线路段机动车行驶轨迹有所影响

续上表

序　号	设施名称	对运行速度的影响效果	对行驶轨迹的影响效果	结　论
7	视距清理	机动车平均速度和运行速度变化不大，但速度统计值标准差有所下降，即视距清理后机动车行驶速度有趋于一致的趋势	视距障碍被清理后，曲线外侧车辆行驶轨迹较靠近道路中心	
8	示警桩	示警桩设置对机动车行驶速度影响的变化趋势尚不明确	示警桩对机动车行驶轨迹的影响程度受路侧环境、路段线形、路基宽度等因素的影响，其效果需要进一步观测	考虑到示警桩线形诱导的作用，推荐在路侧险要但条件受限无法设置路侧防护的路段使用示警桩
9	波形梁护栏	波形梁护栏实施后对机动车速度影响变化没有明显的规律性，波形梁护栏对机动车速度影响不大	波形梁护栏实施后小客车和摩托车行驶轨迹变化较小，各车型行驶轨迹表现出偏离道路中心的特点	
10	混凝土护栏	混凝土护栏实施后，路段车速无明显变化规律，速度指标变化幅度均较小	混凝土护栏施工后机动车行驶轨迹趋向于靠近道路中心	
11	中心黄色实折线	中心黄色实折线的设置对机动车辆的车速几乎没有影响	对弯道外车辆以及弯道内侧摩托车的行驶轨迹影响较小，对弯道内侧除摩托车外机动车的行驶轨迹影响较大	推荐应用于视距不良的急弯路段以及正面相撞事故多发点（尤其是因弯道内侧车辆越线引起的交通事故），以加强规范驾驶员的越线行驶行为
12	禁止超车视错觉标线	禁止超车视错觉标线对车辆速度的影响不大	禁止超车视错觉标线对曲线路段内侧车辆行驶轨迹有较大影响，曲线内侧行驶方向在该标线实施后侵占对向车道行驶的情况明显减少；曲线外侧行驶方向在该标线实施后机动车行驶轨迹变化较小	推荐应用于视距不良的急弯路段以及正面相撞事故多发点（尤其是因弯道内侧车辆越线引起的交通事故），以加强规范驾驶员的越线行驶行为

二、农村公路交通安全设施适用性分析及推荐

根据课题组开展的设施效果评价工作，结合国内安保工程实施经验总结及国外相关研究成果，本部分从建设成本、建设养护条件、就地取材性、实施效果等方面，对课题重点研究及其他常用交通安全设施在农村公路上的适用性进行的分析汇总，并给出农村公路推荐设施。

1.视线诱导设施

1）中心实线

建设成本：单次施画成本较低。

养护条件:养护成本较高,交通量大的路段磨损严重。

就地取材:需专门购买。

实施效果:急弯陡坡路段实施后,速度和越线率都略有降低。

适用条件:其影响作用并不明显,建议综合辅助其他安保措施。

2)中心黄色实折线

建设成本:单次施画成本较低。

养护条件:养护成本较高,交通量大的路段磨损严重。

就地取材:需专门购买。

实施效果:有助于维持弯道内侧车道行驶于自己车道。

适用条件:适用于视距不良的急弯路段以及正面相撞事故多发点(尤其是因弯道内侧车辆越线引起的交通事故),以加强规范驾驶员的越线行驶行为。

3)禁止超车视错觉标线

建设成本:单次施画成本较低,需仔细施工。

养护条件:养护成本较高,交通量大的路段磨损严重。

就地取材:需专门购买。

实施效果:有助于改善曲线内侧车辆占用对向车道行驶的情况,有利于交通安全性。

适用条件:推荐应用于视距不良的急弯路段以及正面相撞事故多发点(尤其是因弯道内侧车辆越线引起的交通事故),以加强规范驾驶员的越线行驶行为。

4)道路边缘线

建设成本:单次施画成本较低。

养护条件:养护成本较高,交通量大的路段磨损严重。

就地取材:需专门购买。

实施效果:对轨迹影响不明确。

适用条件:从行车诱导,尤其是夜间行驶需求角度来讲,建议农村公路设置完备的道路边缘线。

5)示警桩

建设成本:成本较道路边缘线高,较护栏低。

养护条件:养护成本较低,养护工作以刷漆抹灰为主,偶尔对个别撞坏示警桩进行工程恢复。

就地取材:所需材料简单,方便购买。

实施效果:对车辆速度和轨迹影响不明确。

适用条件:考虑到示警桩线形诱导的作用,推荐在路侧险要但条件受限无法设置路侧防护的路段使用示警桩。

2. 速度控制设施

1)交叉口减速标线

建设成本:单次施画成本较低。

养护条件:养护成本较高,交通量大的路段磨损严重。

就地取材:需专门购买。

实施效果:交叉口减速标线对靠近交叉口的机动车行驶速度有较为明显的减速所用。

适用条件:推荐应用于视距受阻的交叉口主路。

2)振动减速标线

建设成本:成本较低。

养护条件:养护成本较高,标线交通量大的路段磨损严重,磨损情况比普通标线严重。

就地取材:需专门购买。

实施效果:振动减速标线对机动车会产生5～10km/h的降速效果。

适用条件:振动减速标线适用于有减速需求的路段,推荐使用于村庄路段。

3)减速丘

建设成本:成本较高,需要专业设备。

养护条件:养护成本较低,日常养护即可。

就地取材:需专门购买。

实施效果:有明显的降速作用。

适用条件:减速丘可以应用于农村公路上各类需要减速的路段。

4)块石路面

建设成本:成本较高,需要专业设备。

养护条件:养护成本较低,日常养护即可。

就地取材:需专门购买。

实施效果:可有效地降低急弯陡坡路段的车速。

适用条件:在农村公路上一些需要减速的路段可以考虑设置块石路面。

3.防护设施

1)波形梁护栏

建设成本:成本较高,施工安装需要专业设备。

养护条件:养护成本较高,撞坏后需更换波形梁板和立柱,养护需要专业设备。

就地取材:需专门购买。

实施效果:对车辆行驶不会造成过多影响,对驶出路外的车辆可以有效防护。

适用条件:适用于交通量较大、路侧危险性高的农村局部路段,经济条件较好或路侧危险性高的通往知名景区的农村公路路段。

2)混凝土护栏

建设成本:成本较高,施工安装需要专业设备。

养护条件:养护成本较低,养护工作以刷漆抹灰为主,偶尔对个别撞坏部位进行工程恢复。

就地取材:材料易采购。

实施效果:对车速没有明显影响,但车辆会偏向道路中心行驶,对驶出路外的车辆可以有效防护。

适用条件:适用于交通量较大、路侧危险性高、经济条件较好的农村公路局部路段。

考虑到混凝土护栏实施成本较高,课题组在保证防撞性能的基础上,对现状因地制宜护栏进行优化,开发了坚石路肩薄壁混凝土护栏,总结安保工程实施经验,提出了石砌钢筋笼护栏,推荐设置于农村公路交通量较大、路侧危险性高、经济条件受限的局部路段。

4. 其他设施

视距清理。

建设成本:清理遮挡视距的植被成本较低,切削遮挡视距的山体成本相对较高。

养护条件:养护成本较低,定期修剪植被。

就地取材:不需要特别购买。

实施效果:视距清理后机动车行驶速度有趋于一致的趋势,曲线外侧车辆更靠近道路中心行驶。

适用条件:适用于视距条件不良的农村公路局部路段。

第八章　山区公路网农村公路安全保障技术应用示范

第一节　贵州凤冈县 X352、X356 示范工程

一、凤冈县示范路段概况

凤冈县 X352 线和 X356 线是“三部委课题云、贵、川、渝示范工程”贵州省农村公路示范路段，位于贵州东北部，属于国家明确的 11 个集中连片特困地区中的武陵山区。

县道 X352 线为山岭重丘区三级公路标准，全长 36.05km，起点位于 G326 线鄢家桥镇，终点位于 S204 线大松镇，设计速度为 30km/h，是相邻 5 个县通往高速公路的必经联络线，平均日交通量约 1 500 辆/d，有长途客运车辆通行。公路线形比较平直，路侧存在临近水田、河流等高填方路段以及一部分临崖、临水路段，运行车速较快，部分路段视距不良。

县道 X356 线为山岭重丘区准四级公路标准，全长 45.4km，起点位于 X352 线琊川镇，终点位于凤冈县和石阡县交界的乌江大桥，设计速度为 20km/h，有部分路段平曲线半径或纵坡度指标未达到标准。目前该路段交通量较小，平均日交通量约 500 辆/d，主要集中在 K0～K29 的路段。但乌江边正在建设码头，码头开通运行后预计交通量将大幅度增加。K30 之后大部分路段傍山临崖。

二、课题成果应用示范情况

1. 农村公路隐患路段的判别方法

课题组结合农村公路重特大事故分析，确定的农村公路重点处置路段包括：急弯路段、连续下坡路段、路侧危险路段、穿村路段、交叉口路段。

在此基础上，综合考虑 X352 及 X356 的道路与交通特征，重点采用了基于交通事故因联关系、驾驶员期望、交通流特性和三维动态视距的安全评价方法，从总体安全性、平纵组合线形设计、交通工程设施设置、道路基础设施的宜人性等方面进行了系统的交通安全分析，辨识了 X356、X352 存在的主要道路隐患、事故特征，并有针对性地提出了不同的处置方法。

(1)运行速度高于设计速度引起的弯道、凸曲线视距不良，导致对向相撞、冲出路外、撞固定物等事故多发，该类路段以改善行车视距和控制车辆运行速度为主。视距不良路段如图 8-1 所示，该段由于视距不良，易导致车辆发生对向相撞，需要进行视距清理。

(2)村镇路段、学校临近路段车辆与行人的冲突严重，导致车辆碰撞行人的事故多发，该类路段以提醒驾驶员注意行人和控制车辆运行速度为主。穿村路段如图 8-2 所示，该路段为村庄路口段，行人较多，易发生车辆与行人相撞，特此设置了相关的标志牌。

(3)急弯、急弯陡坡、连续下坡路段上存在的转弯半径小、车速过快、视距不良等问题综合作用,加重了驾驶操作的复杂性,常引起驾驶员转弯不及时或操作不当等问题,导致冲出路外、对向碰撞、撞固定物等事故,该类路段以视线诱导、路侧防护、改善行车视距、控制速度为主。连续弯道前的标志设置如图 8-3 所示。

图 8-1　视距不良路段

(4)位于弯道外侧临崖、临水等路侧险要路段,一旦发生事故,事故后果非常严重,是重特大事故的典型特征路段,该类路段以增加或改善防护设施、提供视线诱导为主。路侧护栏如图 8-4 所示,该路段线右侧为悬崖,为了避免发生事故,在此设置了混凝土护栏,并作了视线诱导。

图 8-2　穿村路段

图 8-3　连续弯道前的标志设置

(5)其他如弯道路段超高不足、加宽不够、路基塌陷等引起的车辆冲出路外及碰撞内侧山体等事故,重点以改善道路基础设施条件为主。小半径弯道加宽不足如图 8-5 所示。

图 8-4　路侧护栏

图 8-5　小半径弯道加宽不足

在此基础上,课题组综合道路线形调查和交通事故资料分析,从山区农村公路运营安全的基本需求出发,以运行速度对应的道路极限指标进行整治路段判定。利用课题提出的隐患路段安全改善判定标准中的事故标准和线形标准,依据表 8-1,对隐患路段进行排序,确定重点处置路段,如表 8-2 所示。

需要说明的是,X356 线后半段(K16+000～K45+400)(图 8-6)靠近乌江,处于山岭区,傍山临崖,坡陡弯急,行车条件复杂,是此次示范工程的重点处置路段。

隐患路段安全改善优先顺序表 表 8-1

事故指标	线形指标	优先顺序
满足	满足	一
满足	不满足	二
不满足	满足,且满足以下条件: ①连续下坡末端路侧存在村镇、居民建筑、集市、平交路口、学校; ②曲线外侧是陡崖、深沟、水库等险要特征; ③村镇路段; ④平面交叉口	三
不满足	满足	四
不满足	不满足	五

注:事故标准是交警部门依据的事故多发段判别标准;线形指标是标准中极限指标。

综合处置路段列表 表 8-2

序号	路线	桩号	路段类型
1	X352	K1+500~K1+900	连续下坡坡底
2		K2+700~K3+000	急弯路段、视线不良
3		K4+300~K4+700	急弯、村庄路段、弯坡组合
4		K5+400~K5+700	急弯、连续下坡
5		K16+400~K16+630	弯坡组合路段
6		K19+300~K19+700	村庄、急弯路段、弯坡组合
7		K22+000	急弯路段、视线不良
8		K22+400	急弯、连续下坡
9		K23+850	急弯路段
10	X356	K1+900~K2+200	急弯路段、视距不良
11		K5+300~K5+500	连续弯路
12		K7+140~K7+180	连续下坡路段、路侧险要
13		K7+500~K7+650	连续下坡路段、急弯
14		K11+900	连续下坡、急弯路段
15		K33+400~K33+500	连续急弯、路侧险要

2. 农村公路防护设施碰撞条件及因地制宜防护设施的安全性能评估

课题组针对山区农村公路的车辆组成、运行速度与事故特征,从重点预防重特大事故的角度出发,确定了适用于山区农村公路防护设施的碰撞条件,即以农村公路 19 辆中巴客运车辆(图 8-7)为主要防护车型,具体碰撞条件如表 8-3 所示。并根据此碰撞条件及护栏的评价标准,对凤冈 X352、X356 线因地制宜、就地取材的防护设施进行安全评估及设施改进。

凤冈县 X352、X356 线原有的路侧防护设施主要为砌石墩和普通的钢筋混凝土护栏。根据课题组提出的山区农村公路防护设施碰撞条件,通过计算分析表明,砌石块、浆砌片石连续墙,不能够满足 70kJ 的碰撞性能要求,其防撞性能见表 8-3。

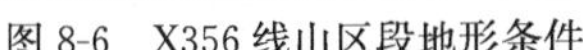

图 8-6　X356 线山区段地形条件

图 8-7　现运行的中巴车型

根据课题组的建议，示范工程采用了钢管基础的钢筋混凝土护栏（开始采用 1m 间距钢管，后优化为 2m），低成本材料的片石混凝土护栏及钢丝笼护栏。

山区农村公路护栏碰撞条件及防撞性能　　表 8-3

等　级	碰撞条件			碰撞能量（kJ）	碰撞加速度 a（m/s^2）	防护能力描述
	碰撞车速（km/h）	车辆质量（t）	碰撞角度（°）			
B（中巴）	42	6	25	≥70	≤200	6t 的 19 辆中巴以 42km/h 速度行驶，以 25°的角度与防护设施碰撞，防护设施能够拦截且车内乘员不会受到严重伤害

根据凤冈县 X352、X356 线现有因地制宜的防护设施的安全性能评估结论，课题组根据道路线形特征及路侧状况，筛选出急需设置防护的路段，并且对其现有防护设施不满足碰撞条件的设施进行改进，提高防撞性能，或补充设置路侧护栏，见表 8-4。

农村公路典型护栏安全性能分析及改建建议表　　表 8-4

护栏类型	特征分析	结论与建议
干砌或土堆	结构松散，不能达到结构强度	不能达到防护标准，对低速小型农用车起到拦挡作用，可设置在路侧较宽的路段作为诱导设施
砌石墩（长 2m、厚 0.5m、高 0.5m，埋深 0.25m）	防撞能力只能达到 7.89kJ（相当于 1.5t 的小型车，以 27.75km/h 的速度、25°碰撞角碰撞护栏的能量）	对低速行驶的小型车有一定防护能力，但达不到 70kJ 的碰撞能量。建议用钢筋混凝土将其连成整体
连续的浆砌片石护墙（厚 50cm、高 81cm）	达到 37.71kJ（相当于 1.5t 的小型车，以 60km/h 的速度、25°碰撞角碰撞护栏的能量）	对低速行驶的小型车有一定防护能力，但达不到 70kJ 的碰撞能量。建议通过设置钢筋网，增加砌体的整体结构强度

由于 X356 线 K16+000～K45+400 路段地势险峻，多为傍山临崖路段，因此防护设施主要集中在上述路段。X352 线识别的 3 处路侧险要路段，护栏设置长度共计 459.2m，X356 线识别了 18 处路侧险要路段，护栏设置长度共计 2 687.3m。

3. *片石混凝土护栏、钢丝笼护栏研发应用*

根据评估结果与建议，课题组结合路侧的实际情况，综合考虑维护、运输、施工、调动当地村民积极性等因素，选用了钢管生根的钢筋混凝土护栏、片石混凝土护栏、钢丝笼护栏。

1)片石混凝土护栏

片石混凝土护栏适用于山区低等级公路路肩宽度大于64cm的危险路段，X356片石混凝土护栏如图8-8所示。护栏每延米材料费低于150元[钢筋混凝土护栏材料每延米415元(1m间距)、380元(2m间距)]。施工中减少了钢筋加工绑扎环节，适用于山区农村公路的施工条件，而且造价低廉。

2)钢丝笼护栏

浆砌片石作为护栏材料不能满足山区农村公路护栏碰撞要求的强度，通过钢丝网将砌体包裹在一起，增加其整体性，造价低廉，护栏每延米材料费低于100元，适用于路侧宽度大于84cm的路段。施工中和施工后的钢丝笼护栏分别如图8-9和图8-10所示。

图8-8　X356片石混凝土护栏

图8-9　施工中的钢丝笼护栏

3)钢筋混凝土护栏(基础钢桩间距2m)

钢桩基础施工是山区陡崖峭壁路段护栏的施工难点，也是造价高的重要原因。课题组本着安全、经济、实用的宗旨，通过模拟计算及实车试验，将护栏钢桩基础由1m间距加大到2m间距。降低施工难度的同时，大大节省了造价。施工前、施工中和施工后的钢筋混凝土护栏分别如图8-11～图8-13所示。

图8-10　施工后的钢丝笼护栏

图8-11　施工前路段状况

4)薄壁钢筋混凝土护栏(后期实施)

凤冈县山区农村公路傍山临崖的路段占有较大比例，窄路肩的路侧条件较为普遍，课题组结合凤冈县农村公路施工过程中的问题反馈，不断优化研究成果，针对窄路肩设置护栏的难题进行了薄壁钢筋混凝土护栏的研发；特别是根据农村公路施工机械的特点，研发了适用于高挡墙路段的薄壁钢筋混凝土护栏(基础采用钻孔植筋方式)，后期将陆续在危险路段实施应用。

4. 其他综合处置措施

1)PVC 管式示警桩

PVC 管式示警桩(图 8-14)采用成品 PVC 管内浇筑钢筋混凝土的方式,设置于弯道内侧视距不良等需要进行视线诱导的路段、路侧较危险的路段以及在部分接入口处。PVC 管式示警桩外部可牢固粘贴反光膜,而且施工速度快,对施工期交通的影响较小。

图 8-12　施工中的钢筋混凝土护栏

图 8-13　施工后的钢筋混凝土护栏

2)警示墩

警示墩(图 8-15)自身具有一定程度的防撞性能,通过在其表面施画红白警示涂料,能起到较强的视线诱导效果,通常应用于未设置护栏的较危险路段。

图 8-14　PVC 管式示警桩

图 8-15　警示墩

3)建议限速标志

农村公路上驾驶员以当地居民为主,对路况较为熟悉,但不同驾驶员的驾驶技能不一。示范工程中设置了《道路交通标志和标线》(GB 5768—2009)中新提出的建议速度标志(图 8-16),以警示驾驶员控制车速通过。

图 8-16　建议限速标志

4)减速丘

农村公路支路口是事故多发段类型之一,由支路驶入主路时的车速过快是导致事故发生的重要原因之一。示范工程中在支路上进入主路前设置了减速丘(图 8-17)。减速丘的设置可将驶入主路的支路车速降低约 10km/h。综合考虑舒适性、有效性,减速丘效果优于其他设施。

实施前

实施后

图 8-17　减速丘

5)特殊路段的土建工程处置

(1)路基沉陷。

路基沉陷是由于地质不良滑坡导致路基下沉,无法清除、施工难度太大,采用既简单又经济的块石路面处理(图 8-18),使路面在短时间内修复,且能保证车辆的畅通。

(2)反超高处理。

弯道超高不足对行车安全有较大的影响,为了确保行车安全,示范工程中通过该路段路基、路面的工程处置,消除了路面反超高的安全隐患。路面超高施工前、施工中和施工后分别如图 8-19～图 8-21 所示。

图 8-18　块石路面施工后

图 8-19　路面超高施工前

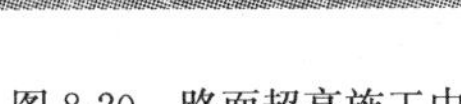

图 8-20　路面超高施工中

图 8-21　路面超高施工后

(3)开挖视距平台。

提高驾驶员的行车视距是提升农村公路安全性的重要手段。示范工程中对部分弯道内侧视距遮挡严重的路段,通过开挖视距平台提高行车安全水平。视距不良路段 A 改善实施前后分别如图 8-22 和图 8-23 所示,B 路段拓宽视距施工前、施工中和施工后分别如图 8-24、图 8-25 和图 8-26 所示。

图 8-22　视距不良路段改善实施前(A 路段)

图 8-23　视距不良路段改善实施后(A 路段)

图 8-24　拓宽视距施工前(B 路段)

图 8-25　拓宽视距施工中(B 路段)

图 8-26　拓宽视距完工后(B 路段)

(4)浆砌片石护坡。

边坡塌方(图 8-27)是影响行车安全与畅通的重要因素。示范工程中对部分边坡不稳定的路段实施了造价低廉且便于施工的浆砌片石护坡。浆砌片石护坡的实施有效地减低了土石材料滑落至路面的概率,提高了行车安全性和畅通度,如图 8-28 所示。

图 8-27　边坡塌方路段

图 8-28　实施后的浆砌片石护坡

三、农村公路安保设施效果评估及适用条件

根据农村公路实施“诱导为先、防护并重”的实施总原则,课题组通过现场的实测数据分析,在全国范围农村公路,对视线诱导设施、速度控制设施、防护设施、清理视距等四类 12 种设施进行前后对比分析,推荐视线诱导设施、速度控制设施、防护设施、清理视距等四类设施作为农村公路安保的具体措施,并给出了适用条件,为贵州省农村公路安全保障工程的实施提供理论支持。

根据研究成果,课题组结合 X352、X356 的道路特征,采取以下处置措施:

(1)在 X352 起点支路口设置了减速丘,有效地控制了支路口在进入主路的行驶速度。

(2)在容易导致对撞的视距不良的弯道设置了中线实线,减少对撞事故概率。

(3)在部分弯道处设置了块石路面,在减速的同时解决了路基沉陷的问题。

(4)在单个弯道和连续弯道设置了示警桩和路侧标线,增强道路走向及轮廓的视线诱导。

四、X352、X356 线凤冈县安保示范工程数量

根据隐患路段识别结果，确定了容易诱发重特大事故的路段，针对不同路段的特征及危险程度，讨论形成安全改善处置措施并进行实施。具体实施内容包括：视距清理 26 处，路侧休息区 1 处，路基沉陷、反超高、边坡整治、小半径弯道路基拓宽等工程处置 11 处，护栏设置 3 146.5m，标志 85 面，标线 1 731.1m²，示警桩 805 根，见表 8-5。

实施项目数量统计表　　表 8-5

项目名称		X352 鄢松线	X356 琊河线
开挖视距台		3 处(1 200 方)	23 处(9 615 方)
路侧停车休息区		—	1
沉陷路基处理		—	4
反超高处理		—	2
弯道视距不良内侧植物清理		1	4
路侧堆土		—	5
增加浆砌片护坡		1	4
块石路面		—	4
小半径窄路面拓宽(处)		1	1
护栏	钢筋混凝土	6 处(339.2m)	19 处(1 910m)
	钢丝笼	—	8 处(592.3m)
	波形梁	2 处(120m)	1 处(90m)
	砌石	—	1 处(95m)
标志		57	28
标线		40 处、4 905m、447.85m²	73 处、7 305.5m、1 283.25m²
示警桩		200 根	605 根
示警墩		25 个	25 个

五、农村公路安全改善原则及综合处置案例

1. 农村公路安全改善原则

由于农村公路的里程长、资金短缺，安全保障工程的实施应遵循“诱导为先，防护并重”的原则。凤冈县的农村公路安全保障工程的实施过程依据上述原则从以下几方面进行注意。

(1)在交通安全评价与事故成因分析基础上，重点针对事故多发或存在严重事故隐患的路段进行安全整治，应用多种设施对重点整治路段进行综合处置。

(2)分析现有标志、标线、速度管理等方法在农村公路上的适用性及预期效果。根据车辆行驶特性、驾驶员心生理变化，针对路段上的安全隐患，选择并实施安保设施，注重设施实施有效性。

(3)从被动防护角度出发，根据车辆组成与路侧事故分析结论，通过模拟、实车碰撞试验对防护设施进行验证后，应用于危险点段。

(4)在可能条件下,尽量采取低造价措施,为低造价农村公路安保工程树立示范。另外,设计方案还尽量便于养护管理、减小被偷盗和破坏的可能性。

(5)安保设施的选择坚持“因地制宜、就地取材、耐久性强、便于维护”的原则。

2. 综合处置案例

1)X352 线 K1+500～K1+900 路段

该路段为连续弯道、下坡路段,路线经前方连续弯道路段,到达高路堤段,路侧深 5～7m,连续转弯路段两侧树木茂密,树木的枝叶基本遮挡了路面上方,使驾驶员无法提前看到高路堤段的情况。该路段事故多发,尤其是高路堤段,多为刮蹭事故,曾发生一起客车制动失灵,导致车辆侧翻下路堤的事故,致 1 人死亡。通过现场线形测量、车速观测、车辆运行轨迹观测、与相关公路管理人员座谈等,得知这一路段事故发生的原因多与线形有很大关系,车辆经过连续下坡车速较快,一般在 50km/h 左右,加之连续弯道线形和茂密的树木使驾驶员不能预知前方道路情况,尤其是对于大型重载、超载车辆来讲,行驶至弯道时,容易出现转弯车辆方向失控,侧翻等事故。针对以上问题,提出加强防护并增加视线诱导的处置措施(图 8-29),施工前和施工后分别如图 8-30 和图 8-31 所示,具体处置措施如下:

(1)设置弯道警告标志、限速标志。

(2)设置路面中心线,分隔双向行驶的车辆。

(3)现状波形梁护栏上设置轮廓标,诱导线形。

(4)在高路基路段将现状示警墩改造护栏,提高防撞能力。

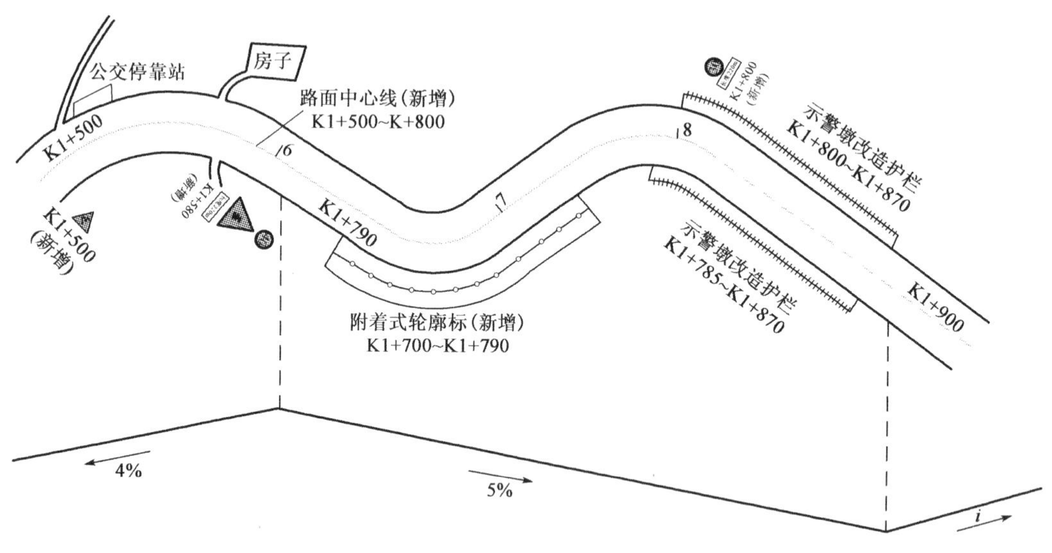

图 8-29　K1+500～K1+900 路段处置方案

2)X352 线 K2+700～K3+000 路段

该路段为急弯路段,视线不良,经常发生对撞事故和冲出路侧的事故,现状弯道外侧示警桩由于经常被撞已经损毁严重。通过现场线形测量、车辆运行轨迹观测、与相关公路管理人员座谈等,得知车辆转弯时为寻求较好的视线条件,一般会压中线行驶,一旦驾驶员没有及时发现对向来车,易导致车辆紧急相互避让而驶出路侧,或避让不及发生对撞。针对上述问题,提出路段处置方案(图 8-32),施工前如图 8-33 所示,弯道加宽施工中如图 8-34 所示,反光镜、示警桩施工后如图 8-35 所示,具体处置措施如下:

图 8-30　施工前

图 8-31　限速标志、示警墩改造护栏

(1)修复现状损坏示警桩。

(2)安装反光镜,使驾驶员能提前观察对向来车情况。

(3)设置路面中心振动标线,提示车辆保持在自己车道内行驶。

(4)加宽弯道内侧路面,一则给转弯车辆提供足够的转弯空间,二则拓宽视距。

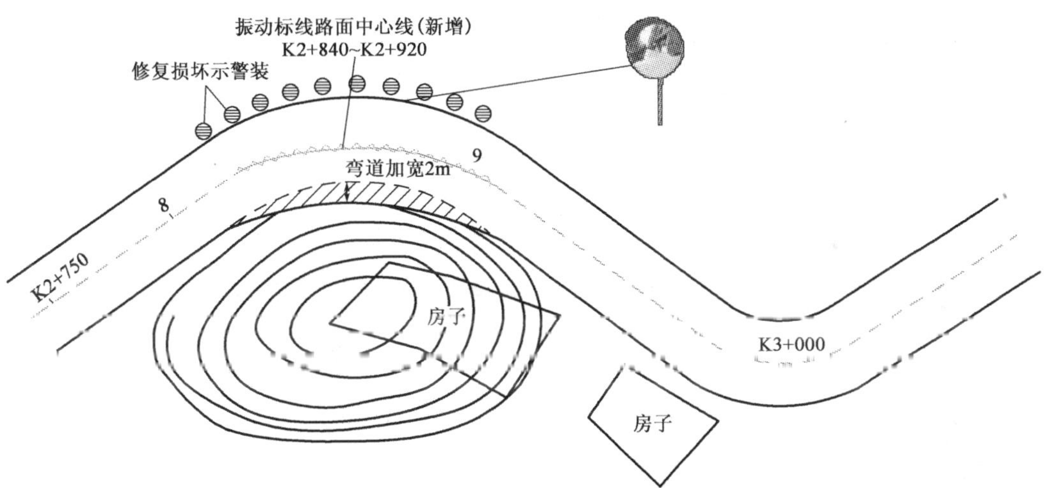

图 8-32　K2＋700～K3＋000 路段处置方案

图 8-33　施工前

图 8-34　弯道加宽施工中

3)X352 线 K4＋300～K4＋700 路段

图 8-35　反光镜、示警桩施工后

该路段位于陡坡和急弯组合路段，车辆通过连续弯道和下坡路段后，经一个位于陡坡上的急弯进入村镇路段，村镇街道比较热闹，行人、非机动车等较多，占用公路情况普遍存在，车辆下坡过来车速很快，村镇路段的危险性较大。而且弯道视线不良，驾驶员普遍压中线行驶，占用部分对向车道，经过连续下坡后车速较快，一旦发现对向来车，驾驶员进行紧急转向、制动等避让措施易造成车辆失稳，此处不良组合也亦造成驾驶员反应不及和错误操作，因此该路段经常发生翻出路侧的事故。其中两起典型事故：一起是货车避让其他占道车辆而翻下弯道外侧的事故，另外一起是货车躲避占道三轮摩托不及时，与三轮摩托车对刮，摩托车被甩出翻下路侧。

针对上述问题，提出该路段处置方案(图 8-36)，具体处置措施如下：

(1)设置急弯、村庄警告标志、限速标志(图 8-37)。

(2)弯道路段两端设置鸣喇叭标志(图 8-38)，使车辆能够提前注意到对向来车情况。

(3)设置路面中心振动标线，提示车辆保持在自己车道内行驶。

(4)弯道外侧画路面边缘线，为驾驶员提供视线诱导。

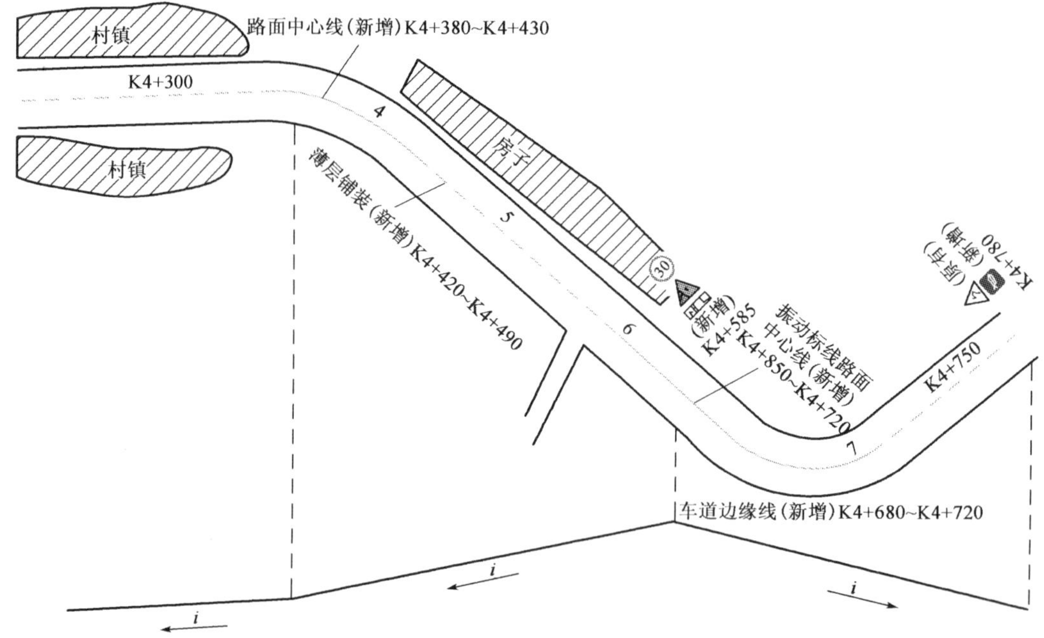

图 8-36　K4＋300～K4＋700 路段处置方案

4)X356 线 K7＋140～K7＋180 路段

该路段位于下坡接弯道路段，在弯道外侧前方的路侧与山体之间存在一处深积水坑，车辆经过连续下坡路段后，转弯易失控，经常发生下坡车辆失控冲向弯道外侧的山体，并冲入水坑的事故。若前方路段不存在该水坑，则车辆可依靠山体的摩擦力慢慢停下来，此处水坑加重了事故的后果。

图 8-37　限速标志、村庄标志等施工后

图 8-38　鸣喇叭标志施工后

针对上述问题，提出该路段处置方案（图 8-39），采取处置措施如下：

（1）清除前后两处遮挡视距的山体，拓宽视距（图 8-40）。

（2）将水坑填平，改为一处简易休息区，避免了车辆冲入水坑带来的危险，同时为下坡车辆提供休息和车辆检修场地（图 8-41 和图 8-42）。

（3）弯道外侧设置路侧堆土，以帮助车辆顺利转弯（图 8-43）。

（4）设置示警桩进行道路走向诱导。

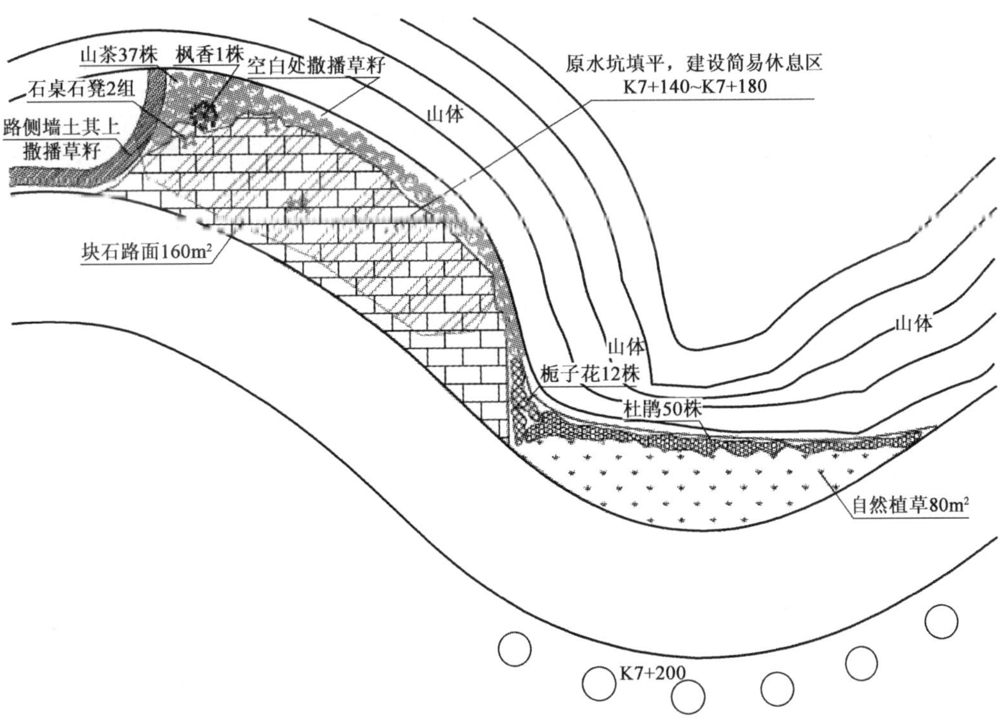

图 8-39　K7＋140～K7＋180 路段处置方案

图 8-40　视距清理施工中

图 8-41　简易休息区施工前

图 8-42　简易休息区施工后

图 8-43　砌石护栏施工后

5)X356 线 K11＋900 路段

该路段为一处急弯路段，由于弯道超高不够等原因，经常发生车辆(小汽车和摩托车)冲出路外的事故，尤其是雨雪天气。路侧为一高坎，下方为农田，冲出危险较高。经测量，弯道大部分路段的超高不够，超高过渡段施工控制不好，过渡不平缓。针对上述问题，提出该路段处置方案(图 8-44)，具体处置措施如下：

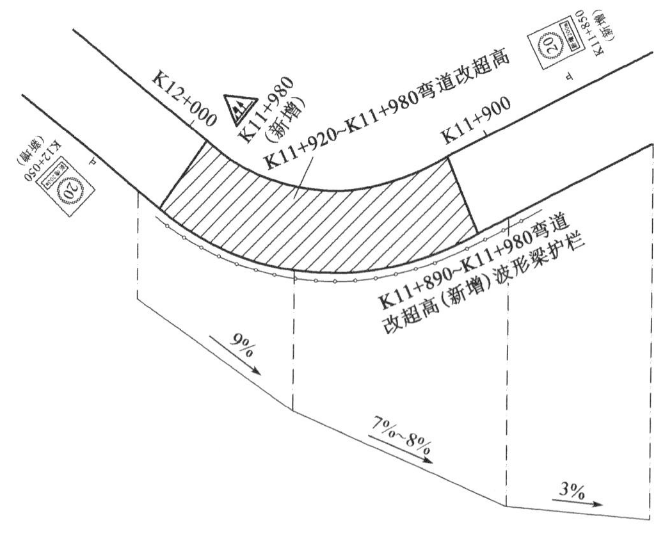

图 8-44　K11＋900 路段处置方案

(1)设置弯道警告标志、限速标志(图 8-45)。

(2)对弯道路段进行超高改造(图 8-46～图 8-48)。

(3)弯道外侧设置 B 级波形梁护栏防护。

图 8-45　标志施工后

图 8-46　路面超高施工前

图 8-47　超高不足路基路面施工中

六、示范工程效果评估

凤冈县 X352 和 X356 线安保示范工程实施完成后，课题组进行了实施效果的跟踪、评估工作。示范工程以一般及其以上交通事故作为效果评估数据源，评估比较时间为 2011 年 1 月至 4 月(实施前)和 2012 年 1 月至 4 月(实施后)。评估结果表明，凤冈县 X352 和 X356 线安保工程实施后，月平均事故起数下降 37.2%、月平均受伤人数下降 40.4%、月平均死亡人数下降 50%，见图 8-49。

图 8-48　路面超高施工完后

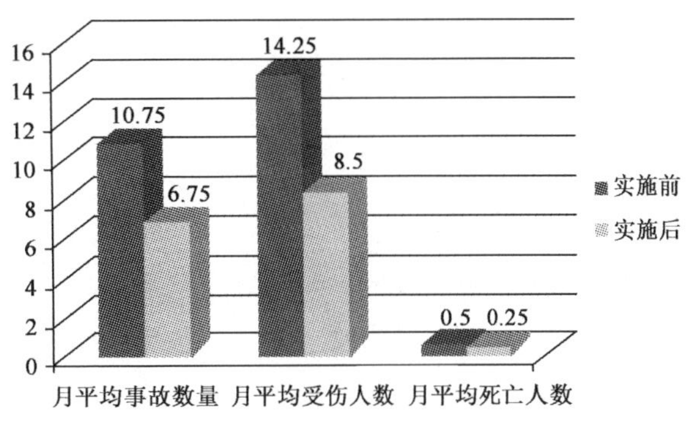

图 8-49　安保示范工程实施前后效果评估

第二节　重庆市农村公路安全保障示范工程

一、示范工程总体概况

考虑道路类型、道路条件、交通组成、道路功能等因素，课题组选择了重庆境内8条典型农村公路作为重点示范段，共计约81.48km，重点示范路段情况如表8-6所示。

安全保障工程实际应用列表　　表8-6

路　名	长度(km)	地　点	等　级	行政等级
龙玉路	7.04	渝北区玉峰山镇	三级	县道
中莲路	16.90	渝北区中河镇	三级	乡道
古骑路	7.36	綦江县三江镇	四级	乡道
永福路	9.38	綦江县东溪镇	四级	乡道
马崇路	6.59	綦江县安稳镇	等级外	村道
岔藻路	7.97	綦江县赶水镇	三级	乡道
白同路	8.53	綦江县赶水镇	四级	村道
镇分路	17.71	綦江县东溪镇至篆塘镇	四级	乡道

这8条农村公路均位于典型山区，坡陡弯急，具有典型山区农村公路特点，多为连接村镇或厂矿，并大多连接高等级公路。示范道路技术等级方面涵盖了三级、四级及等级外公路，行政等级包含县、乡、村道。同时，示范道路功能多样，其中，中莲路具有旅游功能，龙玉路、白同路、岔藻路主要以重载交通为主，古骑路、永福路、马崇路、白同路主要以村民出行为主，其中，白同路、古骑路、马崇路、永福路、中莲路均通过集镇路段。8条农村公路事故数量较多，事故具有典型山区农村公路特征。

1.示范道路基本状况

8条示范农村公路全长81.48km。道路条件具有山区农村公路的典型特征：均为水泥混凝土路面，路面宽度较小，且路侧临河、临崖路段较多。设计速度均为20～40km/h，道路等级以四级公路为主，线形指标较差。8条农村公路基本情况如下：

龙玉路位于重庆市渝北区玉峰山镇，起于龙门村，止于玉峰山干冲村。水泥混凝土路面，路面宽度6.5m，路基宽度7.5m，其他指标参照农村公路相应标准设计。路线全长7.04km，最大高差426m，最大纵坡达18%，平均纵坡8%，最小半径8.5m。主要交通组成为小客车和摩托车。

中莲路起于中河镇，止于莲花堡，水泥混凝土路面。路面宽度6.5m，路基宽度7.5m，其他指标参照农村公路相应标准设计。路线全长16.90km，起终点高差400m，最大纵坡达12.82%，平均纵坡6%，主要交通组成为摩托车、小型客车及大货车。

古骑路位于三江镇境内，起于古剑，止于骑龙，全长7.36km，路基宽度为5.5m，路面宽度4.5m，最小半径8.5m，最大纵坡13.5%，水泥混凝土路面，其他指标参照农村公路相应标准设计。古骑路上村镇路段多，车辆过往频繁，日均交通量1 700辆/日，主要车型为摩托车、小型客车和部分重货车，事故发生率较高。

永福路位于东溪镇境内，起于龙滩坝支路口，途经龙井村，止于福林村唐家坝，全长9.38km，路基宽度为5.5m，路面宽度4.5m，最小半径10m，最大纵坡7.5%，水泥混凝土路面，其他指标参照农村公路相应标准设计。永福路上村镇路段多，主要交通组成为摩托车。

马崇路起于安稳镇崇河村，途经羊角，止于马路口（与G210线相接）全长6.59km，全线按照四级公路标准设计，路基宽度为6m，路面宽度5m，路面结构形式采用15cm厚的C15水泥混凝土+22cm厚的C30水泥混凝土路面。马崇路地处海拔较高，且设计指标较低，全线坡陡弯急，最大纵坡13.5%，最小半径8.5m。主要通过车型为摩托车和小客车。

岔藻路起于赶水镇岔滩，途经藻渡村，止于原藻渡乡，全长7.97km，路基宽度为6.5m，路面宽度5.5m，最小半径10m，最大纵坡8%，水泥混凝土路面，其他指标参照农村公路相应标准设计。煤炭运输车辆是岔藻路的主要过往车辆，沿线村镇路段多，摩托车往来频繁。

白同路起于赶水镇白石潭，途经梅子村、适中村，全长8.53km。路基宽度为6.5m，路面宽度5.5m，最小半径10m，最大纵坡7.5%，水泥混凝土路面，其他指标参照农村公路相应标准设计。白同路通往煤矿，主要过往车型为摩托车和重型货车。

镇分路位于东溪、篆塘镇境内，起于东溪镇紫街，止于分水支路口，全长17.71km，路基宽度5.5m，路面宽度4.5m，最小半径10m，最大纵坡8.5%，水泥混凝土路面，其他指标参照农村公路相应标准设计。镇分路沿线村镇路段多，并设有厂矿，主要过往车型为摩托车和重型货车。

2. 交通安全问题分析

由上述可见，示范工程实施农村公路具有如下路线特征：临崖临河多、坡陡弯急、长大下坡多、支路口多、村镇路段多。交通特征为：交通组成为混合交通、摩托车多、车速差大。主要造成如下交通安全问题。

1）路侧安全保障问题

路侧危险路段主要是高路堤，特别是路侧危险路段与不良线形相结合的路段。示范工程农村公路傍山临崖路段比例较高（图8-50和图8-51），车辆一旦冲出路侧，极易发生死伤事故。山区农村公路产生路侧事故的主要原因是路侧缺乏防护或路侧防护不足，特别是在不良线形路段，车辆冲出路侧可能性更大，这是山区农村公路交通安全最大的潜在威胁之一。

图8-50　龙玉路护栏设置

图8-51　镇分路高路堤路段

2)交叉口安全保障问题

示范农村公路交叉口众多,其中包括为方便农村居民出行的接入口和农村公路接入高等级公路的交叉口。这些交叉口大多受地形限制,接入坡度大、接入角度小,存在大量视距不良的状况,如图 8-52 和图 8-53 所示。同时由于受接入坡度的影响,支路车辆往往以较快车速进入主线,在主线车辆不易发现接入口的情况下,往往造成碰撞事故。

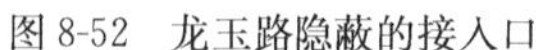

图 8-52 龙玉路隐蔽的接入口

图 8-53 镇分路与 210 国道交叉口

3)小半径弯道安全保障问题

示范道路由于地形限制,小半径曲线数量多,如图 8-54 和图 8-55 所示。经过大量事故分析和调研发现,农村公路弯道半径小于 40m 路段时,不考虑路侧情况下主要存在的安全问题通常有:

(1)线形突然改变,驾驶员收不到应有的提示信息,未能及时改变驾驶员的驾驶预期,导致车辆过弯速度过快,容易冲出路侧。

(2)由于车道宽度不足或驾驶员驾驶行为原因,车辆占道行驶,在车速较快的情况下,导致碰撞事故。

(3)小半径弯道处往往视距三角区内存在植物、土方、建筑等障碍物,无法保证会车视距,导致对向车辆碰撞事故。

图 8-54 龙玉路上的回头曲线

图 8-55 古骑路急弯路段视距不良

4)长大下坡路段安全保障问题

由于示范路段多为由山顶通往山下,存在大量的长下坡路段(图 8-56),交通安全隐患较大。以渝北区龙玉路为例,龙玉路 3km 至起点下坡路段,前后高差 280m,平均纵坡 9.3%。现有路面减速设施数量设置不足，且大多为已经破损的振动减速标线，必要的交通标志告示还不完善，得不到足够的提示信息和强制减速设施，对于不熟悉路况的驾驶员极易造成速度过高，导致操作失误或制动失灵而产生交通事故。

图 8-56　示范道路的长下坡路段

5)村镇路段安全保障问题

示范工程大多为连接并穿过村镇，这些路段村民出行密集、横穿公路频繁、机动车出行带有突然性(如摩托车)，对示范道路造成较大干扰，如图 8-57 和图 8-58 所示，这对道路两侧居民出行安全造成很大威胁。

图 8-57　古骑路村镇路段

图 8-58　儿童在公路上玩耍(永福路)

二、典型路段的实施案例

1. 陡坡的设置卵石减速设施

1)道路特征

白同路 K0＋800～K1＋100 路段处于 5％的长陡坡，过往该路段的重型交通较多，很容易因为速度选择不当产生严重交通事故。方案采取设置鹅卵石减速带、下陡坡警告标志的措施，对过往交通进行提前预告，并采用鹅卵石减速带，实施强制减速，从而有效地保障该路段的交通安全。处置方案如图 8-59 所示，实施前后对比如图 8-60 所示。

2)实施前后运行速度特征

实施前后运行速度如图 8-61 所示。

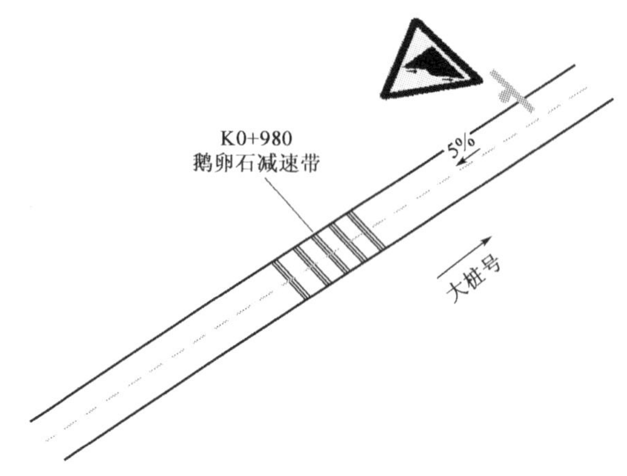

图 8-59　K0＋800～K1＋100 段处置方案示意图

图 8-60　实施前后对比图

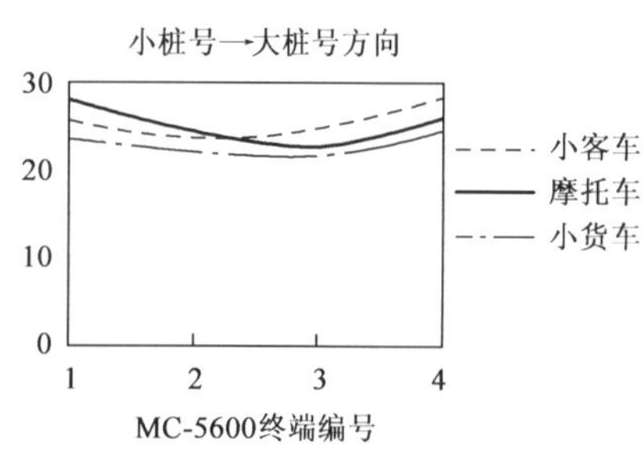

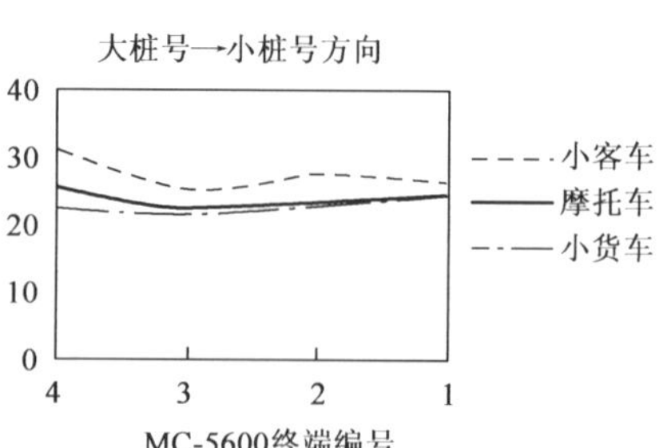

图 8-61　实施前运行速度特征图

2. 连续下坡与急弯的综合处置

白同路 K2＋160～K2＋340 路段处于弯道路段，由于受弯道内土堆及树木遮挡，故易造成行车视距不良。此外，该路段小桩号方向存在一段连续长下坡，容易因为重型交通制动失灵带来交通安全问题。处置方案在该路段设置了示警桩进行视线诱导，设置了急转弯标志、连续长下坡标志进行提前预告，从而最大可能地减小该路段存在的安全隐患。处置方案如图 8-62 所示，实施前后对比如图 8-63 所示。

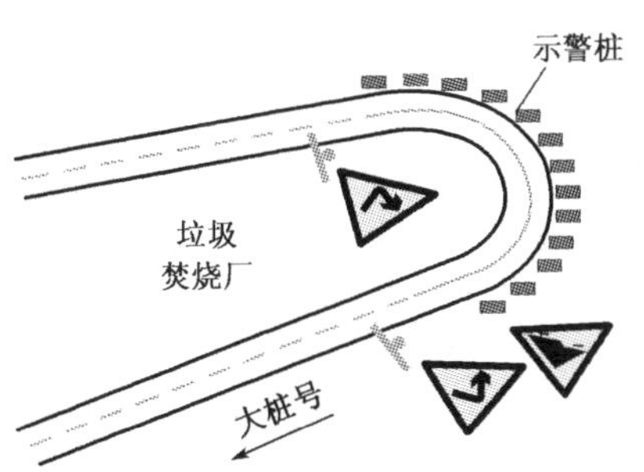

图 8-62　K2＋160～K2＋340 段处置方案示意图

图 8-63　实施前后对比图

3. 村庄路段设置鹅卵石减速带

白同路 K3＋800～K4＋150 路段处于弯道陡坡路段，车辆行驶速度较快，居民房的遮挡造成行车视距不佳。此外，该路段处于行人集中路段，易给附近小学的小孩在公路上行走带来交通安全问题。方案针对该路段采取了设置鹅卵石减速带的措施，以达到强制减速的目的，同时设置了注意儿童标志进行预告。处置方案如图 8-64 所示，实施前后对比如图 8-65 所示。

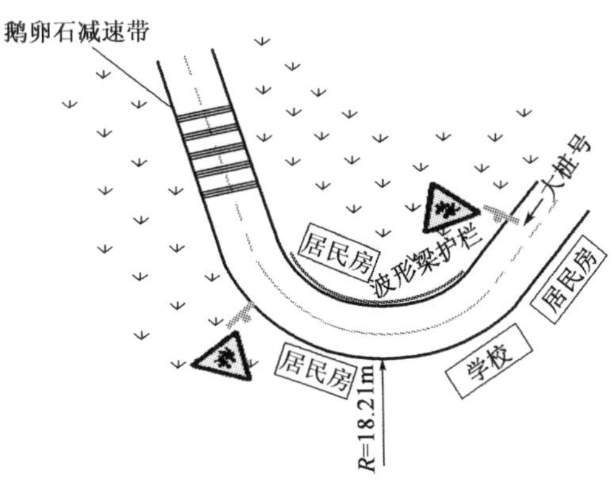

图 8-64　K3＋800～K4＋150 段处置方案示意图

4. 视距不良路段综合处置

古骑路 K0＋230～K0＋250 路段为弯道路段，行车速度较快，弯道处由于受土堆和树木遮

图 8-65　实施前后对比图

挡，易造成行车视距不良，存在较大交通安全隐患。设计方案中，路侧危险的弯道内侧设置了延展式护栏，防止车辆在弯道会车过程中驶出路侧，并对弯道视距区进行了遮挡物清除，以保证足够的视距。详细处置方案如图 8-66 所示，实施前后对比如图 8-67 所示。

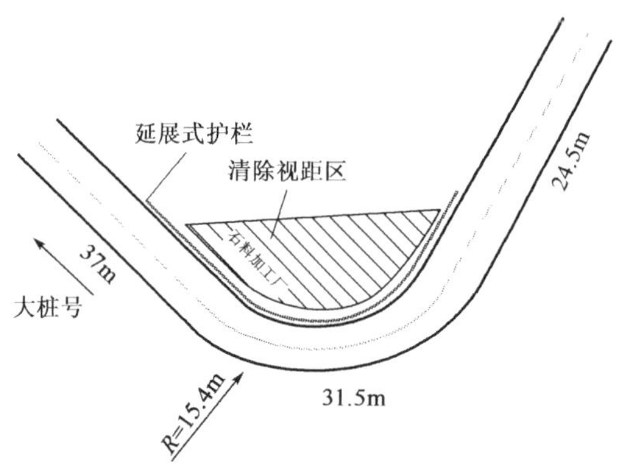

图 8-66　K0＋230～K0＋250 路段处置方案示意图

图 8-67　实施前后对比图

5. 下坡路段综合处置

古骑路 K0＋800～K1＋250 路段处于下陡坡路段，车辆经过该路段处时容易因为缺乏预知信息，造成行驶速度容易过快，从而带来交通安全隐患。方案在该处设置了下陡坡预告标志，同时在前方路段道路条件较好处设置了鹅卵石减速带。详细处置如图 8-68 所示，实施前后对比如图 8-69 所示。

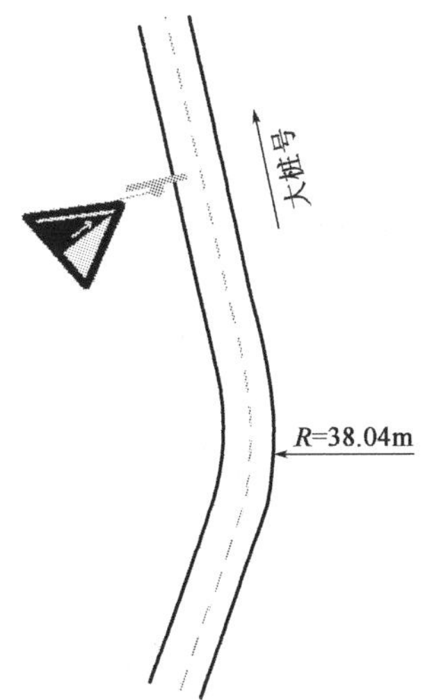

图 8-68　K0＋800～K1＋250 路段处置方案示意图

图 8-69　实施前后对比图

6. 村镇综合处置

古骑路 K1＋500～K1＋850 路段处居民房密集，路上行人过街现象较多，该路段沿大桩号方向存在一段陡坡路段，车辆行驶速度较快，容易带来交通安全事故。方案在此处设置了减速丘，并设置了配套预告标志，以对经过该路段的车辆进行强制减速。详细处置如图 8-70 所示，实施前后对比如图 8-71 所示。

7. 交叉口的综合处置

按照与农村公路交叉的道路交通量和交通属性，将交叉口分为了三种类型：与交通量较大的道路交叉，与具有一定交通量的道路交叉，交通量较小或无机动车的道路接入。按照其特点将交叉口划分为三个等级(表 8-7)。

交叉口等级Ⅰ：这类交叉口主要存在的问题是交通流相对较大，如农村公路路面状况较好，车辆常快速进入交叉口，易与主线车辆发生碰撞，应对支路车辆进行控制。若交通量较大，应采取渠化措施。

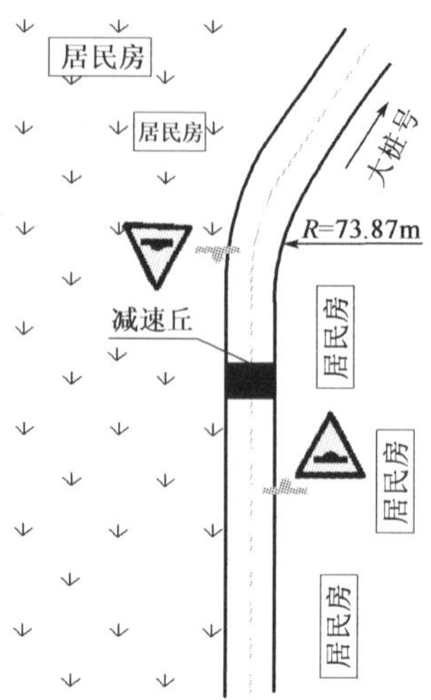

图 8-70　K1＋500～K1＋850 路段处置方案示意图

图 8-71　实施前后对比图

交叉口等级Ⅱ：与较宽机耕道或村镇道路交叉，这类交叉口往往较为隐蔽，支路机动车驶上农村公路，常由于主线驾驶员反应时间过短或支路车速过快，造成撞车事故。此类交叉口处置应对支路车速进行控制，主路应对交叉口进行提示、警示。

交叉口等级Ⅲ：机耕道或较窄村镇道路接入农村公路，一般交通量较小或没有机动车，车速较低，但往往较为隐蔽，应对支路口接入位置进行警示。

农村公路交叉口等级划分表　　表 8-7

等　级	交叉口类型	特　　点
Ⅰ	与交通量较大道路交叉	与同等级或较高等级公路交叉
Ⅱ	与具有一定交通量的道路交叉	与较宽机耕道或村镇道路交叉
Ⅲ	交通量较小或无机动车道路接入	与机耕道或较窄村镇道路交叉

以上三类交叉口处置的主要措施有：

(1)设置警告或预告标志。因线形造成视距不良的路段，采用警告或预告标志传递道路信息。同时，在主路交叉口两侧设置交叉提示标志和道口标柱。

交叉口等级为Ⅰ、Ⅱ时，均选用了相应交通标志，等级为Ⅲ时，根据现场情况考虑设置。

(2)支路设置减速设施以降低车速。

交叉口等级为Ⅰ时,选用恰当的减速设施,等级为Ⅱ时,根据现场情况考虑设置。

(3)交叉口改善设施。

在面积较大的交叉口,进行交通渠化。

(4)改善视距措施。

视距不良的各等级交叉口均采取相应视距改善措施。

对于灌木、土堆等造成的视距不良的路口,移除影响视线通透的障碍物,如清除或修剪视距三角区内的树木或农作物等。

典型的交叉口路段处置方案如图 8-72 所示。

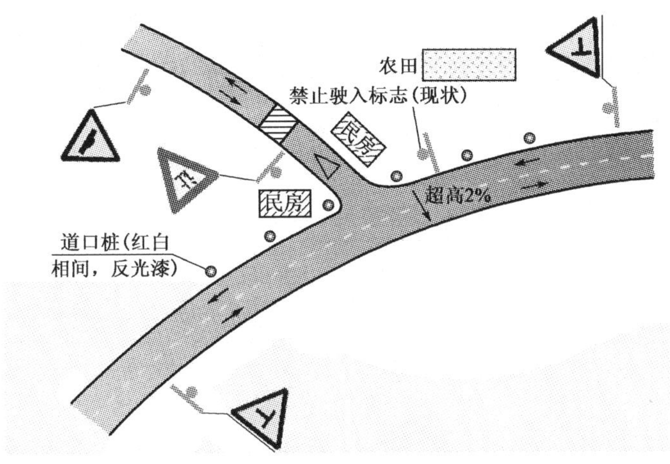

图 8-72　小型交叉口处置方案图

三、示范工程效果评估

重庆市山区农村公路安保示范工程实施完成后,课题组进行了实施效果的跟踪、评估工作。示范工程以一般及其以上交通事故作为效果评估数据源,评估比较时间为 2011 年 1 月至 4 月(实施前)和 2012 年 1 月至 4 月(实施后),如图 8-73 所示。评估结果表明,重庆市 8 条山区农村公路安保工程实施后,月平均事故起数下降 31%,月平均受伤人数下降 55.6%,示范工程实施后未发生死亡事故。由此可见,示范工程实施后交通安全水平明显提升。

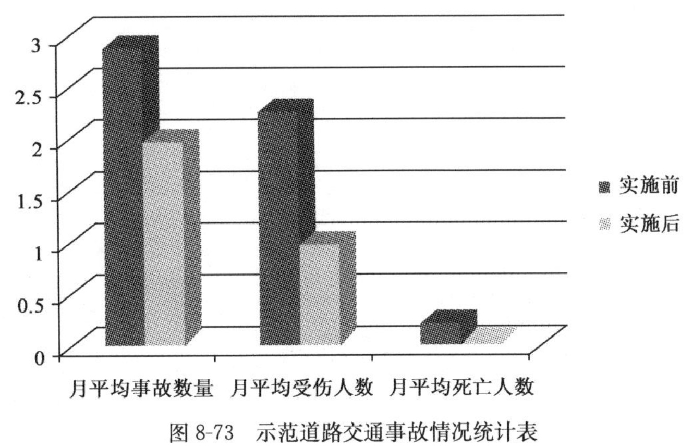

图 8-73　示范道路交通事故情况统计表

第三节　河南省济源市农村公路安全保障工程

河南省济源市为改善农村公路的交通安全水平进行了不懈的努力，自 2008 年以来，济源市结合省交通厅、公路局的部署和要求，结合交通部公路科学研究院把实施农村公路“安全保障”工程作为落实“三个服务”的具体举措，因地制宜，科学实施，不断完善农村公路及其防护设施，全面提升抗灾防灾能力和安全保障水平，根据轻重缓急的原则，有计划、分步骤地稳步推进农村公路安全保障工程建设。经过几年的探索和研究，目前，济源市县乡公路安保设施已经基本完善，山区村组道路安全服务水平也得到了明显的提升。济源市农村公路采用综合采用多种安保设施，其中有仿照国省道安保设置的标准护栏、减速丘、块石路面等设施，也有“因地制宜、就地取材”的一些土措施，均取得了良好的效果，并积累了丰富的实践经验。

一、沿黄路安全保障工程

1. 工程概况

河南省济源市沿黄路为通向黄河小浪底风景区的一条县道旅游公路，大部分路段等级在三级以下，部分路段为二级公路。地势险要，急弯和陡坡路段较多，70％左右的路段为弯坡组合路段，最大纵坡达 20％以上，部分急弯路段及交叉口视距不良，相交支路坡度大，穿村镇路段多，村民交通安全意识不强，交通标志安装过高，视认性不良，行车危险性大。交通组成以小客车、摩托车、农用车和旅游巴士为主，主要服务于景区和沿线村庄的交通需要，平均车速 40km/h，但速度差较大，最高速度达 85km/h，最低为 9km/h。

济源市农村公路管理部门会同设计人员，在路段安全性分析的基础上，对沿黄路的主要安全隐患路段进行了安全改善，改善方案侧重选择经济有效易维护的安全设施，并综合应用了视线诱导设施、减速丘、块石路段等多种设施。下面对典型案例进行具体阐述。

2. 存在的安全问题

(1)大下坡接弯道路段。弯道视距不良，使其看不到对向车辆情况，且大下坡导致车速加快，容易发生对向车辆相撞事故。

(2)村庄位于急弯路段后的大下坡路段。弯道阻碍驾驶员视线，使其看不到村庄和行人，大下坡导致车速加快，不熟悉地形的驾驶员易发生冲撞行人的交通事故。

(3)村庄位于大下坡路段。大下坡路段车速较高，加之部分驾驶员为省油而溜车下坡，车速更难控制，直接威胁到村民的人身安全。

(4)交叉口视距不良。相交支路坡度大，与主线相交前为一急弯，交叉口处于坡顶，驾驶员视线受阻。支路车辆由于受急弯影响，不能提前判断交叉口情况，且下坡到达交叉口车速较快，主线上坡驾驶员视线受阻，也不能提前发现支路来车，且经常加速冲坡，发生碰撞事故的可能性极大。

(5)弯道、大下坡、交叉口组合。大下坡路段车速较高，且由于弯道影响驾驶员视线不畅，易发生对撞和冲出路外事故。交叉口的存在又增加了与容易驶出的车辆发生碰撞事故的风险。

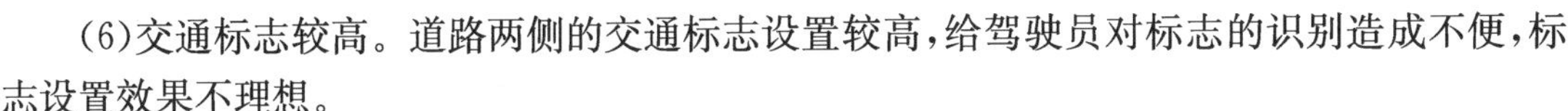

(6)交通标志较高。道路两侧的交通标志设置较高，给驾驶员对标志的识别造成不便，标志设置效果不理想。

3.设计原则

(1)重点治理事故多发点。

通过分析交通特性、周边环境、道路线形、事故分布和形态，结合驾驶员心理，设置了标志、标线、护栏、减速丘及块石路面等交通安全设施，对事故多发点进行了重点整治。

(2)侧重选择经济有效易维护的安全设施及改善方式。

充分和当地技术人员讨论，吸取成功经验，设计中侧重采用当地惯用做法并加以改造，提高其安全性能，针对沿线交通组成、交通特性，选择经济有效且易维护的安全改善措施，注重安全设施设置及形式选择，使与周围环境的协调。

4.典型路段的综合处置

(1)连续下坡急弯接村庄路段。

该路段为连续下坡路段坡底附近，平均纵坡7%，最大纵坡15%，坡底是村庄路段，村庄路段的前方为一处急弯路段，视距条件不好，在弯道的外侧有两条小支路分别接入，村庄路段行人、非机动车、摩托车以及畜力车较多。路面大修后导致车速提高，节假日大客车比例较高(图8-74～图8-76)。

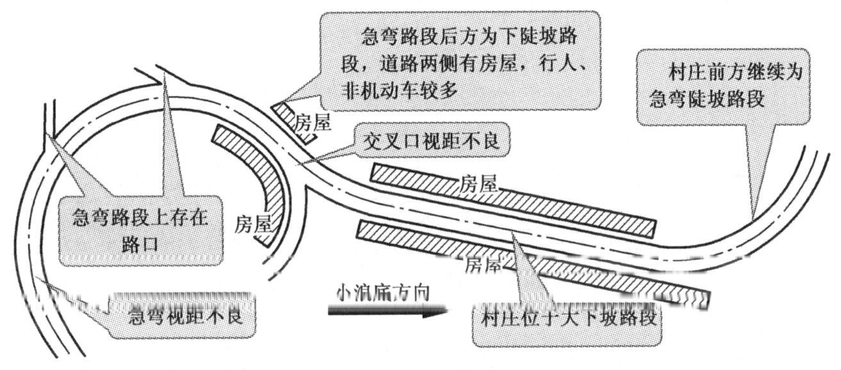

图8-74　路段概况图

图8-75　村庄位于大下坡坡底

图 8-76 村庄前方弯道路段视距不良

该路段曾发生一起特大交通事故：2003 年 5 月 6 日，驾驶员 A(女)驾驶宇通牌大客车，承载 35 人(核载 42 人)，从河南省济源王屋山风景区驶往小浪底风景区，行至该连续下坡加急弯路段时，因超速行驶，手动制动失效，与 8 辆机动车先后发生碰撞，造成 12 人死亡、39 人受伤的特大事故。事发当日是当地的庙会，大客车制动失灵撞向路侧，并导致多车相撞，冲向行人，最终导致该特大事故的发生。

安全隐患分析：

①弯道视距不良，驾驶员看不到前方交叉口，在没有心理准备的情况下，遇到支路突然驶出的车辆，易发生碰撞。

②弯道后接下坡路段，车速自然增加，该处道路两侧为房屋，行人、非机动车较多，易发生碰撞。

③交叉口视距不良，支路为下坡路段与主线相交，车辆溜车下坡进入交叉口时，易于主线上发生交通事故。

④下坡路段车速较快，加之溜车下坡的情况较多，增加了车辆碰撞行人的危险。

⑤由小浪底方向驶来的车辆，由于弯道视距不良的原因不知前方为村庄路段，易发生车辆碰撞行人的危险。

根据以上分析，对该路段进行了以下处置措施，如图 8-77 所示。

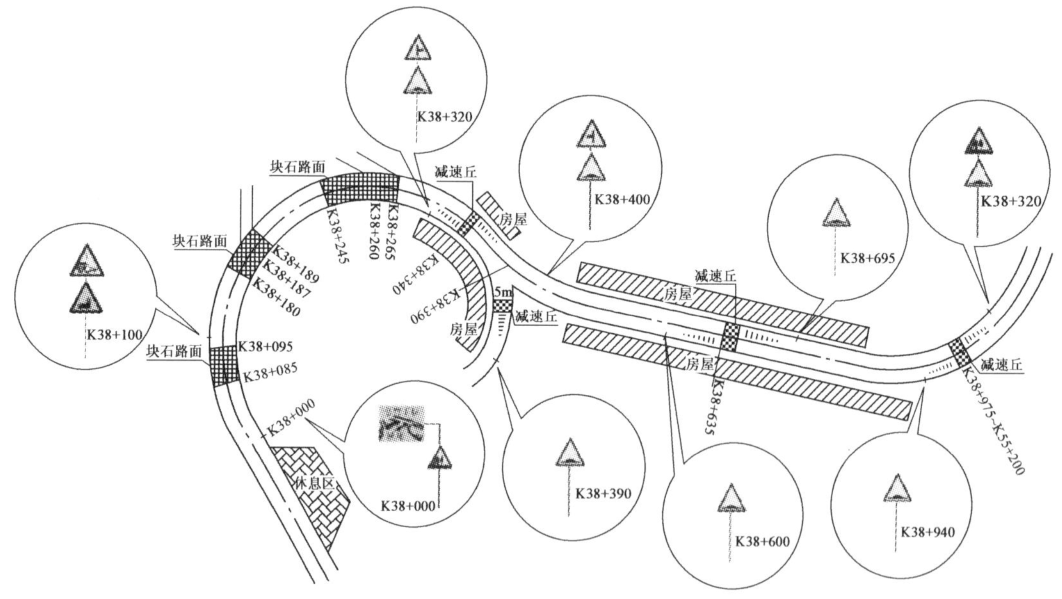

图 8-77 综合处置方案

①在急弯前设置提示标志，提示驾驶员前方路段为急弯、连续下坡、急弯后为村庄路段。

②急弯前设置小型休息区，便于驾驶员休息、检修车辆。

③在急弯上的交叉口前和交叉口处设置块石路面，利用颠簸和加大路面摩擦的方法，提示

驾驶员危险、减速驾驶。

④在交叉口前设置交叉口标志、减速丘及配套标志标线，提示驾驶员注意交叉口，并减速行驶。

⑤在村庄大下坡路段设置减速丘及配套标志标线，提示驾驶员注意危险、减速行驶。

⑥在村庄接急弯下坡路段设置减速丘及配套标志标线，提示驾驶员注意危险、减速行驶，同时在进村方向设置村庄标志，提醒驾驶员谨慎驾车。

(2)长大下坡接连续急弯路段。

如图 8-78 所示，该路段为一处长大下坡坡底附近的连续急弯路段，车辆速度普遍较快，存在以下安全隐患：

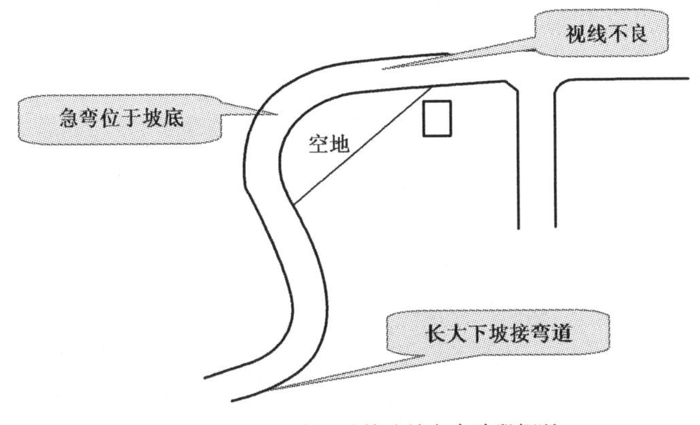

图 8-78　长大下坡接连续急弯路段概况

①典型长大下坡接弯道的线形，由于坡度较大，部分车辆溜车下坡进入弯道时，易使车辆失去控制发生翻车事故。

②由于弯道半径较小，且车辆下坡速度较大，容易失去控制，在弯道处发生车辆偏离道路主线，撞向挡土墙的事故。

③由于有山体和植被的阻挡，造成驾驶员视线不良，不易发现交叉口，容易发生车辆碰撞事故。

④弯道处边沟较深，容易使车辆陷入，影响行车安全。

根据以上分析，对该路段进行了以下处置措施：

①在弯道前方下坡路段设置块石路面，同时将弯道改造为块石路面，如图 8-79 所示，利用颠簸和加大路面摩擦的方法，提示驾驶员危险、减速驾驶。

②在弯道前方设置连续急弯和下陡坡警告标志，提醒驾驶员注意危险。

③将弯道外侧边沟改造为浅蝶形，消除车辆卡入、翻入边沟的危险，同时加固砌石护坡，如图 6-28 所示，使其起到帮助失控车辆返回正确行驶方向和摩擦减速的作用。

(3)长下坡交叉口路段。

如图 8-79 所示，该路段为急弯、大下坡、交叉口组合路段，靠近长达下坡路段坡顶位置，坡顶为急弯路段，弯道前方一支路下坡接入主路，下坡坡度较大。该路段存在以下安全隐患：

①交叉口视线不良，支路为下坡路段与主线相交，车辆容易冲入主线，与主线车辆发生交通事故。

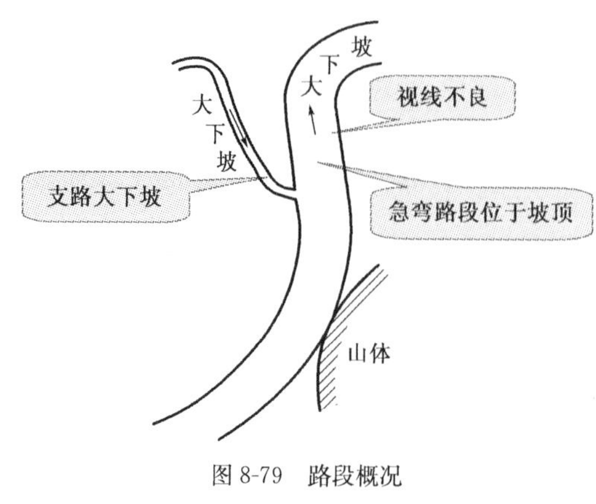

图 8-79　路段概况

②由于交叉口位于坡顶，上坡车辆不容易看清交叉口，容易与交叉口驶出车辆发生碰撞。

③开往小浪底车辆由于受山体的阻挡，不能提前看清交叉口情况，容易与交叉口驶出车辆发生碰撞。

根据以上分析，对该路段进行了以下处置措施（图 8-80）：

①在交叉口两侧主线上设置交叉口标志，提醒驾驶员注意交叉口，弥补视距的不足。

②在支路进入主线前设置块石路面，利用

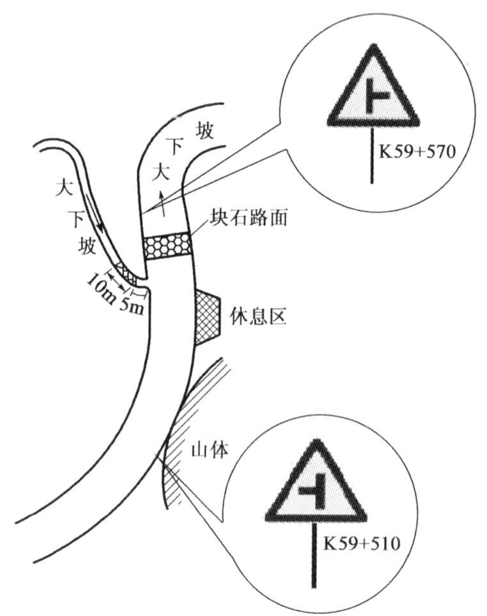

图 8-80　综合处置方案

颠簸和加大路面摩擦的方法，提示驾驶员危险、减速驾驶。

③在大下坡坡顶设置块石路面，提醒驾驶员减速慢行，同时设置小型休息区，便于驾驶员休息、检修车辆。

(4)视线不良路段。

如图 8-81 所示，急弯位于下坡路段上，其后方存在一处高架桥，弯道内侧的山体、下坡以及高架桥遮挡驾驶员视线，使之不能提前发现急弯后方的支路。该支路通向码头，车流量较大。该路段存在以下安全隐患：

①转弯时，由于有山体阻挡驾驶员的视线，下坡车辆较快，容易与反向驶来的车辆发生碰撞。

②交叉口靠近弯道、山体阻挡等造成驾驶员视线不良，不易提前发现交叉口及来车情况，容易与交叉口驶出车辆发生碰撞事故。

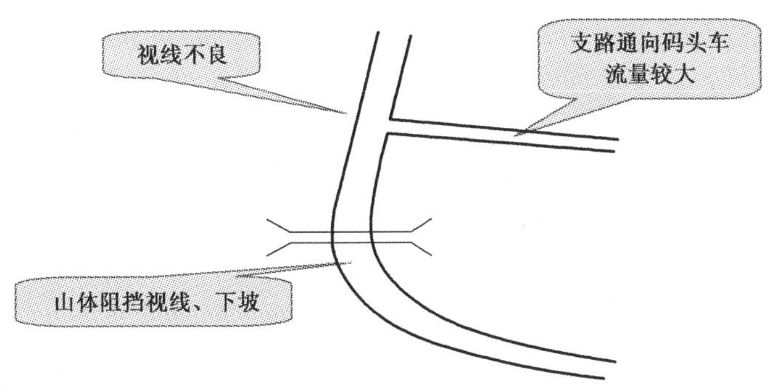

图 8-81　路段概况

根据以上分析，对该路段进行了以下处置措施(图 8-82)：

①在交叉口前方的山洞前，设置交叉口标志和下陡坡标志，提醒驾驶员注意交叉口，弥补视距的不足。

②在支路和主线交叉口前设置块石路面，利用颠簸和加大路面摩擦的方法，提示驾驶员危险、减速驾驶。

③交叉口对向设置反光镜，帮助驾驶员观察交叉口来车情况，弥补视距的不足。

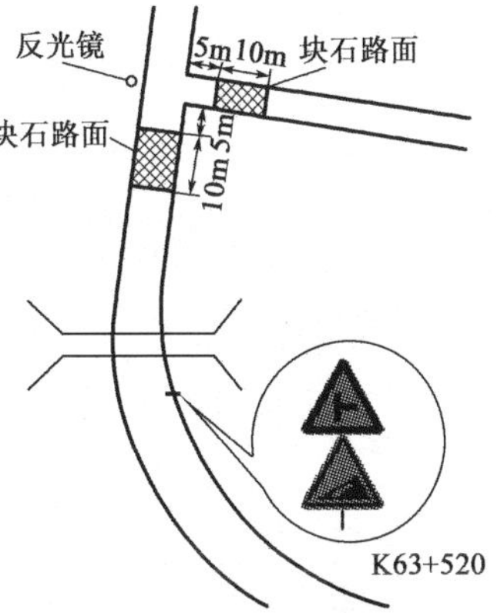

图 8-82　综合处置方案

二、其他农村公路因地制宜的处置措施

1. 玻璃钢标志牌

在山区技术等级比较低的村组道路上，标志牌采用玻璃钢材料(图 8-83)代替传统的钢制标志牌，成本较传统标志牌降低 65%，而且不易丢失。

2. 标线

在急弯内侧视距不良或者小半径竖曲线视距不良等不具备超车条件的路段，应施画中心黄色实线(图 8-84)。

图 8-83　玻璃钢标志

图 8-84　弯道处禁止超车标线

在一些特别危险的急弯路段在车行道边缘线内侧施画白色实折线，以诱导驾驶员选择合理的车速通过弯道(图 8-85)。

当支路口交通量较大时，在主路上设置提醒主路驾驶员注意交叉口的交叉口振动减速标线(图 8-86)。

图 8-85　急弯处白色折线加强视线诱导

图 8-86　振动标线

对急弯陡坡路段及其他需要车辆减速或提醒驾驶员注意安全行车处，设置薄层铺装(图 8-87)。

图 8-87　薄层铺装

路侧有学校的路段或路口施画学生通道标线，并在通道前方辅助施画“校区慢行”的路面标记，提示驾驶员注意学生(图 8-88)。

图 8-88　校区处理

在凸曲线、弯道内侧视距不良等路段，设置路面文字标记，标记内容多为“慢”“鸣”以及提醒鸣笛的鸣笛图形和转向箭头等，提示驾驶员小心驾驶、注意对面来车(图 8-89)。

3. 路侧障碍警示提醒

山区村组道路，过村路段比较多，路域边缘障碍物多样化，灵活设计了不同方式的警示线，

图 8-89　路面标识替代路侧标志(低交通量路段)

如图 8-90～图 8-92 所示。

图 8-90　路侧房屋转角处及路侧线杆贴红白相间的反光膜或涂警示漆

图 8-91　路域隔离墙采用红白相间的箭头警示

4. 视线诱导

路侧石头、路侧边沟等设施上贴反光膜或施画涂料,作为农村公路诱导设施(图 8-93)。

图 8-92 路肩突出路面高度的障碍物采用黑黄相间竖条纹警示

图 8-93 贴反光膜或施画涂料

图 8-94 废弃化工塑料桶中装土

在露肩宽度允许的高填方路段采用废弃的化工塑料桶中装土,并在桶内种植花草,既起到安全诱导的作用,又美化了路域环境(图 8-94)。

采用 PVC 管灌注混凝土、带绳索或不带绳索的木桩以及带链的钢管等形式的示警桩(图 8-95 和图 8-96),其上涂反光漆或者贴反光膜,视线诱导作用良好,此类示警桩就地取材、物美价廉,施工工艺简单,而且节约成本 70%以上。

图 8-95 带绳索或不带绳索的木桩式示警桩

5. PVC 管灌注混凝土式示警桩(图 8-97)

在路侧危险的路段设置钢丝加废旧轮胎式的示警设施,废旧轮胎上可涂画醒目不同的颜

图 8-96　带链的钢管式示警桩

图 8-97　PVC 管灌注混凝土式示警桩

色涂料(图 8-98)。

图 8-98　废旧轮胎做诱导设施

6. 减速设施

沥青混凝土强制减速丘(图 8-99)不仅具有良好的减速效果，而且同路面结合性好，不易损坏、成本低廉、易于施工，同时由于沥青混凝土材料柔性好，对车磨损小，车辆慢速过减速带行车舒适，无颠簸感觉，也不会因产生噪声而影响公路周边居民。

在交通量较小的单车道村组路上，在路面内设置的一低凹路段(图 8-100)，既可用于农村公路集中排水，又可做强制减速设施，其作用有待进一步观测。

用边长为 20cm，顶面有 1～1.5cm 凸起的六边形预制水泥混凝土块砌成铺砌一段块石路面(图 8-101)，车辆行经该路面时，会有较强的震感，进而强迫驾驶员减速通过。

图 8-99 路面减速丘

图 8-100 凹路面应用

图 8-101 块石路面

7. 改善行车视野

在视距不良的弯道路段，清理弯道内侧树木、山体、墙体等遮挡物(图 8-102)，在无条件清除时，设置公路广角镜(图 8-103)，以扩大驾驶员视野，及早发现弯道对向来车，减少对撞交通事故的发生。

8. 路肩与边沟处置

在满足公路排水且路侧有一定空间时，增大硬路肩的有效宽度并采用硬土质或者河卵石式浅碟形边沟(图 8-104 和图 8-105)，消除车辆卡入或者翻入边沟的情况，能帮助驶出路外的车辆返回行车道。

图 8-102　清理弯道内侧视距

图 8-103　凸面广角镜

图 8-104　硬土质浅碟形边沟

图 8-105　河卵石浅碟形边沟

9. 错车道

村组道路一般路面比较窄，为方便车辆的超车需求，根据地貌，在合适的位置增设“错车道”(图 8-106)，并用黑白相间的标线标出。

图 8-106　错车道

10. 温馨提示设施

在一些比较危险且路侧山体比较平坦的位置，因地制宜地施画一些环保节约的人性化墙体绘画提醒图案(图 8-107)，一幅幅奇思妙想的绘画可以充分地提醒驾驶员谨慎驾驶。

11. 避险车道

在连续长大下坡路段下半部接小半径曲线的前方、易发生大货车制动失灵的位置，设置简易避险车道，给制动失灵的大货车以自救机会(图 8-108)。

三、社会评价

河南省济源市交通局本着“实际、实用、实效”的原则，多次组织一线养护管理人员进行试验、经验交流，探讨农村公路安保低成本设施的应用方法，提出了减速丘、块石路面、示警桩视线诱导等措施，针对农村公路条件的实施方案和施工工艺，走出了一条“因地制宜、环保节约、灵活多样”的农村公路安保创新之路。通过对废旧材料的利用，安保项目节约投入 60%以上，并取得良好成效，达到了花小钱办大事的效果。据当地公安部门统计，2010 年，安保工程实施路段各类交通事故的起数和直接经济损失分别比上年同期下降 65%和 35%，且没有特大交通事故发生，农村公路已成为“民心路”“安全路”“放心路”。

在 2011 年 5 月全国农村公路建设与管理养护座谈会期间，济源市农村公路建、养工作特别是安保工程的实施引来全国交通部门代表的热议，很多省市代表或当场详细询问经验做法，或索取相关资料，安保工程以农村公路建设示范工程的形式进行全国推广，受到社会好评。

图 8-107　路侧文字标志

图 8-108　简易避险车道

参考文献

[1] United States General Accounting Office. Highway safety: federal and state efforts to address rural road safety challenges[R]. 2004.

[2] Kevin Hamilton, Janet Kennedy. Rural road safety: A literature review[R]. 2005.

[3] Manual on Uniform Traffic Control Devices for Streets and Highways. 2003 Edition. U. S. Department of Transportation Federal Highway Administration.

[4] Recommended Procedures for the Safety Performance Evaluation of Highway Features. NCHRP Report 350. Transportation Research Board National Research Council. Washington, D. C. 1993.

[5] American Association of State Highway and Transportation Officials. Manual for assessing safety hardwarc[M]. Washington,D. C. 2009.

[6] BS EN 1317-1:1998. Road restraint systemsPart 1:Terminology and general criteriafor test methods[S].

[7] BS EN 1317-2:1998. Road restraint systemsPart 2: Performance classes, impact testacceptance criteria and test methods forsafety barriers[S].

[8] BS EN 1317-1:2010. Road restraint systemsPart 1:Terminology and general criteriafor test methods[S].

[9] BS EN 1317-2:2010. Road restraint systemsPart 2: Performance classes, impact testacceptance criteria and test methods forsafety barriers including vehicle parapets[S].

[10] Chenghu Wang,Zhiwei Zhou. Occupant risk Evaluation for Crash Testing of Guardrail [C]. The 9th Int. Forum of Automotive Traffic Safety(INFATS),Changsha,2011: 149-153.

[11] Lesliam Quiros, Barrett Shaver. Rural road links: a review on current research projects & initiatives aimed at reducing vehicle crash fatalities on rural roads[R]. 2003.

[12] The Road Information Program of Washington, DC. Growing traffic in rural America: safety, mobility and economic challenges in America's heartland[R]. 2005.

[13] Pennsylvania Farm Bureau. Rural road safety: It's a matter of life and death [R]. 2006.

[14] Oregon Farm Bureau. Rural road safety: Share the road safely[R]. 2006.

[15] Federal Office of Road Safety, Australia. Australia's rural road safety action plan[R]. 1996.

[16] Environment, Resources and Development Committee, Parliament of South Australia. South Australian rural road safety strategy[R]. 1998.

[17] 公安部交通管理局. 2007 中华人民共和国道路交通事故统计年报[M]. 北京:公安部交通管理局,2007.

[18] 公安部交通管理局. 2008 中华人民共和国道路交通事故统计年报[M]. 北京:公安部交

通管理局,2008.
[19] 公安部交通管理局.2009 中华人民共和国道路交通事故统计年报[M].北京:公安部交通管理局,2009.
[20] 公安部交通管理局.2010 中华人民共和国道路交通事故统计年报[M].北京:公安部交通管理局,2010.
[21] 林福文.农村道路交通安全问题与对策探讨[J].深圳:中国公共安全(综合版),2006(03).
[22] 桂林.当前农村道路交通事故多发的原因及对策[J].合肥:现代交通管理,1999(10).
[23] 过秀成,胡斌,陈凤军.农村公路网规划布局设计方法探讨[J].北京:公路交通科技,2002(02):12-14.
[24] 陈尊崇.农村公路建设研究分析[J].武汉:交通科技,2006(5):118-120.
[25] 孟庆营,王卓娅,魏凤虎.天津市市政(公路)工程研究院院庆五十周年论文选集[C]//费用—效益模型在农村公路建设序列安排中的应用,2005:704-705.
[26] 袁怀宇.对农村公路技术标准的讨论[J].内蒙古:内蒙古公路与运输,2004(3).
[27] 陈祯友,肖伟,陈兴中.农村公路建设技术标准掌握与旧路改造问题的思索[J].北京:公路,2005(8).
[28] 叶巧玲,张明强.农村公路建养技术标准制定原则的探讨[J].重庆:重庆交通学院学报,2006,25(1).
[29] 蒋枫.农村公路交通安全设施适用性研究[D].长安:长安大学硕士论文.2005.
[30] 肖殿良,陈红,蒋枫.农村公路交通甘泉设施选用适用性分析[J].北京:公路,2007(3):152-155.
[31] 肖殿良,柳孟松,蒋枫.农村公路交通安全设施的选用与设置[J].北京:公路,2008(5):119-123.
[32] 石茂清.道路交通安全设施设计研究[D].成都:西南交通大学硕士论文,2003.
[33] 吴立新,张玉南,李江,万富贵.低等级公路交通安全设施存在的问题及实例[J].武汉:公路交通科技,2006(2):83-85.
[34] 曹申义,宋文慧.乡村公路应完善交通标识[J].太原:山西农业,2006(24).
[35] 莫壮平.乡村公路也应设置交通标志[J].北京:农机安全监理,2006(08).
[36] 郇庆新.乡村公路呼唤交通标志[J].南宁:广西农业机械化,1999(04).
[37] 中华人民共和国交通部.JTG D81—2006 公路交通安全设施设计规范[S].北京:人民交通出版社,2006.
[38] 孙传姣,高建刚.农村公路交通事故特征研究[J].北京:公路,2010(1):93-97.
[39] 马忠英,杨琦,等.中国农村公路交通安全分析与对策[J].长安:长安大学学报(自然科学版),2010,30(6):81-84.
[40] 高建刚,陈磊,许诺.农村公路交通安全矛盾分析[J].北京:公路,2008,6(6):119-126.
[41] 国外道路标准编译组.国外农村道路指南[M].北京:人民交通出版社,2006.
[42] 辽宁省公路管理局,长安大学.西部地区农村公路建设关键技术研究[R].2005.
[43] AUSTROADS. Rural Road Design[R].2003.

[44] 中华人民共和国交通部. JTG/T D81—2006 公路交通安全设施设计细则[S]. 北京:人民交通出版社,2006.

[45] 中华人民共和国交通部. JTG/T F83—01—2004 高速公路护栏安全性能评价标准[S]. 北京:人民交通出版社,2004.

[46] 侯德藻,袁玉波,杨曼娟,李勇. 在用桥梁护栏安全性能改进方法研究[J]. 武汉:公路交通科技,2010,27(5):110-116.

[47] H. E. ROSS,JR. , D. L. SICKING, R. A. ZIMMER. Recommended Procedures for the Safety Performance Evaluation of Highway Features[M]. Washington, D. C. : NATIONAL ACADEMYP RESS,1993.